本书由长江师范学院学术著作出版基金资助出版

印度工程技术教育发展研究

Research of Engineering and Technical Education in India

刘 筱 著

中国社会科学出版社

图书在版编目（CIP）数据

印度工程技术教育发展研究 / 刘筱著. — 北京：
中国社会科学出版社，2016.4
ISBN 978-7-5161-7887-4

Ⅰ. ①印… Ⅱ. ①刘… Ⅲ. ①工程技术－高等教育－
技术教育－研究－印度 Ⅳ. ①TB-40

中国版本图书馆CIP数据核字(2016)第063172号

出 版 人　赵剑英
责任编辑　田　文
特约编辑　郑艳杰
责任校对　李　妲
责任印制　王　超

出　　版　中国社会科学出版社
社　　址　北京鼓楼西大街甲158号
邮　　编　100720
网　　址　http://www.csspw.cn
发 行 部　010-84083685
门 市 部　010-84029450
经　　销　新华书店及其他书店

印　　刷　北京明恒达印务有限公司
装　　订　廊坊市广阳区广增装订厂
版　　次　2016年4月第1版
印　　次　2016年4月第1次印刷

开　　本　710×1000　1/16
印　　张　19
字　　数　292千字
定　　价　69.00元

目　　录

绪　论

一　研究缘起与意义

（一）研究的缘起

1.为什么研究印度高等教育

高校及其所培养的高素质人才对于国家综合国力的提升至关重要。当今世界，全球化背景下国力竞争已不再是单纯的经济力比拼，而是集经济、政治、军事、技术、文化和教育等于一体的综合国力竞争。其实质为各国技术创新人才质量与数量的综合比拼。在其背后起决定性支撑作用的则是教育。正如温家宝总理所言："强国必强教，强国先强教。"作为知识创生与人才化育的中心，高等教育已然成为社会经济发展的轴心，其发展水平在一定程度上代表着一国综合国力水平。近年来，印度综合国力急遽上升，很大部分归因于印度政府始终坚持加大对高等教育的投入，以大学为核心的高等院校取得长足发展，涌现出印度理工学院等世界闻名大学，培养出大批高技术创新人才。

纵观世界大学发展历程，不难看出哪一区域哪一国家有世界著名大学，那这所大学便是一地区一国家兴盛强大的标记。中世纪，当现代大学源头在意大利半岛出现时，意大利随后成为文艺复兴基地，且在此最早兴起城邦资本主义经济。[①] 当近代大学在英国兴起时，英国成为世界上第一次工业

① ［法］费尔南·布罗代尔：《十五——十八世纪的物质文明、经济和资本主义》，生活·读书·新知三联书店 1992 年版，第一卷，第八章。

革命的国家。而巴黎的名校为拿破仑的革命大业与帝国辉煌提供思想、技术和艺术的支持。19 世纪当研究型大学理念在德国萌芽时，德国成为第二次工业革命的重镇。19 世纪末 20 世纪初，当美国把欧洲大学古老传统进行综合，将英国博雅学院，德国研究型大学与自己的专业学院融合在一起，创造典型的美国高教体系后，世界进入“美国世纪”。可谓哪里有世界一流大学兴起，哪里就有民族的兴旺与国家的昌盛。①

印度是人类文明发源地之一，有着古老悠久的文化教育传统。在约公元前 8 到前 4 世纪就出现研究《吠陀》经义并教导青年的古儒，古儒设立的“阿什仑”（Ashram，经义学校）是印度最早的学校。其最早的大学（早期形态的大学是对古代从事高等教育机构的总称，这些机构或曰大学或另有其名）是奥义书时期的巴瑞萨②（Parisad）和隐林寺③（Hermitage）。印度东部地区的婆罗门寺院和萨马那寺院，之后的婆罗门大寺（Brahmano）和萨马那大寺（Samanas）、都是富有学识的高僧讲学论道之地。公元前 600 年，印度一些文化中心相继出现大学，塔克撒西拉（Takasasila）④就出现在此时，马其顿王亚历山大曾在该校学习印度哲学，语法家潘尼尼（Panini）曾在此著成语法学著作。学校注重宗教、哲学、逻辑、文学、数学、天文、医学等多种学科。笈多王朝时期该校还附有研究医学的机构。公元 5 世纪的纳兰陀寺（Nalanda）⑤，再到公元 7 世纪穆斯林的麦克台卜（Maktabs）和马德

① 丁学良：《什么是世界一流大学？》，北京大学出版社 2004 年版，第 85 页。

② 最初常由三名造诣较高的婆罗门学者组成，招收受过基础教育并有志深造的青年，学习《吠陀》、神学、法律学、哲学天文学等，后来规模逐渐扩大，通常由 12 名学者组成。

③ 年老退休的婆罗门学者教学之地。

④ 塔克撒西拉最初以传播婆罗门教教义为主，之后成为传授和研究佛教教义的学术中心，课程内容大致分为文学和技术两大类，前者主要通过《吠陀经》的学习，进行道德和文学教育，并开设一些基础性科目，如语音学、文法等以助理解《吠陀经》，后者主要是古代印度的各种实用技艺类课程，包括传统习俗、养蛇术、绘画和舞蹈等。

⑤ 佛教最高学府，传播包括大乘教在内的各教派经典教义，逻辑学和辩证法是基本本科目，据传系由笈多王朝的鸠摩罗（Kumara-Cupta, 约 441—455 在位）创建，该寺藏书丰富，僧侣众多，学术气氛非常活跃，前来求学者不仅有印度人，还有来自中国、蒙古和朝鲜等地的青年。学生入学考核极严，一般录取率只有 20%，外国学生经考问而录取者也仅

拉沙（Madrasa）[①]。古代印度高等学校出现于欧洲之前，有学者认为西方教育是得自印度的启发。

殖民之前印度教育在传播宗教教义、进行文化教育、服务政治统治同时，成就了这片古老土地的文明与灿烂。但曾经的辉煌终不能敌大不列颠的坚船利炮，沦为殖民地后，印度同其一切古老传统及历史都断绝了联系。虽在印度历史上，阿拉伯人、土耳其人、鞑靼人和莫卧儿人相继侵入，但都被印度化了，因其本身被他们所征服的臣民的较高文明所征服，而不列颠人是第一批文明程度高于印度的征服者，因而他们毁灭了印度文明。在殖民地时期，以伦敦大学为母版而创建的加尔各答大学、孟买大学、马德拉斯大学开启了印度现代大学发展之路。

独立后，印度进行经济改革，在全球化进程中奋力前进，在知识经济潮流中迅速崛起。大力发展高等教育以培养科技知识精英，开拓高科技产业，使高等教育成为高技术发源地，科技产业孵化器，知识经济崛起基地。当代印度强势崛起引起了世界关注，这离不开其人力资源支持和高等教育体系在高素质人才培养中重大作用的发挥。

近年来，印度经济增长率持续保持在9%左右，综合国力亦不断提升。这对于一个多人口，多民族，多宗教且始终面临多种冲突与问题的发展中国家而言，可说是一个奇迹。这一奇迹很大程度归因于印度高等教育，尤其是工程技术教育的发展。印度理工学院，印度管理学院等已跻身世界一流大学之列，培养了大量一流工程技术人才，使印度享有“世界办公室”之称。印度及其高等教育发展是举世瞩目的，其高等教育在社会经济发展中无疑处于重要基础地位，是印度国家竞争力的核心部分。因为几乎最早

占20%—30%。我国唐代的玄奘曾在纳兰陀寺学习过五年。当时纳兰陀寺规模宏大，计有僧师一千五百余人，僧徒达八千五百人之多。几乎每天都有一百项学术讨论或报告分别在殿堂或讲堂举行，讨论和报告的内容极为丰富。不论婆罗门教抑或佛教的教义，不论宗教的或世俗的知识，不论哲学的抑或实用的学问，不论科学的抑或是艺术的成就，几乎无所不包。可以说“自由发展”已成为纳兰陀寺的治学精神。

① 麦克台卜和马德拉沙皆实施伊斯兰教育，分别进行初等教育和高等教育，主修《古兰经》，以阿拉伯语和波斯语为主。

进行的大学和学院教育，也因为现今第三世界中最大的学术体系，四百万学生分布在近七千所学院和一百五十多所大学中，印度已成为第三世界非常重要的国家。[①]印度教育家阿什比曾指出：印度教育机构以西方模式为范式，并非完全来自本土，虽如此，但两种不同范式已在当代印度完美融为一体。[②]因而，我们有必要对印度高等教育进行研究。

印度与中国同为世界文明古国，皆拥有古老悠久的历史文明与多元的灿烂文化，曾在近代经历同样苦难深重的殖民侵略。两者同属正在崛起的发展中大国，同处经济转型过程中，面临着诸多相似问题。而两国高等教育也同样面临着相同问题：如促进高等教育入学机会与提升高等教育质量并存的压力、公共经费紧张与高等教育扩充需求间的矛盾，高等教育结构失衡导致的毕业生就业难等。所以对印度高等教育的研究会对我国带来深刻启示。

基于两国在世界政治经济格局中的重大影响，近年来英文研究界有一派学者从中长期战略角度，提出并论证印度在发展本国经济实力的政策措施方面，会赶上并超过中国。此后，“龙象之争”[③]的对比一直方兴未艾。无论“龙象之争”或是“龙象共舞”[④]，皆基于两国在文化景，政治及经济等方面相似性。鉴于此，我们也可以向印度学习并借鉴其先进之处，促进我国高等教育发展。目前国内的外国高等教育研究多以发达国家为对象，鲜有涉及印度高等教育的研究，深度解析性的研究则少而又少。

综上所述，基于印度高等教育的悠久历史与良好发展态势，基于两国相似性，且印度最具发展中国家典型代表性，及目前偏重欧美国家高教研究的现状，特选取印度高等教育作为研究对象。我国高等教育经历 30 多年改革发展，已建立规模强大，学科门类齐全，教育教学质量较高的高等教

---

① Sharda Mishra, *UGC and Higher Education System in India*, Jaipur: Book Enclave, 2006.

② Sharda Mishra, *UGC and Higher Education System in India*, Jaipur: Book Enclave, 2006.

③ ［英］戴维·史密斯：《龙象之争：中国、印度与世界新秩序》，当代中国出版社 2007 年版。

④ 左学金：《龙象共舞——对中国和印度两个复兴大国的比较研究》，上海社会科学院出版社 2007 年版。

育体系。但我国高等教育仍存在不少问题与困惑，借鉴与我国有着相似国情的印度经验，是可行且必要的举措。

2. *为什么研究印度的工程技术教育*

专业高等教育大发展是一个世界现象。工程技术教育属专业高等教育的一种，对一国科技、经济、军事的发展及综合国力提升皆有极重要影响，也因此倍受重视。

我国为适应经济发展需求，亦相当重视工程技术教育发展。曾先后在20世纪50年代效仿前苏联专业教育模式[①]，又于80年代学习美国科学教育模式。如今工程技术教育已成为我国高等教育重要组成部分。2010年7月，《国家中长期教育改革和发展规划纲要（2010—2020）》明确提出要“适应国家和区域经济社会发展需要，建立动态调整机制，不断优化高等教育结构。重点扩大应用型、复合型、技能型人才培养规模”，“努力培养造就数以亿计的高素质劳动者、数以千万计的专门人才和一大批拔尖创新人才”。目前我国正处于后工业经济加速发展的社会转型期，迫切需要培养大批具有自主创新精神和实践能力的工程技术人才。

教育部2009年高等教育统计数据显示，我国有普通高等学校2305所，其中理工院校821所，占总数的35.6%；普通本专科在校生规模2145万人，其中理工类895万人，占总数的41.7%。新中国成立60多年来，我国工程技术教育经过不断发展，已在规模、学科、布局等方面取得很大进展。仅从理工科高校数量及在校生规模看，都保持较高水平。但我国理工科毕业生进入企业后，对企业技术创新与自主研发并未起到积极促进作用。反观工程技术教育实践，不少环节存在脱节与分离，与国外工程技术教育相比显得滞后。如何进一步促进我国工程技术教育持续发展是须认真解决的问题。

印度近年已成为世界高等教育大国及科技人才储备强国，拥有世界一流培养工程技术人才的学院，在航空航天、生物技术、原子能和软件开发

---

① 表现为在1952年后的全国院系大调整，发展理工科而轻视文科，并将文、理、工、严格分开。

等领域均取得巨大成就。且印度软件工程师已得到世界认可，软件业增长速度全球第一，年生产增长率保持在50%以上。这些成就离不开印度高质量大规模的工程技术教育，虽然其只有很短发展历史。

印度高等教育的一大问题便是专业高等教育比重远低于普通教育。独立后为实现工业化，20世纪50、60年代开始注重工程技术教育发展，建立以印度理工学院为首的各级工程技术教育机构。尽管当时专业教育有一些发展，但普通教育始终更快些。这可从表0—1和表0—2看出。

表0—1　各科学生数占高等教育学生总数比重（%）

年份 / 科目	文学	理学	商科	农业	教育	工程技术	法学	医学	兽医学
1991-1992	40.4	19.7	21.9	1.1	2.3	4.9	5.3	3.4	0.3
1994-1995	40.4	19.6	21.9	1.0	18.1				
1999-2000	40.4	21.9	19.6	1.4	2.3	4.9	5.3	3.4	0.8

资料来源：①[美]阿特巴赫，[日]马越彻主编，邓红风主译：《亚洲的大学：历史与未来》，中国海洋大学出版社2006年版，第69页；②安双宏：《印度教育近况》，《比较教育研究》1997年第5期；③张双鼓、薛克翘、张敏秋：《印度科技与教育发展》，人民教育出版社2003年版，第150页。

表0—2　2003-2004年度各类高等学院的数量表　单位：所

类别	数量
文科	9427
工程、技术&建筑	1068
医学	783
教育	900
其他（法律、商、农）	1991
总计	14169

资料来源：印度人力资源开发部网站：http：// www. education. nic. in / highedu. asp，2007-4-28.

到20世纪80年代，随着世界范围私立高等教育的发展，印度大量私立工程技术学院发展起来，迅速推动工程技术教育大发展。目前全印有3573

多所工程技术学院。[①] 据 AICTE 统计，在 2004-2005 年度有 440000 多学生选择注册工程技术学位进行学习，其中学士学位人数为 265000 人，硕士学位学习人数为 33000 人；仅印度理工学院在 2002—2003 年度便有 25000 人进行各级工程技术专业学位的学习。本年度毕业生中有 2275 工程学士，3675 工程硕士，445 工程博士，11700 本科生，9500 硕士生和 3800 博士生。而印度理工学院的工程技术专业学生人数仅是印度每年所有工程技术专业毕业生人数的百分之一。[②] 事实上，印度工程技术教育机构招生人数一直呈快速增长趋势。其中学位教育招生人数自 1947 年的 2508 人增长至 2006 年的 43.9689 万人，增长 175 倍。非学位教育的招生人数从 570 人增长到 26.5416 万人，增长达 465 倍（见图 0—1）。

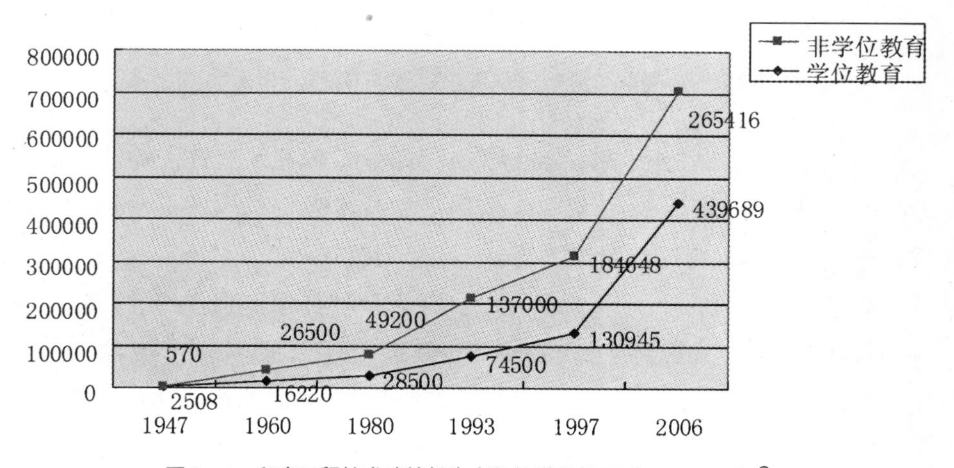

图 0—1　印度工程技术院校招生人数的增长状况（1947-2006）[③]

目前，工程技术教育已从独立前的“隐性地位”转变为“显性地位”，成为印度专业高等教育重要组成部分，拥有多元培养目标与模式。在与别国工程技术类毕业生年增长率比较中（见图 0—2），可知印度工程技术教育

① （http://www.indicareer.com/engineering/engineering.html）网络资料整理所得。

② 2007 World Education Services, *Engineering Education in India: A Story of Contrasts*. [EB/OL].http://www.wes.org/ewenr/07jan/feature.htm.

③ C V Khandelwal. *National Conference On Skill Building Through Public-Private Participation*, Opportunities & Constraints[R].New Delhi,Oct 5-6 2007.12.

发展的良好态势。

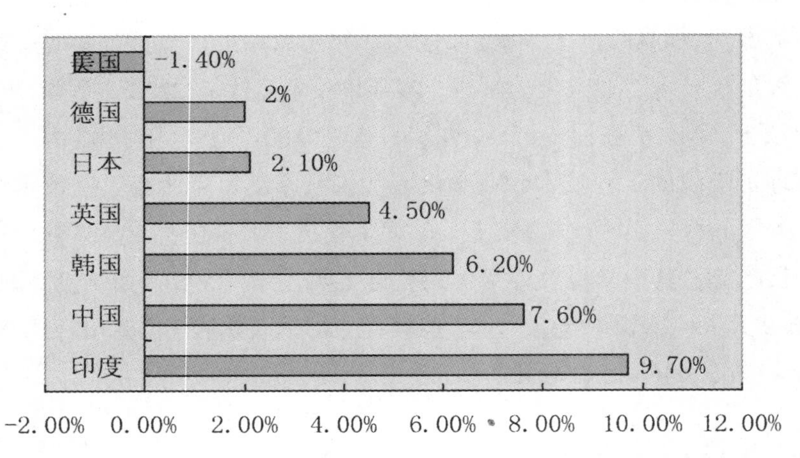

图 0—2　每百万人口中工程技术类毕业生年增长率情况①

随招生人数及毕业生增长率的提高，印度工程技术教育机构数量也不断增长。从 1947 年到 2003 年间学位水平的技术教育机构数量增长 25 倍，学历水平的技术教育机构数量增长 29 倍。（见图 0—3）

诚如 Rangan Banerjee 所说，印度有成为全球技术引领者的潜力，经济年增长率为 9%，工业成为全球范围内极具竞争力的一部分并不断增加其全球市场份额。这些成就背后的一个关键因素便是印度技术教育体系支撑。②

印度工程技术教育发展已引起国际上一些专家的持续关注。我国对这一深具竞争力的邻国的高等教育了解并不多，对其工程技术教育更知之甚少。但作为与我国有诸多相似性的国家，其工程技术教育发展的成功经验，或失败教训，无疑都对我们具有重要启示意义与借鉴作用。然我国尚无人系统研究过这一主题。

① National Science Foundation,USA.Science and Engineering Indicators 2004 [EB/OL]. http://www.nsf.gov/statistics/seind04/ IIT Bombay,2007，69.

② Rangan Banerjee. *Engineering Education in India*, IIT Bombay, 2007.

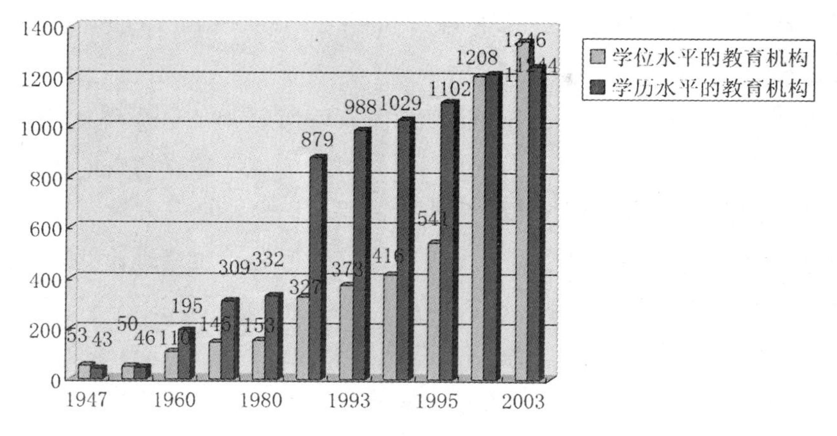

图 0—3 1947 年——2003 年印度技术教育机构数量增长情况①

（二）研究意义

1.实践意义

印度是发展中国家的翘楚，20 世纪 80 年代后，其软件业与高科技产业迅速发展，为国家发展注入强大活力。其发展战略和模式皆具创新性，被一些专家称为创新型国家。印度又是一个及其多样化的国家，拥有众多不同的追求，大相径庭的信仰，判然有异的风俗和异彩纷呈的观点。②它在复杂社会背景下，赢得世界政治经济体系一席之地，这离不开高等教育尤其是工程技术教育的支撑。印度理工学院、印度管理学院和诸多的工程学院皆在印度发展中贡献了重要力量。印度高等教育古而有之，曾在历史上作为四方学者纷至沓来的学问中心，在独立后其高等教育快速发展，现已成为世界范围关注焦点。

对与我国有着相似背景与发展历程的印度进行学习、研究并加深对工程技术教育历史发展、现状及发展情景的认知，明晰其特征及现存问题，发展中的各种影响因素，能使我国更易借鉴。印度工程技术教育发展中的

① PK Tulsi. Quality of instruction in technical institution in India: Issues and strategies[EB/OL].http://www.cce.iisc.ernet.in/iche07/22.pdf.

② ［印］阿马蒂亚·森：《惯于争鸣的印度人：印度人的历史、文化与身份论集》，刘建译，上海三联出版社 2007 年版。

经验与教训，都能对我国工程技术教育和高等教育实践有所启示。

2.理论意义

高等教育是一个世界范围内古老而常青的研究课题。随着工程技术教育在全球范围快速发展，它已在很大程度改变了世界高等教育面貌，亦随之带来许多问题。有工程技术教育本身的问题，也有在其发展背景下被激化和放大的原有体制、观念等矛盾。既有实践问题，也有理论问题。因而研究工程技术教育的意义不只在其本身，还在于更深入认识高等教育结构、目的、价值及高等教育与国家的关系等重要命题。

目前，我国高教界对西方发达国家高等教育研究成果颇丰，但对与我国有着历史渊源的印度却著述很少。仅有研究中，也更多将印度软件业，高等教育面临的问题等作为着力点，尚未将工程技术教育作为主题进行全面深入研究。

但工程技术教育的发展及其对印度综合国力的提升是世人有目共睹的。作为一个个案，印度工程技术教育发展及其特征与问题，在某种程度上反映了发展中国家的现状。英国教育史家埃德蒙·金在选择印度教育作为研究对象时曾指出：没有一个国家遇到的问题（包括经济的、社会的、宗教的、以至人口的）比印度多。因此，典型印度人的遭遇，最能代表亚洲、非洲和拉丁美洲大部分地方普通人的情况。印度比其他国家更具人类代表性。[①] 因而，对印度工程技术教育进行研究，不仅丰富了工程技术教育国别研究的素材，同时利用国家、市场和高等教育学术三角模型和三螺旋理论透视、分析并归因印度工程技术教育发展的问题，提出应对之策，即使印度工程技术教育在本土情境下得到诠释，也由此拓宽了工程技术教育研究的视野。

基于以上原因，选择印度高等教育，且选取其专业高等教育中的工程技术教育进行研究，对我国的工程技术教育等具有借鉴意义。

---

① ［英］埃德蒙·金：《印度教育》，杭州大学教育系外国教育研究室译，杭州大学出版社 1983 年版，第 1 页。

二 核心概念界定

本文所研究的“工程技术教育”是印度专业高等教育的重要组成内容，属技术教育的一部分。在印度高等教育领域，普通高等教育与专业高等教育中的技术教育分别以“University and Higher Education”和“Technical Education”两词指代。二者处于同等地位，分别具有完全独立的管理体制。在国家层面，政府对两者的监管分别通过大学拨款委员会和全印技术教育委员会来实现。在各邦内部，也与联邦政府相似。

印度的工程技术教育主要包括：计算机工程、建筑工程、土木工程、生化工程、机械工程、电气工程、冶金与材料工程、制药工程等专业教育。本文对印度工程技术教育的研究仅指高等教育层面的工程技术教育，初等及中等工程技术教育不在本研究范围内。

三 文献综述

（一）印度高等教育的研究现状

国内外印度教育的研究成果与其他领域（政治、经济、宗教、哲学、文学）的研究成果相比仍属单薄。国内对印度教育的广泛研究始于20世纪80年代，自此我国介绍和研究印度教育的著述逐渐增多。据不完全统计，目前发表的各类学术文章有170多篇，专著仍很少。与对美、英、德、日等国的研究相比尚显薄弱，但也有一些学者涉及了这一专题领域的研究工作。对印度高等教育研究大致可归纳如下：

1.对印度高等教育进行概述的相关研究

安双宏先生是当前国内研究印度高等教育的知名学者，曾对印度高等教育进行过实地考察，研究范围也十分广泛，包括印度高等教育历史发展、管理体制、学校内部管理、教学用语、大学考试制度、科学研究、教师与学生、经费、女性和落后阶级的高等教育等。他的研究为本文写作提供许多数据和资料。[①] 曾向东则对印度十八世纪末起到二十世纪八十年代高等教育发展，政策和措施，各层次间的关系进行了概述研究。[②] 赵中建先生对二战后印度教育状况作了描述,[③]其中高等教育相关内容对本文写作有一定参考价值。马加力先生也是国内研究南亚问题的专家，对印度各教育阶段发展沿革进行过研究，[④] 其中高等教育部分为本论文写作提供了部分参考。贺国庆、王保星、朱文富等[⑤] 对殖民地时期印度高等教育起步与发展，独立后印度高等教育扩充，面向 21 世纪高等教育改革与调整等做了相关研究。这几本著作主要是对印度高等教育领域的全面概述，从历史沿革、结构与类型、管理、经费、教学、科研、经验与问题、改革等方面进行论述。Meenu Agrawal[⑥] 对印度高等教育进行了相关研究，集中在经济发展中国家对高等教育的需要，高等教育在发展中国家的角色；印度高等教育系统的公正与权力：问题与前景，高等教育的考试改革，教学与科研，印度高等教育的经济与财政资助改革；高等教育：印度妇女与弱势群体的机会与挑战等。Pruthi[⑦] 对印度教育史进行了研究，认为尽管印度现代教育是自 1857 年加尔各答大学（Calcutta），孟买大学（Bombay）和马德拉斯大学（Madras）建立为发端，但印度教育有悠久历史，在古代印度（奥义书时期），静修院一类的宗教机构中进行的以吠陀经为教学内容的教育便已开始了，之后逐渐增加数学内容。虽然这种教育是极度宗教化和伦理化的，但仍可看做印度最早的学院和大学。而佛教时期，即公元前 300 年到 5 世纪的那烂陀（Nalanda），塔克撒西拉（Taxila）等都是具有大学意

---

① 安双宏：《印度高等教育：问题与动态》，黑龙江教育出版社 2001 年版。

② 曾向东：《印度现代高等教育研究》，四川大学出版社 1987 年版。

③ 赵中建：《战后印度教育研究》，江西教育出版社 1992 年版。

④ 马加力：《当今印度教育概览》，河南教育出版社 1994 年版。

⑤ 贺国庆、王保星、朱文富等：《外国高等教育史》，人民教育出版社 2003 年版。

⑥ Meenu Agrawal，Education in third world and India : a development perspective，New Delhi，Kanishka Publishers, Distributors，2008.

⑦ Pruthi, R. K，*Education in modern India*，New Delhi，Sonali Publications，2005.

义的机构。Singh，Vachan[①]对印度高等教育的发展与进步，印度拨款委员会与高等教育，印度私立高等教育进行了相关研究。Kumar[②]从印度大学教育与平民教育，特殊领域教育，高等教育的教学语言，医学教育，印度工程教育的危机，农业教育，大学对社会其他领域的功用等方面对高等教育进行阐述。

2.对印度高等教育管理体制进行的相关研究

王丽娜[③]认为印度高等教育独具特色，主要表现在政府始终将高等教育置于国家发展高度去认识，使其目标规划与国家整体规划相结合。印度高等教育立法呈多极化，中央，邦、大学都有权制定各种法律、法规，这符合世界高教立法的发展趋势。印度高等教育由中央和各邦共同管理，为两极管理体制。在学校内部，可分为大学管理和学院管理。赵芹[④]认为高等教育附属制度在印度这一发展中的人口大国支撑了庞大的高等教育体系。在节约国家高等教育经费，促进教育机会均等，推进大众化进程等方面都发挥了重大作用，但也存在不少缺点，将附属学院改造为自治学院是当前印度高等教育一个较好的出路。安双宏认为尽管各界对印度高等教育质量有不同评价，但因严格的任用与晋升制度，印度高校教师学历层次之高在发展中国家是罕见，并介绍了印度高校教师任用与晋升标准及具体做法。[⑤]对印度大学拨款委员会规定的高校教师工作量标准和教师实际工作量，及印度高校教师工资福利待遇情况进行了研究。[⑥]此外，还就印度高教考试制度、管理特色、政府对高等教育的管理等进行广泛研究。[⑦]戚兴宇和谢娅认为印

---

① Meenu Agrawal .Education in third world and India : a development perspective[M]. Kanishka Publishers, Distributors，New Delhi，2008.

② Kumar, Krishana，*Challange and problems in teaching higher education in India*，New Delhi，Sanjay Prakashan，2005.

③ 王丽娜：《印度高等教育管理研究》，西北师范大学硕士学位论文 2001 年。

④ 赵芹：《印度高等教育附属制度研究》，厦门大学硕士学位论文 2007 年。

⑤ 安双宏：《印度高校教师的任用与晋升》，《黑龙江高教研究》2002 年第 3 期。

⑥ 安双宏：《印度高校教师的工作量与工资待遇》，《南亚研究季刊》2002 年第 3 期。

⑦ 安双宏：《论印度大学考试制度的弊端》，《比较教育研究》2004 年第 6 期。安双宏：《论印度普通大学内部管理的特色》，《比较教育研究》2005 年第 8 期；安双宏：《印度政府对高等教育的管理》，《比较教育研究》，2006 年第 8 期。

度高等教育发展在很大程度上得益于政府灵活的宏观调控手段。[①]郭斌，张晓鹏认为印度高校评估与鉴定特点主要表现在两步评估方法、累积平均绩点体系、评估申诉制度和内部质量保障体系等几方面。[②]

3.对印度高等教育经费与资助问题进行的相关研究

杜连雄认为印度政府对高等教育投资规模停止增长，新的公费渠道短期内难以开辟，人们被迫把注意力转向增加私费渠道上：学杂费、自愿捐赠、学生贷款、高等院校的自筹资金、国际援助。[③]孙涛和沈红认为印度高等教育助学贷款政策经历了两个阶段的变革：第一阶段国家贷学金计划因其较低回收率、较小资助面和资助力度未能形成独立运作的循环基金；第二阶段实施的新教育贷款计划较好解决贷款回收难题，但依然存在银行放贷不足、性别资助失衡等问题。[④]安双宏对印度高等教育经费来源主要渠道及各自所占比例以及经费紧缺状况进行了研究，较详细地论述了印度在通过增加公费与私费渠道以解决高等教育经费短缺方面所做的探索。也从高等教育成本分担和回收理论角度对中印两国在高教收费和学生资助方面做了比较研究。[⑤]杨洪也对此问题做过相应研究。[⑥]Mishra 从印度高等教育发展及管理方式，大学教学组织与管理，高等教育计划与策略，职业化，语言问题，考试与评估，公共财政困境，资助问题，科学研究，行政问题，开放大学几个方面对印度高等教育进行了全面的研究。[⑦]Sharma 从教育的管理与资助，大学财政预算过程改革，高等教育资助问题，第十个五年计划远

---

① 戚兴宇、谢娅：《印度政府与大学的关系及启示》，《南亚研究季刊》2010 年第 2 期。

② 郭斌、张晓鹏：《印度高等教育评估与鉴定新方法的特点及启示》，《现代教育科学》2008 年第 5 期。

③ 杜连雄：《印度高等教育经费筹措现状及其模式研究》，《现代经济信息》2010 年第 2 期。

④ 孙涛、沈红：《印度高等教育助学贷款的改革与启示》，《教育研究》2009 年第 7 期。

⑤ 安双宏：《印度高等教育的经费紧缺及其对策》，《外国教育研究》2001 年第 3 期；《中印高教收费和学生资助的比较研究》，《全球教育展望》1995 年第 5 期。

⑥ 杨洪：《试析印度高等教育经费筹措模式》，《贵州教育学院学报》2001 年第 1 期。

⑦ Mishra, Sharda, *UGC and higher education system in India*, Book Enclave, Jaipur, 2006.

景与战略几个方面对印度高等教育资助问题进行了探讨。[①]Azad从高等教育资助，基于分析视角的大学财政资助，拨款委员会在印度高等教育资助中的作用，高等教育的全球化：挑战与机遇，高等教育的国际化，高等教育中私立部分几个方面对印度高等教育的管理与资助进行了研究。[②]

4.对印度某一高校进行的专门研究

戴伟伟在概括分析印度高等工程教育发展基础上，认为印度理工学院承担了国家复兴的历史使命，使其获得政府大力支持。另一方面也因国家科学和技术很大程度上倚仗于印度理工学院，对于新技术的需求极大激发了印度理工学院科学研究和技术创新。此外，为了始终适应国家奋斗目标、发展远景，印度理工学院要紧跟和赶超世界范围内科学技术变革趋势，促使其保持科研和教学竞争力。[③]陈依依从印度理工学院发展演进入手，通过对学院体制、教学、课程设计、产业合作等全方位研究，结合相关理论分析学院办学特点，为我国高等教育发展提出建议和启示。[④]刘艳菲认为印度理工学院IT人才培养的特点有：国际视野和国内目标相结合、科技与人文相统一、学校培养与企业实训相整合。[⑤]安双宏总结了印度理工学院体制创新之处，即本科教育强调对基本原理的理解而不是灌输专门知识；变学年制为学期制，引进学分制；根据入学考试成绩择优录取新生；拥有一支在教育、教学和科研方面具有丰富经验的高水平的师资队伍；研究生课程比本科课程的规模更大，强调跨学科的学习，重视科研。[⑥]

---

① Sharma, Yashpal. *Challange and problems in financing higher education in India*，New Delhi，Sanjay, 2004.

② J.L. Azad. *Financing and management of higher education in India*，New Delhi，Gyan Publishing House, 2008.

③ 戴伟伟：《印度高等工程教育发展研究—以印度理工学院为例》，2009年华东师范大学硕士论文。

④ 陈依依：《印度理工学院办学特点研究》，2009年湖南师范大学硕士学位论文。

⑤ 刘艳菲：《印度理工学院的IT人才培养研究》，2008年西南大学硕士学位论文。

⑥ 安双宏：《印度高科技人才的摇篮——谈印度理工学院的体制创新》，《中国高等教育》2000年第22期。

5.对印度高等教育规模、质量与问题进行的相关研究

白阁就印度现代高等教育的建立和发展做了概述，认为独立后印度政府非常重视高等教育的发展，在很短的时间内建立了庞大的高等教育体系，并取得巨大成就，为印度带来很多有利变化，提高了国民素质，造就了一大批世界一流素质的人才，培养了一个数量可观的中产阶层，最终推动印度社会快速发展。但高等教育“爆炸性发展”也有其不利一面：大量专门人才失业，人才外流严重，高等教育经费紧缺及教育质量下降等。并对印度现代高等教育发展所取得的成绩和现存问题进行探析，分析其原因及其对印度社会产生的影响。[①]李云霞，汪继福认为独立后印度高等教育的跨越式发展集中表现在大批高等教育机构的建立，在校生人数的急剧增加及培养大批高科技人才。这是社会经济发展的需要及政府的政策倾斜，人口快速增长对高等教育发展的需求，西方教育模式、教育思想的影响等因素互相交织的结果。高等教育的跨越式发展给印度社会、经济、教育、科技发展带来巨大变化，同时也暴露出许多失误和问题。[②] 安双宏从印度高等教育的管理机制，现行大学制度，高等教育数量、结构、质量及高校教学用语情况几方面探讨了印度高等教育质量问题的原因。分析了扩张后存在的问题：学术水平低且浪费严重、专业结构失衡大量毕业生待业、高等教育改革难有突破。[③]郑勤华、[④]易红郡、[⑤]胡风[⑥]也对此问题进行相关研究。Ghanshyam Thakur从为什么进行高等教育改革，印度高等教育重建中的问题，大学与政府角色，教师聘任问题，印度职业教育的地位，农业大学的条件，农业教育的改革，大学改革问题，高等教育统更新，考试改革，高等教育扩张几方面对高等

① 白阁：《印度现代高等教育的成绩和问题分析》，郑州大学硕士学位论文，2007。

② 李云霞，汪继福：《印度高等教育跨越式发展的动因及影响》，《外国教育研究》2006年第11期。

③ 安双宏：《影响印度高等教育质量的几个因素》，《江苏高教》2000年第4期。《印度高等教育规模快速扩充的后果及其启示》，《教育研究》2000年第8期。

④ 郑勤华：《印度的高等教育扩展与知识失业》，《教育与经济》2005年第8期。

⑤ 易红郡，王晨曦：《印度高等教育发展中的问题、对策及启示》，《清华大学教育研究》2002年第5期。

⑥ 胡风：《印度高等教育大发展的原因与得失》，《安徽大学学报》2001年第5期。

教育改革问题进行了研究。[①]

6.对中印高等教育及大学进行比较的研究

张学强认为中国高等教育招生民族优惠政策和印度高等教育招生预留政策，体现了两国政府在追求高等教育民族公平方面所做出的积极努力。分析两者基于不同历史传统和现实国情，论述比较了它们的发展演变、主要特征以及当前面临的问题，着重指出中国高等教育招生民族优惠政策面临的核心问题是促进经济社会和教育发展的“地区平衡”，而印度高等教育招生预留政策面临的核心问题则是处理好不同利益集团之间的“政治平衡”。[②]李敏在教育国际交流方面将中国与印度做了比较，认为印度高等教育有两次在国际交流上超过中国，分别是20世纪60年代（当时国内的“文化大革命”使中国几乎断绝了与西方国家的来往），第二次是2001年后连续七年的发展过程中（得益于印度本土的教育改革和印度教育的国际交流的现状所带来的效应）。但由于印度在教育国际交流方面缺少政府的有效管理监督和评估认证，使得“文凭工厂”，“罐装学位”现象泛滥，这加剧了印度人才流失问题，阻碍印度由“一流的高等教育体系”成长为“一流的高等教育质量”的教育大国。印度经验为我国高等教育国际化提供真实案例，借鉴其经验可助我国在教育国际交流中规避风险。[③]杨建国认为中印人才培养与国际竞争力比较研究表明，我国高教存在考核评价机制不科学、专业设置不合理自主发展权限小、缺乏具有国际视野的教育理念及毕业生就业难等问题。[④]魏俊燕认为依据阿尔特巴赫的依附理论，中国和印度的大学同属于“边缘”，两国在依附理论基础上，在知识体系、语言、人才流动、大学模式等方面又具不同之处。中国大学要结合传统文化借鉴外国经验，探

---

① Ghanshyam Thakur. *Challange and Problems in Reforming Higher Education in India*[M]. New Delhi，Sanjay, 2004.

② 张学强：《“优惠政策”与“预留政策”——民族公平视域下的中、印高等教育招生政策比较》，《比较教育研究》2010年第2期。

③ 李敏：《教育国际交流：挑战与应答》，2008年华东师范大学博士学位论文。

④ 杨建国：《中印高等教育与人才培养的比较分析》，《五邑大学学报》（社会科学版），2010年第2期。

索具有中国特色的大学模式，摆脱依附，走向自主，促进高等教育的发展。[①] 易迎认为自20世纪90年代以来，印度和中国都实施了高等教育跨越式发展策略。不断推进教育创新，通过发挥现有优势，创造新优势，充分利用后发优势实现超常规的跨越式发展，实现教育的最终整体进步。[②] 李炯分析了印度在高等教育数量扩充中的质量问题，认为印度高等教育发展的教训和我国高等教育发展的现状表明，我国高等教育发展还不成熟，是在受一种心理（追求高学历）或思潮（高等教育大众化）的驱动，丧失了其自身的相对独立性。数量发展过快，引起了高等教育质量下滑的趋势。所以我国高等教育的发展应把握好适度原则；政府应加大投入，拓宽投资渠道；适当降低学费，完善助学贷款制度；加强学校软、硬件设施的建设。在保证质量的前提下，稳步向高等教育大众化迈进。[③] 吉尔贝·艾蒂安提出印度高等教育迅速发展带来其软件业人才队伍的壮大，使之成为世界软件出口大国和强国，将有望赶超过中国。[④] 前任教科文副总干事、著名远程教育专家约翰·丹尼在研究中指出，中国目前有2300万学生，已经超过美国成为世界最大的高等教育学习系统。印度虽暂时落后，但未来若干年，人口增长及其民主制度将推进印度高等教育就学人数超越中国。印度现在25岁以下人口占总人口的60%，其世界最大的民主体制将迫使其回应越来越多人接受高等教育需求。这意味着中国、印度将在21世纪的高等教育中居主导地位，其提供高等教育的方式将对全球造成巨大影响。Asha Gupta从高等教育发展趋势对印度和中国的共性与差异做了对比，分析各自的优势和劣势，对印度高等教育的历史和法律背景进行解析，介绍了保留制和社区学院在印度

① 魏俊燕：《依附理论下的中印高等教育比较》，《科技信息》2009年第29期。

② 易迎：《中印高等教育跨越式发展之比较》，《黑龙江教育》（高教研究与评估），2008年Z2期。

③ 李炯：《中印高等教育发展的比较研究》，《理工高教研究》2001年第6期。

④ 吉尔贝·艾蒂安：《印度象将赶上中国龙》，《世界报》2006年7期。

的状况。[①]此外，孙玉霞，[②]刘芬，[③]陈·巴特尔，[④]等人也从不同角度对中印高等教育进行了比较研究。

7.对印度私立高等教育进行的相关研究

安双宏从经费投入、公众的高等教育需求、高等教育的非公益产品、发展模式向私立转型等方面进行分析以呈现近期印度高等教育发展特点，分析印度私立高等教育发展迅速的缘由，展示近期印度高等教育发展趋势。[⑤]认为私立高等教育已构成印度高等教育迈向大众化的主要力量之一，并将印度私立高等教育分为自由发展、国有化和私有化三个发展阶段。[⑥]宋鸿雁则研究了印度私立高等教育发展历史，并从类型、规模与质量三方面描述印度私立高等教育现状。论证了国家诸因素的影响和私立高等教育的准公共性，从国家，市场和高等教育系统三方面论述了三者对私立高等教育的重要影响。就私立高等教育政策与资助、市场运作环境、私立高教与公立高教和谐共存三方面揭示了印度私立高等教育发展的启示。[⑦]Pawan Agarual也对印度私立高教进行了相关研究。[⑧]

8.对印度大学与高技术人才培养问题进行的研究

杨思帆认为在印度崛起过程中，高校作出了重大贡献，特别表现在对高技术产业发展的促进上。就印度高校与高技术产业的联结进行全面研究，

---

① Asha Gupta：《高等教育的新趋势：印度与中国》，宋鸿雁译，民办教育研究2007年第5期。

② 孙玉霞：《当前高等教育经费筹措及其财政对策——基于中印两国的比较分析》，《财会研究》2008年第19期。

③ 刘芬：《中印高等教育的两点比较》，《惠州学院学报》2005年第10期。

④ 陈·巴特尔，陈益林：《院校发展视野中的中印高校创新型人才培养比较研究》，2007年第3期。

⑤ 安双宏：《近期印度高等教育发展趋势——兼析私立高等教育发展迅速之缘由》，《全球教育展望》2009年第3期。

⑥ 安双宏：《印度私立高等教育发展历史及特征》，《浙江树人大学学报》2009年第3期。

⑦ 宋鸿雁：《印度私立高等教育发展研究》，2008年华东师范大学博士学位论文。

⑧ Pawan Agarual著：《印度私立高等教育的新动向：私立名誉大学的崛起》，《教育发展研究》，2007年第10期。

归纳出印度高校与高技术产业联结的主要路径，探究联结的条件，分析了联结的成效与不足。并全面总结印度高校与高技术产业联结的经验。提出我国需完善高校与高技术产业间的联结机制，加快政府职能转变，注重人才培养层次性，充分利用私人资金并注重高等工程教育质量与认证工作，创设良好人才培养与配置机制。[①]安双宏研究了印度在科技教育机构的设置、管理以及师资培养等方面的措施，概述印度科技教育的成就，分析印度科技教育存在教育机构众多，良莠不齐，工资待遇偏低导致合格教师缺乏，学生学习的功利性强，发展后劲不足，规模迅猛扩充，暗藏隐忧等问题。[②]认为印度软件业在世纪之交得到迅猛发展，主要取决于其意识形态因素、语言因素和文化传统因素影响。借鉴印度信息技术人才培养经验，我国应处理好接受国际援助与培养自主创新人才间的关系，不可忽视语言传承民族文化的功能，应重视学生综合能力及全面知识基础的培养，增加对科技教育的投入，合理使用优质人力资源。[③]钮维敢、钟震认为印度大力发展高等教育以培养大量科技知识精英，开拓信息化等高科技产业，从而使高等教育成为现代化科技产业的孵化器，科技产业和人才的摇篮，是印度知识经济崛起的基地。[④]钮维敢还认为印度现代高等教育在科技方面的外向开拓具有很强力度和特色。普及英语的优势为其外向发展提供便捷条件，在科技上积极与国外进行交流与合作，以自信姿态迎接教育国际一体化潮流中的挑战。[⑤]S.P. 古普塔也对此问题进行相关研究。[⑥]Rakesh Basant 对高等教育与高技术产业的联系，发展中国家的背景，高技术产业与高等教育机构的联系，印度的高等教育，管理基金和费用，教学与科研的分离等方面对高等教育

① 杨思帆：《当代印度高校与高技术产业的联结研究》，博士学位论文，西南大学2010年。

② 安双宏：《印度科技人才的培养机制探析》，《比较教育研究》2010年第5期。

③ 安双宏：《印度信息技术人才培养的经验与不足》，《比较教育研究》2007年第3期。

④ 钮维敢、钟震：《试论印度现代高等教育发展与知识经济崛起》，《南亚研究季刊》2010年第2期。

⑤ 钮维敢：《论印度高等教育在科技方面的外向开拓》，《南亚研究季刊》2005年第3期。

⑥ S. P. 古普塔：《现代印度和科学与技术的进步》，新德里：维卡斯私人有限公司出版社1979年版。

与高技术产业的关系经行研究。①

9.对印度落后阶层接受高等教育问题进行的研究

由于印度种姓制度的存在，表列种姓与表列部落等落后群体及女性接受高等教育机会一直为中外学者所关注。国内学者安双宏对此有所研究，认为印度女性接受高等教育机会有显著增加，但是在层次分布、专业分布和地域分布方面很不合理。且世界通行的男女同校教育在印度仍有很大阻力。印度女性接受高等教育仍存在许多制约因素。高等教育对印度女性思想观念产生了一定的积极影响，但这些积极影响很易发生逆转。②同时认为印度是一个等级制度仍较为森严的社会。政治上受压迫、经济上受剥削、文化教育上受忽视的民众仍占总人口很高比例。尽管印度政府制定了一些政策以保障落后阶级受教育机会，但实践表明，印度落后阶级远未享受到公平的受教育机会。③ 国外的 Kumar，Krishana④ 等人也对此问题有所研究。

10.对印度高等教育及大学进行的其他相关研究

安双宏对印度开放教育系统的形成，发展及现状进行了研究。⑤ 另就印度高等教育中英语、印地语和地区语言的使用情况，分析双语教学问题对印度高等教育质量的影响，并对教育国际化背景下我国高等教育如何避免民族语言的“失语症”问题提供了参考。⑥ 纪方对影响印度教师教育课程制度的理论因素和社会因素进行分析，对印度教师教育课程制度做了较全面论述，探讨印度教师教育课程制度的特点及对完善我国教师教育课程制度的启示。⑦ 施晓光采用历史制度主义方法，考察和梳理印度高等教育政策演

---

① Rakesh Basant，*An arrested virtuous circle? Higher education and high-technology industries in India*，Annual World Bank conference on development economics，2009, *Global : people, politics, and globalization* / edited by Justin Yifu Lin and Boris Pleskovic

② 安双宏 :《印度女性接受高等教育的机会》,《比较教育研究》2001 年第 7 期。

③ 安双宏 :《印度落后阶级受高等教育的机会》,《外国教育研究》2001 年第 3 期。

④ Kumar, Krishana，*Challange and problems in teaching higher education in India*，New Delhi, Sanjay Prakashan, 2005.

⑤ 安双宏 :《结构完善的印度开放教育系统》,《开放教育研究》1996 年第 1 期。

⑥ 安双宏 :《印度高等院校中的双语教学问题及其启示》,《比较教育研究》2007 年第 3 期。

⑦ 纪方 :《跨文化视角下的印度教师教育课程制度》2008 年四川师范大学硕士学位论文。

变及其制度变迁过程，对印度高等教育政策的呈现方式、内容的规定性予以概括总结，根据印度第十一个五年规划等有关高等教育发展的政策性建议，概述印度未来高等教育发展目标和实施策略等问题。① 张立艳对印度大学的创业教育进行较全面的介绍。② 汉斯·纳格帕乌尔对文化、教育和社会福利三者间的联系进行了分析，还有一些西方及印度学者也有涉足这一领域，如德里大学的 Eric Ashby，③Aparna Basu④ 等。

此外，在一些外国教育史相关专著中，也对印度教育有所涉及。⑤ 这一类书中，有关印度教育的介绍只是很少的部分，且仅只对印度教育的状况做一般性叙述，缺乏对影响印度教育的各方面因素的分析评价。

目前有关印度高等教育的研究侧重于概况、规模、成就等问题。以描述性介绍为多，深度剖析的研究很少，且对高等教育专门问题的研究很少。

---

① 施晓光：《印度高等教育政策的回顾与展望》，《北京大学教育评论》，2009 年第 7 期。

② 张立艳：《印度大学创业教育的缘起与发展特色》，《教育评论》，2005 年第 3 期。

③ Eric Ashby，*Universities:British, India, African — A study in the Ecology of indian Education*，Weidenfeld &Niclson,London,1966.

④ Aparna Basu，*Essays in the History of lndian Education*，New Delhi, Concept Publishing, 1982.

⑤ 曹孚：《外国教育史》，人民教育出版社 1979 年版；罗炳之：《外国教育史》，江苏人民出版社 1981 年版；人民教育出版社外国教育丛书编辑组：《二十国教育概况》，人民教育出版社 1981 年版；吴式颖：《外国教育史话》，江苏人民出版社 1982 年版；赵祥麟：《外国现代教育史》，华东师范大学出版社 1987 年版；吴式颖等：《外国教育史简编》，教育科学出版社 1988 年版；杨德广、王一鸣：《世界教育兴邦与教育改革》，同济大学出版社 1990 年版；康内尔著，张法琨等译：《二十世纪世界教育史》，人民教育出版社 1990 年版；马骥雄：《外国教育史略》，人民教育出版社 1991 年版；瞿葆奎主编，赵中建等选编：《教育学文集—印度、埃及、巴西教育改革》，人民教育出版社 1991 年版；滕大春：《外国近代教育史第四卷》山东教育出版社 1992 年版；王天一等：《外国教育史》，北京师范大学出版社 1993 年版；滕大春主编，戴本博、单中惠本卷主编：《外国教育通史第五卷》山东教育出版社 1993 年版；吴式颖：《外国现代教育史》，人民教育出版社 1997 年版；夏之莲主编，北京师范大学教育系教育史组选编：《外国教育发展史料选粹》北京师范大学出版社 1999 年版；刘新科：《国外教育发展史纲》中国社会科学出版社 2002 年版；黄福涛：《外国高等教育史》上海教育出版社 2003 年版；贺国庆等：《外国高等教育史》人民教育出版社 2003 年版；袁锐愕：《新编外国教育史纲》广东高等教育出版社 2005 年版。

这些都说明对印度高等教育进行深入专题研究将成为未来的研究方向。这也是本研究以印度工程技术教育为研究对象的缘由之一。

（二）工程技术教育的研究现状

有关工程技术教育研究的主要内容与观点综述如下：

1.关于工程技术教育的国别研究

现代社会任何领域的研究都少不了比较研究的参与。国内对个别国家工程技术教育的个案研究，或是两个国家间进行的比较研究也有不少。有研究认为法国高等工程教育培养规格分为两层次：一是以培养高级技术员为目标的大学技术学院和高级技术员班；一是以培养文凭工程师和工程博士为目标的大学校。就多数而言，文凭工程师培养需5年以上时间，工程博士培养至少需3年。其培养模式具有与德国等欧洲国家相似的特点，即：学习科学基础的同时也学习工程技术；重视学生企业实习，并同企业等保持长期合作。① 陈义从招生，培养目标，课程设置，科研等方面阐述法国工程技术教育的办学特色。②徐理勤从高等工程教育的基础化、综合化、国际化、实践性几方面对德国高等工程教育发展趋势进行了研究，同时从企业实习，项目形式的课程设计和毕业设计，合作式专题讨论课和二元制专业几方面对其改革措施进行了概述。③水志国对美国高等工程教育历史进行回顾，对其“工程化”进行了探讨，并以麻省理工学院（MIT）工程教育的“工程化”进行个案分析。认为工程教育工程化的实质为源于实践而最终归于实践。④ 寇有志对美国工程技术教育的鉴定制度进行了研究，归纳其特色并提出对我国

① “德、法工程师文凭”教育研究课题组，《法国高等工程教育的培养规格及指导思想》，《职业技术教育研究》2004年第4期。

② 陈义：《法国高等工程技术教育的特色及其借鉴意义》，《漯河职业技术学院学报》(综合版),2005年第2期。

③ 徐理勤：《论联邦德国高等工程教育的发展趋势和改革措施》，《外国教育研究》2004年第4期。

④ 水志国：《美国高等工程教育“工程化”发展研究》，《中国电力教育》2006年第2期。

的启示。[1]朱永东对美国工程教育专业认证标准及工程教育专业认证体系进行了研究。[2]汪辉对日本高等工程教育质量评估机制进行了研究，介绍日本技术人员教育评估机构（JABEE）对高等学校相关工程技术专业的评估认证标准，分析它对专业教学的影响，认为工程教育的目的首先是培养工程技术人员，因此工程教育的评估与认证也应该围绕这一中心进行。工程教育的质量管理与工程技术人员的国家资格认证直接挂钩，不仅有利于工程技术人员的个人发展，且能推动工程技术教育的专业化发展，进而加速整个国家产业经济的发展。[3]也有一些研究涉及韩国，[4]及北欧国家。[5]

2.有关工程技术教育改革与发展趋势的研究

邬峻认为在知识经济浪潮中，显著的科技、经济、文化发展正在重新定义传统意义上的“大学”。荷兰德尔夫特理工大学与一批世界顶尖工科大学正在研究“循环创新模式”与“21世纪大学建构”。[6]袁广林认为高等工程教育要克服目前存在的学术化、学科化倾向，担负起自己的教育使命，回归工程本身，注重多学科知识传授、实践、创新能力的培养及工程伦理教育等。[7]张加圣联系工业和经济发展进程，从工业发展需要、资源条件变化、技术变化、教育内容等五个方面出发，对知识经济发展环境下高等工程教育面临的挑战进行了分析研究。[8]朱高峰院士对工程技术教育改革与现存问题做过探讨。[9]王雁认为国际标准培养工程人才已成为各国工程教育的首要

① 寇有志：《美国工程技术教育专业鉴定制度的特色与借鉴》，《高等教育与学术研究》2006年第6期。

② 朱永东，叶玉嘉：《美国工程教育专业认证标准研究》，《现代大学教育》2009年第3期。

③ 汪辉：《日本高等工程教育的质量评估机制》，《高等工程教育研究》2005年第3期。

④ 徐小洲：《当代韩国高等工程教育的若干特征》，《高等工程教育研究》2002年第4期。

⑤ 蔡瑜琢：《瑞典、芬兰和丹麦的高等工程教育》，《高等工程教育研究》2005年第3期。

⑥ 邬峻：《21世纪的高等工程教育——循环创新模型与21世纪大学建构》，《高等工程教育研究》2002年第5期。

⑦ 袁广林：《高等工程教育的理性回归》，《辽宁教育研究》2008年第9期。

⑧ 张加圣：《高等工程教育面临的新挑战》，《西北工业大学学报》（社会科学版）2008年第3期。

⑨ 朱高峰：《关于中国工程教育的改革与发展问题》，《高等工程教育研究》2005年第2期。

目标和战略选择，工程教育的国际化合作则是实现这一战略目标的最佳途径之一。麻省理工学院合作建立的两个跨国工程教育与研究学术合作组织“新加坡－麻省理工联合体”和“剑桥－麻省理工研究院”，展示了在信息革命、经济全球化时代背景下新型高等工程教育学术合作组织模式。工程教育的国际化挑战、政府资助、信息技术与网络发展是这两个组织合作成功的基础。高等工程教育国际化合作要树立工科类大学为提升国家生产力、竞争力而努力的办学理念；利用全球工程教育资源培养我国优秀工程人才；工程教育领域的国际合作要坚持“强强合作”，并根据国情建立适宜的合作机制。[①] 钟秉林[②]，张彦通[③] 等人也对工程技术教育的改革及问题等做了相关研究。

3.有关工程技术教育发展战略的研究

吴启迪认为“全球化”时代的工程教育必须面向全球，瞄准世界科技前沿；同时扎根国情，依托本土文化资源，实施“全球—本土化（glocal）”的“蛙跳”战略。[④] 马涛提出基于工业界诉求的工程技术教育发展战略，即通识性的工程教育，强化基于实践的工程教育，凸显创新力的工程教育。[⑤] 梁保国认为应建构与生态文明相适应的工程教育的当代视野。[⑥] 中国工程院“创新人才”项目组认为培养和造就创新型人才，特别是创新型工程科技人才是建设创新型国家、实施科教兴国战略和人才强国战略的关键之所在，意义重大。而我国当前培养创新型工程科技人才的任务十分紧迫，所以必须走工程教育的创新之路。[⑦]

---

① 王雁：《跨国学术合作组织：高等工程教育国际化合作的成功模式》，《中国高教研究 2006 年第 6 期。

② 钟秉林：《我国院校高等工程教育的改革与发展》，《中国机械工程》2000 年第 2 期。

③ 张彦通：《继续推进高等工程教育改革与发展对策研究》，《高等工程教育研究》2005 年第 2 期。

④ 吴启迪：《“全球化”与中国工程教育发展战略》，《高等工程教育研究》2000 年第 4 期。

⑤ 马涛、何仁龙：《高等工程教育：迎接学科交叉融合的挑战》，《理工高教研究》2007 年第 2 期。

⑥ 梁保国：《工程教育的生态学透视》，《有色金属高教研究》1998 年第 5 期。

⑦ 《中国工程院“创新人才”项目组 . 走向创新——创新型工程科技人才培养研究》《高等工程教育研究》2010 年第 1 期。

4.有关工程技术教育人才培养模式的研究

叶晓雁认为科学技术的迅速发展需要高质量工程技术人才，而传统的教育模式不同程度带有产学研相脱节的缺陷，不能满足这种需求。因而对传统教育模式进行分析，阐明产学研合作教育对于培养高质量的工程技术人才的必要性，并提出一种全面实施产学研合作教育的设想。[①]郁秋亚也对此有相关研究。[②]邱占勇认为科学技术的发展已给人类社会带来了巨大的影响，要正确认识这种影响，必须坚持马克思主义哲学的科学真理性和高度人文价值性的统一，科学技术的进步既涉及科学知识的变革，也涉及人的观念的变革，发展科学技术的目的是既要征服无知，还要创造高尚的人类道德文明。所以，在工程技术教育中必须充分发挥老教师在治学方面的榜样力量、人格的魅力，培养学生的科学精神与人文精神。[③]时铭显认为我国的工程技术教育必须回归工程与实践。参照现代工程师的国际化标准，找出我国工程技术人才存在的主要差距；在课程体系中将坚实的数理科学基础和工程实践训练有机地结合起来，使工程教育真正面向工程实际；加强产学研合作教育，真正建立起由政府、院校、企业、社会团体相互合作的良性机制。[④]何滢认为目前针对高等工程教育开展的人文教育实际上是在培养“全才”与“通才”，而非真正高素质的工程师。高等工程教育与人文教育融合，是要使求真务实的科学精神和包括生态整体观、和谐并且可持续的发展观在内的人文精神的培养不可偏废。要做到这一点，应当调整现有的人文素质课程，重点开设科技史、工程学等课程，并且提高工程专业教师的人文素养，将工程教育与人文教育全过程相融合。[⑤]陈伟华认为目前工程

---

① 叶晓雁：《产学研合作教育是培养高质量工程技术人才的必由之路》，《清华大学教育研究》2000年第3期。

② 郁秋亚：《产学研合作教育是中国高等工程教育改革的有效途径》，《中国高教研究》2000年第9期。

③ 邱占勇：《高等工程技术教育中科学精神与人文精神的培养》，《辽宁工程技术大学学报》(社会科学版)2004年第4期。

④ 时铭显：《高等工程教育必须回归工程和实践》，《中国高等教育》2002年第22期。

⑤ 何滢：《高等工程教育与人文教育的融合规律》，《大学教育科学》2006年第3期。

教育中存在工具理性和价值理性的分裂。当代工程教育需要顺应时代主题，在注重知识、技能的基础上，强调价值观教育，实现价值理性和工具理性的和谐统一。[①]熊志卿对工程技术教育的定位进行了相关研究。[②]吴秋凤,[③]俞仲文,[④]李为[⑤]等人都对工程教育人才培养模式进行了探讨。

5.有关工程技术教育历史的研究

张维对我国高等工程教育的发展史曾做了相关研究。[⑥]刘向东也对我国高等工程教育的沿革作了回顾。同时从地位、比重、教学改革、办学层次、继续工程教育、评估与注册工程师制度以及工程技术人员的待遇等几方面对我国高等工程教育作了展望性的分析。[⑦]

就现有文献来看，国内的工程技术教育相关研究主要集中在对工程技术教育的微观层面，诸如工等工程技术教育的改革、面临的问题、人才培养模式、培养目标等。尚无对工程技术教育进行系统宏观层面的研究。

（三）印度工程技术教育的研究现状

虽然近年来印度工程技术教育发展迅速，但国内外对此进行的研究尚不多。国内对印度工程技术教育的研究，经搜索有安双宏的《印度信息技术人才培养的经验与不足》(《比较教育研究》，2007，3期)，他认为印度软件业在世纪之交得到迅猛发展，主要取决于其意识形态因素、语言因素和

---

① 陈伟：《高等工程教育中的理性和谐》，《中国成人教育》2009年第1期。

② 熊志卿：《工程技术型本科教育定位的研究》，《南京工程学院学报》(社会科学版)2007年第2期。

③ 吴秋凤：《构建高等工程技术人才KAQ培养模式》，《建材高教理论与实践》2000年第2期。

④ 俞仲文：《关于发展高等技术教育的若干思考》，《高等工程教育研究》2005年第2期。

⑤ 李为：《科学技术与社会教育模式高等工程教育的人文化》，《中国高教研究》2000年第6期。

⑥ 张维：《近现代中国科学技术和高等工程教育发展的回顾与展望》，《高等工程教育研究》2001年第2期。

⑦ 刘向东：《我国高等工程教育的回顾与趋势分析》，《黑龙江教育》(高教研究与评估)2007年第7期。

文化传统因素影响。借鉴印度信息技术人才培养中的经验和教训，我国应处理好接受国际援助与培养自主创新人才之间的关系，不能忽视传承民族文化的功能，应重视学生综合能力和全面知识基础的培养，增加对科技教育的投入，合理使用优质人力资源。还有其《印度科技人才的培养机制探析》(《比较教育研究》，2010，5 期）一文，该文研究了印度在科技教育机构的设置、科技教育的管理以及师资培养等方面采取的措施，概述了印度科技教育取得的成就，分析了印度科技教育存在的问题，希望能对我国全面深入了解印度科技人才培养机制有所帮助。彭慧敏的《印度工程技术教育改革的经验、问题与启示》(《复旦教育论坛》2008，2 期）一文中对印度近年在工程技术方面取得的成就进行了肯定，认为这与印度对高等工程技术人才的大力培养分不开。其所取得的成绩是与印政府在工程技术教育的政策、管理、产学研合作、课程等方面的改革密不可分，并着重对系列改革进行了研究。同时对印工程技术教育的成功经验和存在的问题进行了探讨。还有王丽华的《印度“高等职业教育”类型的界定》(《职业技术教育》，2010，7 期）一文，该文对以印度理工学院为代表的工程技术教育进行了研究，着重从人才培养模式和目标两方面展开。此外，宋鸿雁在对印度私立高等教育进行研究的过程中，也对印度的私立工程技术教育做了简略分析。[①] 这是笔者看到国内唯一几篇以印度工程技术教育为题的文章。

国外有关印度高等工程技术教育的主要内容综述如下：

1.印度工程技术教育的概况研究

2007 年 Rangan Banerjee 和 Vinayak P.Muley[②] 在 Observer Research Foundation 的资助下完成了印度工程技术教育的报告，此报告以大量数据和图表分别对印度工程教育的发展历程、改革趋势、存在的问题进行了个案式研究。该报告分别以孟买印度理工学院，印度国立工程技术学院、私立工程学院为个案研究，详细考察了这些学院的学生数量，校园位置，院

① 宋鸿雁：《印度私立高等教育发展研究》，山西人民出版社 2010 年版。

② Rangan Banerjee and Vinayak P.Muley, *Engineering Education in India*，Powai, Mumbai, 2007.

系设置，院系成果，学校的管理，政府的拨款；学院整体的学术成果（本科生、硕士生和博士生的数量及其科研）；印度理工的招生过程；拨款的获得和出版情况。通过数据的分析和与世界其他各国的比较，得出了一系列的结论为政府决策提供了重要依据。Gautam Biswas，K.L.Chopra，C.S.Jha 和 D.V.Singh 对印度工程教育的概括进行了相关研究，分别从印度工程教育的历史，国际视角中的印度工程教育，印度工程教育面临的挑战，工程教育中的伦理，工程教育中的课程设置等加以研究。认为印度工程教育的质量与美国等国相比还有差距，需要进一步完善政府相关政策并对工程教育加以改革。①

2.对印度私立工程技术教育的研究

Lav R.Varshney 对印度私立工程教育进行了相关研究．他认为近几十年来印度的私立工程技术教育发展迅猛。但经过印度国内一些人力资源开发公司的问卷调查显示，仅有四分之一的工程类毕业生可以顺利就业。另一项雇主参与的调查显示印度国内仅有 1400 余所工程类高校被认为能提供高质量的毕业生。而就业市场中充斥着大量低质量的工程技术类人才。有必要研究导致此情况的因素，提出公共政策建议以改变现实情况，并矫正市场因素对私立工程技术教育影响的偏差场。②

3.对印度工程技术教育具体学科专业的相关研究

Kamna Solanki，Sandeep Dalaland Vishal Bharti 对印度软件工程教育和研究的新挑战进行了相关的调查研究，认为印度的软件业正以高速前进并确定了宏伟的远景目标，但在其发展中仍存在不少问题，例如印度软件教育优质师资的缺乏，软件工程类毕业生的事业问题，软件工程教育的研究质次量少等。通过调查和访谈，指出印度拥有印度理工学院等一批优秀的技术教育高校，这些高校在全球范围都颇具竞争力。甚至印度二流的工程院

---

① Gautam Biswas,K.L.Chopra,C.S.Jha and D.V.Singh, *Profile of Engineering Education in India-Status,Concerns and Recommendations*，Narosa Publishing House, 2010.

② Lav R.Varshney，“Private Engineering Education in India:Market Failures and Regulatory Solutions” *Journal of Science,Technology,and Public Policy*, No. 11, 2006.

校也是相当不错的，但是印度软件工程教育的全国范围内平均水平却不高。因而 AICTE（全印技术教育委员会）应全力以赴改变此现状，提高软件工程教育的质量与水平，加强研究生阶段的教育和研究，并鼓励最优秀的学生留在国内从事学术方面的研究。[①]Sanjay Goel 以软件工程教育为个案对工程技术教育的培养目标及毕业生的竞争力系统要素的界定进行了研究。在对比了美国，英国，澳大利亚和新加坡对竞争力要素的认证体系后，他认为印度的相关认证系统仍是传统的以投入核定的方式，而非基于产出的方式。并强烈建议印度的相关工程技术教育认证机构，大学，工程学院对工程教育的课程设计进行严格的分析，此外，教员对真是工程缺乏认知与亲身的体验及其自身的学习均应引起注意。解决好这些问题无疑会对印度工程技术教育的质量的提高有极大帮助。[②]

4.对印度工程技术教育发展趋势的研究

坎普尔印度理工学院校长 M. Anandakrishnan[③] 对印度工程技术教育的发展趋势进行研究。他认为近十年来高等教育国际体系从理念层面和实践层面都有了很大变化，这个变化很大程度是基于全球化进程中信息与通信技术的发展。其背后的一个主推力是发达国家在高等教育国际体系中寻求发展中国家教育商业化机会所进行的努力，这种努力也在一定程度上提高了发展中国家的学术标准与科研能力。经济全球化及高等教育国际化也对印度工程技术教育产生了很大影响，如何使商业成分在印度工程技术教育国际化发展中的作用弱化值得思考。一种理想化的高等教育国际体系有助于建立世界顶尖级的工程技术教育体系，这需要公正而严格的学术认证与监

---

① Kamna Solanki and Sandeep Dalaland Vishal Bharti, “Software Engineering Education and Research in India:A Survey” . *Journal of International Journal of Engineering Studies*,No. 3, 2009.

② Sanjay Goel, “Competency Focused Engineering Education with Reference to IT Related Disciplines:Is the Indian System Ready for Transformation?” *Journal of Information Technology Education*, No. 5,2006.

③ M.Anandakrishnan, “Globalization of Technical Education” *Journal of The Indian Journal of Technical Education*, No. 1, 2011.

管体系来保障。应对此要求，印度工程技术教育须做出更多学术层面的努力：学生与教师的流动性与互换性应增强；教学与科研须进一步加强联系；提高学术质量与标准；增加与工业发展密切相关的学术项目研究；改革课程体系设置；提高高校的国际化标准；畅通教师与学生国际的流动渠道。但早期计算机科学发展所带来的软件技术业的兴盛，仍是今后时期印度工程技术类高校国际竞争力的重要因素。

5.印度工程技术教育质量的相关研究

N.R.Shetty[①] 认为发达国家的大学在发展中国家的办学对本土工程技术教育的质量产生了诸多方面的影响，可谓机遇与挑战并存，教育的国际联合也是全球化的一项内容。但必须重视质量认证与评估在此发展中的作用，如此才能确保并提高印度工程技术教育的质量。R.Natarajan[②] 也对国外大学入住印度后对本土工程技术教育发展的影响及趋势进行了研究，并对比了中国、新加坡、以色列、迪拜、卡塔尔和马来西亚的发展情况。他认为教育不同于商业与经济，不能将教育量化为可观测指标进行国际的比较，也不存在所谓的教育“双赢”。印度的工程技术教育需要进行持续深入的改革，严守质量关，以提高整体学术标准。S.D.NAIK[③] 认为在全球化背景下，印度工程技术教育更需进一步提高质量，其必要措施有：建立更多的研发中心和继续完善基础设施建设；工程技术教育体系要应对知识经济需求，力求成为知识与经济发展间的桥梁；改革课程体系设置，增加其整体灵活性与实用性；在人才培养模式中注重企业家导向的实践训练；加强高校与工商企业界的联结关系；工程技术教育体系应保有创造性，不断地在改革中实现发展，探索更多的新领域；应重视职业技能教育，有效发挥工程技术教育在印度国内人力资源开发的重要作用；注重整体质量的监管（TQM)；政府部门

---

① N.R.Shetty，“Impact On the Quality of Engineering Education Due to The Advent of Foreign Universities” *The Indian Journal of Technical Education*, No. 1, 2011.

② R.Natarajan，“Analysis of Issues Relating to Entry of Foreign Institutions to India” *Journal of The Indian Journal of Technical Education*, No. 3, 2011.

③ S.D.NAIK，“Shaping the Technical Future of India in Global” *Journal of The Indian Journal of Technical Education*, No. 3, 2011.

管理政策的完善等。V.V.Sreenaray Anan[①]将六西格玛这一以数据为基础，追求几乎完美的质量管理办法引入到印度工程技术教育的质量中，

6.对印度工程技术教育的质量监管机构进行的专门研究

印度工程技术教育在很短的时间内实现了飞速发展，近年来，其教育机构的数量迅速膨胀，但对所有的高校而言，质量都是其办学的重心与核心。为了确保和提高印度工程技术教育的质量，全印技术教育委员会（AICTE）于1994年建立了全国质量认证委员会（National Board of Accreditation, NBA）以实现对高校教育质量监管。Tabassum Naqvi[②]指出，要想在2020年实现印度科技强国与知识强国的梦想，就必须重视工程技术教育质量标准的完善及质量的进一步的提升。而NBA的成立便是源于此，目前NBA将五年与三年的评估间隔期统一为五年，将处于工程技术教育中最底层的学历教育到最高层的博士学位教育都纳入自己的质量认证与评估之中。Tabassum Naqvi进一步研究了NBA的评估过程，指标体系讨论了其特点及需要改进之处，即对NBA进行了比较系统的研究。

7.对工程技术教育类就业的相关研究

Harish Shukla[③]指出工业化进程是一国经济发展的核心，而工业化的发展依赖于高质量工程技术人才的培养。他以工程技术类院校毕业生的职业满意度为切入点，研究了影响职业满意度的主要因素及如何提高的途径。在此基础上对相关相关就业情况有所涉及。经过实验研究他得出很有趣的结论：学术教育类的毕业生职业满意度往往高于职业教育类毕业生。主要是因为前者因为自身生活特点具有比较高的消费支出并愿意为此付出更多的努力，他们往往更具有事业心与野心及更高的人生期望值。

---

① V.V.Sreenarayanan, "Concept of Six Sigma for Achieving Excellence in Technical Education" *Journal of The Indian Journal of Technical Education*, No. 1, 2012.

② Tabassum Naqvi, "Outcome Based Accreditation Process" *Journal of The Indian Journal of Technical Education*, No. 3, 2010.

③ Harish Shukla, "Job Satisfaction of the Employees of Engineering colleges" *Journal of The Indian Journal of Technical Education*, No. 1, 2011.

8.对工程技术教育领域具体门类的研究

工程技术教育是一个很宽泛的领域，其中包括各种具体专业门类。印度国内有不少学者从细微处入手，研究其中的某个学科门类，以此见微知著，引出大讨论。Ravi Wodeyar[①]以工程技术类高校的图书馆为例对印度信息与通信工程教育进行了研究，他认为高效快捷的通信与信息技术手段在当今人们生活中有着重要作用，而通信与信息工程教育的持续发展才能使其作用更好地发挥。Mithun M.Bhaskar[②]对印度的软件工程教育的历史发展、立法、可突破之处及挑战等方面进行了研究。

（四）对已有文献的评价

对现有文献的梳理表明：(1) 现有的文献涉及印度高等教育的很多方面，表明印度的高等教育呈快速发展态势，有继续研究价值。但无对高等专业教育中工程技术教育的专题研究。(2) 现有相关研究还非常零散，虽涉及高等教育方方面面，但缺少系统地围绕一定角度对印度高等教育进行有深度地分析与解释的成果，从而难以把握高等教育在印度这种特殊社会情境下的特殊发展状况。恰是这种研究对于认识印度高等教育有重要理论与现实意义。(3) 鉴于工程技术教育所培养的科技人才在各国发展中的重要地位，及近年来工程技术教育在印度发展的强劲态势，及其对印度高等教育的促进和对整体综合国力提升的影响，有可能也有必要对印度高等专业教育中的工程技术教育进行一个纵向历时的和横向比较的研究。

文献研究所提供的基础及其存在不足促成了本研究的核心任务：一是较为全面地还原印度工程技术教育的真实发展历程与现状。二是探析其发展特征与存在问题。三是解析解析印度工程技术教育发展三大影响因素所形

---

① Ravi Wodeyar,"Information and Communication Technology(ICT) Infrastructure:A Study of Engineering College Libraries in Hyderabad-Karnataka Region" *The Indian Journal of Technical Education*, No. 1, 2012.

② Mithun M.Bhaskar,"Overview of Engineering & Software Education in India:History Legends,Legends,Legislation,Break Throughs and Challenges" *The Indian Journal of Technical Education*, 2011(1).

成的动力机制。四是对其问题进行归因，得出结论与启示。

四 研究思路与方法

（一）研究思路

印度教育根植于其灿烂的人类文明与文化之中，在公元前 5 世纪左右的佛教教育时期诞生了高等教育，其时，建筑、绘画、探宝和商贸等手工及技艺性科目已纳入高等教育之中，可看作其工程技术教育前身。当历史进入公元 8 世纪左右，随着阿拉伯等外族人相继入侵，伊斯兰文化及其教育在印度本国开始占据主导地位。其高等教育的内容明确划分为宗教教育和世俗教育两部分，包括工程技术教育在内的相关专业高等教育进一步得到发展。到了近代的殖民地时期，工程技术教育真正发展起来。其后又经历了独立后到 20 世纪 80 年代和 80 年代至今两个发展阶段，现已拥有先进的工程技术教育体系，并取得卓著成就。本文从印度教育入手，以纵向历史视角对其进行追溯研究，同时从宗教学、历史学和政治学等角度对其进行探索。紧接着以横向视角从规模与质量等方面入手，对印度工程技术教育现状进行分析研究。在真实还原印度工程技术教育原貌基础上，探讨归纳其四大主要特征，即国家性、教育机构的多样性，管理结构的分权性，人才培养体系的独特性。同时深入研究印度工程技术教育存在的问题。在整个行文过程中辅以四个层次不同样本校的比较，佐证研究印度工程技术教育的相关问题。最后从国家因素、市场因素与高等教育系统因素三者博弈中所构成的动力机制模型，辅之以三重螺旋理论对现存问题进行归因，为我国工程技术教育及高等教育改革提供借鉴。

（二）研究方法

本研究采用的主要方法有：比较法、历史研究法和文献研究法等。

1.文献法

本研究的行文过程中搜集许多相关文献，尤其是英文文献。并对文献进行了甄别、整理与选择分析。所采用的文献主要有：印度文化、历史、宗教、教育、教育制度、学制、高等教育、工程技术教育相关书籍与论文；印度教育相关的各级各类法规、政府报告、年度报告、印度各邦年度统计报告等。

2.比较研究法

本研究的行文同时包括了比较研究法的两个基本内容，即纵向角度的比较及横向角度的比较。论文中以纵向比较法对印度教育、高等教育及工程技术教育的发生、发展进行了相关背景的深刻探究。也用横向比较法将中印两国的教育、高等教育及工程技术教育进行了比较。并从印度的先进经验中得出对我国的启示。

3.历史研究法

本研究从历史的观点研究相关问题，明晰在社会发展过程中印度教育的发展脉络。并以其为线索，对印度工程技术教育的发生、发展进行详尽的剖析。

4.个案研究法

本研究在行文过程中分别以印度不同层级的典型工程院校，如德里理工学院，巴特那国立技术学院、浦那工学院、麦力普技术学院等作为研究个案，具体分析印度工程技术教育具有的特征，成功经验及存在等问题等。

五　研究重点、难点和创新点

本研究的重点在于从纵向动态的历时角度和横向静态的比较角度揭示印度工程技术教育发展全貌，探讨其特征与存在的问题。

本研究的难点在于有关印度工程技术教育资料的收集与获得，及如何全面真实地还原印度工程技术教育发展的本土情景，并剖析归纳其特征与存在问题。

本研究的突破之处在于选取专业高等教育中的工程技术教育进行研究，在此过程中，以国家、市场和高教系统的学术三角模型来对其进行分析，并形成印度工程技术教育发展的动力机制，辅之以三重螺旋模型对其存在的问题进行归因。

第一章　隐性到显性：印度工程技术教育的发展历程与现状

一　宗教特性：近代以前印度教育的发展及演进

印度有着极其古老的教育传统。作为人类历史文明发源地之一，印度灿烂的人类文明同时滋养孕育了著名的婆罗门教、佛教、耆那教与印度教等众多宗教派系。之后的中世纪随着阿拉伯人大举入侵，伊斯兰教流入印度，并与婆罗门教、佛教成鼎足之势。宗教是古代印度人生活的基础和一切活动的内在动机，在其社会文化等诸方面均打下深刻的烙印，它不仅涉及道德、哲学、法律、政治等各个方面，且深具教育思想。古印度的教育在其表现形式上常以宗教教育为载体。因而其古文明与宗教及教育三者互为条件，同步发展。

（一）古代印度的教育

印度位于南亚次大陆，是人类文明发祥地之一。迄今约 1400 万年前，这里便有腊玛古猿活动。旧石器时代早期，这块大陆上北部便出现梭安文化，南部则出现马德拉斯文化。在其历史上第一个时代的印度河流域文明时期，公元前约 2500 年到前 1750 年左右，出现摩亨佐达罗（当今的信德地区）和哈拉巴（当今的旁遮普地区）等城市与村落，学者们将这种文化称作哈拉巴文化，这种文化是已进入青铜时代的文化。在印度河文明时期已出现文字，这些文字主要保存在石、陶、象牙等制成的印章上。经过对印章文字的考究，学者们普遍认为古代印度文明的创造者为达罗毗荼人，可能还有其他相关土著居民。印度河文明从公元前 18 世纪开始衰落，公元前 2000 年代中期，开始有属于印欧语系的雅利安人入侵印度，并且成为印度主要居民。史学家们一般将雅利安人入主印度的时代称为吠陀时代，约为公元前 1500 年到前 600 年，这一时期婆罗门教产生。自公元前 6 世纪到 4 世纪，印度进入列国时代，这一时期佛教与耆那教相继产生。公元前 324 年到公元前 187 年印度进入孔雀帝国时代。公元 1 到 3 世纪进入贵霜帝国时代，公元 320 年到 500 年印度进入笈多帝国时期，佛教盛行。

1.婆罗门教教育

随着经济发展与社会进一步分化，在一些发达部落开始出现国家并产生阶级。专替国王执行仪式的祭司便是婆罗门，婆罗门逐渐发展为世袭职业的社会阶层，且成为第一阶层。第二阶层为刹帝利，由部落首领、贵族及武士组成。第三个阶层为吠舍，由雅利安人的实业阶层，即一般成员组成。第四阶层是首陀罗（奴隶），由被雅利安人征服的土著居民组成。在古代印度，这四阶层世袭并形成瓦尔纳（等级，集团）制度。“瓦尔那”在汉译佛经里译为“种姓”，西方学者也将此译成种姓，这即是印度至今存在的种姓制度的源头。

在吠陀时代印度开始有记载历史的文献——《吠陀》，共四部，其中《梨俱吠陀》最早，约为公元前 1200 年至公元前 1000 年，其所反映的时代称为早期吠陀时代。其余三部分别是《沙摩吠陀》、《耶柔吠陀》和《阿闼婆吠陀》，合称为后期吠陀，编纂年代约为公元前 1000 年至公元前 800 年。除四部吠陀外，还有阐释它的《梵书》、《森林书》和《奥义书》，编纂年代约为公元前 800 年至公元前 600 年。在约公元前一千年代的前半期产生了婆罗门教，它是婆罗门阶层将雅利安人所信仰的诸种宗教学说加以整理而成的一种新宗教体系。婆罗门教信仰梵天，奉梵天、毗湿奴和湿婆为三大主神，主张吠陀天启、祭祀万能、婆罗门至上。印度的教育可以说便是从婆罗门教诞生之时开始的。

吠陀时代开始的婆罗门教育（仅针对前三个阶层的儿童）体系较完备，在儿童教育阶段，即 7 岁前的儿童接受由父亲教授的家庭教育，教育内容是记诵《吠陀》，仅靠口耳相传。在 8 岁到 16 岁的初等教育阶段，由兼具笃信梵天且能阐述经典双重品质的古儒对青少年施教，这种经义学校名为阿什拉姆（Ashram），到奥义书晚期，经义学校已很发达。此阶段的教育内容除记诵学习吠陀外，还包括：祭祀、礼仪，语音学，文法，语源学，韵律学，天文学，体育，军事，医学等内容。[①] 仍以口耳相传为主。在高等教育阶段，先后出现两种研究高深经义的学府，一种叫隐士林（Hermitage），位于古代印度西北部，于公元前7到3世纪开办，公元前6世纪享有国际盛誉，它是由单个古儒举办，逐渐发展为学术中心的高等学府，其中有诸多著名教师举办的诸如法律、医学、军事等专门学校。另一种是巴瑞萨（Parisad），为婆罗门学者的集会，由国王召集，邀请全国各个思想学派的思想家参加，对婆罗门宗教和学术有关的一切要点作出决定，也像欧洲中世纪教师行会或学生行会，合法组成的帕利沙德，规定其成员要有吠陀及吠陀支方面的专家。成员大半是教师，学生都来到这里向学者们学习。[②] 关于巴瑞萨又另有一说。[③] 此外，还有古印度东部地区的婆罗门寺院（Brahrnano）和萨马那寺院（Samanas）。随后在公元前600年出现塔克撒西拉（Takasasila）和本那拉斯（Bellares）等高等学校。前者在中世纪成为享誉世界范围的高等教育中心，语法家潘尼尼（Panini）便在这里著成其语法著作，马其顿王亚历山大也在此学习印度哲学。

2.佛教教育

佛教晚于婆罗门教产生，佛教以其“众生平等”、“佛度一切”等思想迅速吸引了大批民众。佛教教育稍后也以强劲发展势头赶超上婆罗门教育。

佛教于公元前6世纪到5世纪之间产生。随着奴隶制大国的不断崛起，第二阶层的刹帝利及第三阶层的吠舍对第一节层的婆罗特权愈发不满，极力反对婆罗门及其所拥护的瓦尔纳制度。在此社会大背景中，诞生了反婆

---

① 马骥雄：《古代印度的教育》，《杭州大学学报》1985年第2期。

② 马骥雄：《古代印度的教育》，《杭州大学学报》1985年第2期。

③ 学者集会的处所，最初常由3名造诣较深的婆罗门学者组织而成。一些已接受过基础教育的青年，长途跋涉来此处求教，学习《吠陀》、神学、法律学、哲学、天文学之类的知识。以后发展起来，通常由21名学者组成，规模也扩大了。见曾孚主编《外国古代教育史》人民教育出版社1981年版，第27页。

罗门教的佛教与耆那教。佛教由悉达多·乔答摩（佛教徒尊称其为释迦牟尼）创立，是包含戒、定、慧三学的宗教体系。佛的梵文为 Buddha，是“觉悟”之意，汉译为“佛陀”。印度佛教的发展可分为原始佛教、宗派佛教和大乘佛教 3 个阶段。在释迦牟尼时代，即原始佛教时代，佛教尚非宗教，释迦牟尼所宣讲的也非佛学，而是一种哲学、伦理学说。其所施教的“精舍”被认为是印度最早的学校，而释迦牟尼本人更是 40 年长期、系统地从事教育工作，他与孔子并称为古代世界最有成就的大教育家。[①] 虽然佛教分为三个阶段，但在三阶段中，佛教始终反对婆罗门的特权，主张“四姓平等”，否定吠陀的权威性。因而在教育上进行了两方面改革，首先是使受教育对象范围扩大，不再局限于婆罗门为主的前三阶层内部。尤其在孔雀王朝时期，许多镇办有学校，招收各个阶层的学生，在教育机会均等方面做出了一定的贡献。其次是佛教强调以方言而非晦涩的梵文进行教育，并采用公开忏悔、演讲、讨论等教学方法，一改婆罗门的“口耳相传”方式。

在佛教教育的高等教育阶段，出现了以那烂陀寺为典型代表的一批高等学府。那烂陀寺约于公元 425 年创建，其后历经多个王朝的发展，成为古印度规模庞大的佛教寺院及国际性的高等学府，是当时世界范围内的学习和文化中心。诚如印度学者 B.C.Rai 所言，那烂陀寺兼有宗教与世俗知识，哲学与实用学问，科学与艺术的成就，几乎无所不包，其国际化程度堪于当代的牛津，剑桥和哈佛等著名世界大学媲美。[②] 当时的那烂陀寺所教内容主要有大乘佛教，哲学、文学、艺术、文法、天文学、逻辑及医学等，此外，也有建筑、绘画、探宝和商贸等手工或技艺性科目。教学通过个别辅导、演讲、争辩和讨论等方式进行。学术气氛异常浓厚。与那烂陀寺遥相辉映的还有其他一批文化与学术中心，诸如伐腊毗（Valabhi），主要研习上座部佛教及其各宗。还有超戒寺（Vikramshila Mahavihara），为密教学术中心。余者还有奥丹塔普里，加格达拉学府，婆达沙拉与托尔等。

---

① 吴式颖、任钟印：《外国教育思想通史（第一卷）》，湖南教育出版社 2002 年版，第 183 页。

② B.C.Rai，*History of Indian education and problems*，Lucknow: Prakashan Kendra,1980, p.66.

在古印度的佛教教育中，着重进行宗教及哲学的教育，同时也涉及其他诸如文法，艺术，天文学等知识。

伴随着教育的不断发展，科学逐渐兴起，五世纪末数学家阿耶波多提出“零”和十进位概念。笈多王朝时期植物学、天文学、军事学和土木工程均有所发展。而，除古儒学校及其他高等学府的宗教和人文学科教学之外，职业型的技艺性实用教育也不断发展，家庭世袭或艺徒制的职业行会进行传授。

（二）中世纪印度的教育

在约公元 8 世纪左右，阿拉伯人开始入侵印度。之后，信奉伊斯兰教的突厥人、阿富汗人、蒙古人相继侵入印度，并先后建立德里苏丹与莫卧儿帝国。伊斯兰教及伊斯兰文化教育也得以流入印度并进一步冲击印度既有的社会生活各方面。在教育方面，穆斯林主张传播伊斯兰教及阿拉伯文化，教学主要以阿拉伯语及波斯语进行。

伊斯兰教教育分为初等教育和高等教育两阶段，初等教育的实施机构有麦克台卜（Maktabs）、私人宅第与清真寺等。麦克台卜为经文学校，主要进行古兰经教义，阿拉伯语、波斯语，文学和算术等基础知识的学习。家宅教学制中，毛拉①的家宅为学习场所，其教学目的、性质与麦克台卜相同。在高等教育阶段，教学主要在马德拉沙（Madarsas）里进行，它附属于清真寺，帝王、贵族或苦修者的陵寝。其教学内容分为宗教教育和世俗教育两部分。宗教教育进行古兰经，解经学、先知圣传、穆斯林法律、历史等学习；世俗教育则是阿拉伯文学、语法、哲学、历史、数学、地理、政治、经济、希腊语和农业等实用知识的学习。

莫卧儿帝国的阿克巴大帝极力倡导发展教育，在全国范围广为建立进行高等教育的学院，并设立数量众多的公立小学，伊斯兰教育也因此在他在位时期走上顶峰。为促使印度的统一，阿克巴施行人民不分种姓及信仰的世俗学校政策，这一政策具有深远的社会影响，极大促进了印度和阿拉伯文化及波斯文化的融合。阿克巴同时对学校课程进行了改革，将数学、医学、天文

---

① 伊斯兰教教士，知识分子。

学作为高等教育的必修科目，此外还设置逻辑学、测量、会计、行政管理和农业方面等课程，使整个教育体系中世俗教育的部分进一步扩大。

在印度的古代及中古时期，外族的不断入侵，使得印度客观上能够广为吸收外地区的先进文化，尤其是穆斯林的入侵将伊斯兰文化的带入，使地中海的先进文明涌入，极大增强了印度教育的包容性与多元性，宗教及语言的多元化皆在客观上促进了印度教育的大发展。

二 从宗教性到世俗性：近代殖民地时期的印度教育

印度在1757年沦为英国殖民地，这是一个相当重要的历史时期。殖民政府为满足统治需要，对印度教育进行全面变革，但却对印度本土的教育传统无丝毫增益，[①]而是中止了印度历史悠久的本土东方式教育历史，整个教育体系开始西化进程，教育的宗教性被逐渐剥离，世俗性得到前所未有的关注与弘扬。

在殖民地初期，英殖民政府暂无暇顾及除经济利益之外其他事务，对印度教育持中立态度。还有一些殖民统治者认为，教育能祛除迄今为止来自于穆斯林与印度人之间，鉴于宗教和教派而产生的偏见与歧视，教育也能丰富印度人民的思想，挖掘出他们巨大的潜力，[②]因而对教育持不支持态度。

此时印度原有传统宗教性质的教育依然存在，但在师资与教育质量上已落后于社会经济发展步伐。理性及功利主义等相关知识进入教育内容仍很少，教育宗教性质依然是主导。与此同时，西方传教士为在这片新土地上传播基督福音，积极从事教育活动，开办了不少学校。少数东印度公司官员为培养一些精通梵语、波斯语和阿拉伯语的印度本土居民，以协助其统治，也从事相关教育活动。殖民者出于各种目的而进行的教育活动客观

---

① B.D.Basu，*History of education in India under the rule of the east India company*，Calcutta:R.Chatterjee，1985, p.1.

② B.D.Basu. *History of education in India under the rule of the east India company*，Calcutta:R.Chatterjee，1985, p.24.

上为印度教育注入了新元素，也推动了印度教育发展。但在殖民初期，印度传统的深具宗教性质的教育仍是主流。

随着殖民统治进一步加强，殖民政府渐渐意识到教育重要性。在当时殖民政府的行政机关、司法机关及普通的公司中皆需雇用印度人员，致使殖民政府积极采取相应措施施行现代教育。[①]1813年英议会颁布特许状，规定：每年划拨不低于10万卢比用于文学和科学知识的复兴与提高，鼓励印度本地学者，以及在英属印度领土中的居民之中介绍和提倡科学知识。[②]然而，对印度人民施行何种教育，却引起英国内的"东学派"与"西学派"之争。前者出于殖民统治力量尚不够强大，须以教育入手对印度人民进行安抚的目的，主张复兴东方文化，且在教学上采用东方语言。他们甚至担心印度人掌握西方先进自由、民主思想后，来反抗英殖民政府统治。美国便是很好先例。后者主张以英语为教学语言，将西方先进科学文化知识引入印度，用教育使印度人民"英国化"，即用英语教育培养在爱好、信念、观点、道德上是英国人，只在血统和肤色上是印度人的廉价办事员。[③]最终1835年"本延克决议"[④]以提倡西式教育而结束了这场论争。之后殖民政府采取系列措施推行西式教育，如在公务人员录取中，受过英语教育的人可得到优先录用机会，这使英语教育广为人们接受并得到迅速发展。[⑤]随后1854年《伍德教育急件》[⑥]颁发，使印度教育全面进入西化阶段，形成全面而协调

---

① 滕大春：《外国近代教育史》人民教育出版社1989年版，第622页。

② B.D.Basu, *History of education in India under the rule of the east India company*, Calcutta: R.Chatterjee, 1985, p.6.

③ 瞿葆奎主编：《印度、埃及、巴西教育改革》，人民教育出版社1991年版，第157页。

④ 印度总督本延克（Bentinck,W.）签署，规定"英政府在印度倡导欧洲的文学与科学，划拨的所有教育经费只用于英语教育，东方型学校可以存在，但不给予这些学校的学生任何资助。且任何经费不得用于东方语言著作的出版。随着本延克决议的签署，殖民政府进而推行了一系列措施来加速印度教育西方化。

⑤ [印]R.C. 马宗达：《高级教育史》，张澎霖等译，商务印书馆，1986年版，第882页。

⑥ 颁布"急件"的委员会由当时的议会监督局主席伍德(Wood Charles)领导，故称《伍德教育急件》。其内容包括：在各省设立教育部；在三个管区城市以伦敦大学为母板创办大学；设置补助金制度；建立上下衔接的学制；确立英语为高等教育的教学语言。

的教育制度，奠定了印度教育制度的基础。此后，殖民政府加强了对教育控制（各省教育部的设立强调政府对教育的直接控制，补助金制度给予政府对教育进行间接控制的依据），结束了教育多样化与自由学习传统，使传统宗教性质的东方教育无人问津。《伍德教育急件》是殖民地时期印度教育西方化的奠基，为印度教育整体框架及发展远景做出详尽规划，对印独立后至今的教育影响深远，尤其对印度高等教育影响至深。

随着印度知识分子阶层开始对西方近代资产阶级整套世界观、价值观和意识形态的接受与自主传播，西方的理性主义、功利主义、自然主义、人本主义与民主平等观念，极大削弱和淡化了印度种姓制度及宗教玄秘主义。近代西方资产阶级思想的迅速传播，导致在教育内容上，注重以实用主义与功利主义为基础的相关知识学习与传承发扬，从而使历来与宗教一体的印度教育逐渐转变为世俗化教育，印度近代教育开始确立。

三　从隐性到显性：印度工程技术教育的发展历程

印度工程技术教育仅有很短发展史，[①]但目前却已拥有卓著的工程技术教育系统。印度工程技术教育的发端可追溯到殖民地时期，彼时在这片曾拥有灿烂文明的土地上，刚建立起现代意义的高等教育制度，虽然工程技术类专业高等教育仅占高等教育很少部分，但较之传统东方式宗教性教育而言，已然是很大进步。独立后，政府加大对工程技术教育的投入力度，将此作为复兴国家的一项战略，先后诞生了印度理工学院及地区工程学院。20世纪80年代后，随着国家战略进一步调整，国立技术学院诞生，私立工程技术教育蓬勃发展，并一跃成为工程技术教育的主体力量。从殖民地时期仅有五所工程技术院校，到如今工程技术院校约占高等教育的三分之一，这无疑证明了印度工程技术教育从隐性到显性的发展。

---

① Rao, U., R.AICTE, *Review Report -Revitalising Technical Education*, Delhi, 2003.

（一）萌芽时期：殖民地时期印度的工程技术教育

工程技术教育之所以发端于殖民地时期，是与当时殖民政府重视高等教育有关。如前文所述，随着殖民统治进一步加强，殖民政府逐渐意识到作为文化形态的教育的重要性，开始关注教育发展，并采取系列措施进行殖民式的西方教育。殖民政府出于培养低级官吏及具体办事员的目的，决定了中等教育，尤其是高等教育在教育体系中的重要地位，《伍德教育急件》颁发极大地推动了高等教育发展，工程技术教育便是伴随此大发展而开始萌芽。

1.殖民地时期的印度高等教育

印度近代高等教育制度是在特定历史背景下，在极其落后生产力基础上，无可选择地移植英国高教制度的产物。经济基础与上层建筑之间非但无法协调反而矛盾重重，这导致了印度高等教育的畸形发展。在《伍德教育急件》颁发后，殖民政府先后以英国伦敦大学模式为模板，在印度的三个管区城市分别创办加尔各答大学、孟买大学和马德拉斯大学，引入发端于英国的高等教育附属制度。[①]这些大学并不具有欧洲式学术机构的意义，也不是研究高深学问的学府。[②]

受印度现实状况影响，殖民地时期高等教育格局极不平衡。英国殖民者仅需高等教育培养低级文官，因而大力发展文、法类教育，进行工程技术等专业高等教育的理工学院屈指可数。在殖民政府统治下，印度高等教育成为实际上的为殖民政府选拔有用且胜任的公务员的一系列筛选活动。[③]据统计 1900 年，印度的英国文职行政官员总共仅为 4000 人，而印度文职人员却有 50 万人。[④]在 1901–1902 年度里，印度的 191 所学院中，农、工、医

---

① 大学本身并不进行教学或科研活动，只是一种考试和学位颁发机构，具体的教学由各个附属学院进行。

② ［美］巴巴拉·伯恩等编著：《九国高等教育》，上海师范大学外国教育研究室译，上海人民出版社 1973 年版，第 288 页。

③ Eric Ashby, *Universities:British, Indian, African:A study in the ecology of higher education*, London: The weldenfeld and nicolson press,1966, p.166.

④ ［美］斯塔夫里阿诺斯，《全球通史：1500 年以后的世界》，上海社会科学院出版社 1992 年版，第 444 页。

三类学校共占全部学院数的5.8%。[①]殖民政府同时又千方百计压制印度民族工业发展，使得教育与经济发展不能有效互动，教育无法致力于社会经济发展。大量文科生失业，社会发展所需的技术人才缺乏，进而导致国民经济发展严重滞后。

总之，印度近代高等教育虽在殖民地时期得以确立，但鉴于特殊的社会经济背景，及英殖民政府发展教育的目的，共同导致畸形高等教育生态格局，并为独立后至今的印度高等教育发展埋下隐患。

2.萌芽阶段：殖民地时期的工程技术教育

在殖民地时期，英国殖民政府出于统治需要，在印度境内兴建了一些民生相关的工程。由于印度底层工人文化教育程度及技术都很低下，导致工作效率极度落后。出于提高工作效率目的，殖民政府于1825年开始在孟买和加尔各答建立和兴办起一些兵工厂的附属工业学校及其他工程学校，1842年位于马德拉斯的昆弟（Guindy）工业学校得以建立，它附属于当地的一所枪支机械工厂。[②]随着这些工业学校不断发展，1847年印度第一所工程技术学院，卢克里工程学院（Engineering College at Roorkee）诞生，且卢克里工程学院既不附属于工厂也不附属于任何大学，具有独立证书授予资格。随后的1854年，浦那土木工程学院（Civil Engineering College Pune）得以成立，附属于孟买大学。1856年，孟加拉工程学院（Bengal Engineering College at Shibpur）相继成立，附属于加尔各答大学。1858年附属于枪支机械工厂的昆弟工业学校升格为昆弟工程学院，附属于马德拉斯大学。彼时殖民政府兴建的工程主要集中于公共建筑、道路、运河及港口等与殖民利益密切相关的领域，因而这一时期工程技术教育主要是土木工程教育。

其后1887年，孟买的维多利亚技术学院（The Victoria Jubilee Technical Institute）成立，开始提供电子、机械与防治工程等方面的教育。1907年，贾德普尔工程技术学院（The Co11ege of Engineering and Technology at

---

① 滕大春：《外国教育通史第四卷》，人民教育出版社1989年版，第380页。

② 戴伟伟：《印度高等工程教育发展研究——以印度理工学院为例》，2009年华东师范大学硕士论文。

Jadavpur）建立，并于次年始授机械、工程学位。1916 年，第一所开设机械电子工程教育的瓦拉纳西印度大学（Banaras Hindu University）成立。1920 年哈考特巴特勒技术学院（Harcourt Butler Technological Institute，Kanpur）成立。[①] 随着社会经济不断发展，对工程技术教育的种类与深度要求越来越高，孟加拉工程学院于 1932 年开始提供机械工程教育，1935 年开始提供电子工程教育，1939 年提供冶金教育。昆弟工程学院和浦那工程学院也在开始提供这些专业的教育。[②]

3.殖民地时期印度工程技术教育的规模与特征

在整个殖民地时期，印度工程技术教育尚处萌芽状态。在这一时期，殖民政府以不得已而为之的态度创立了少数工程技术院校，在整个高等教育体系中，工程技术院校仅为一簇很小的新生力量，相较于文法类普通高等教育而言，规模尚且很小。另一方面，殖民政府谨慎而有效地控制着印度民族工业发展，使彼时工程技术教育培养 的人才可以与社会经济发展需要相适应，因而从整体看，殖民地时期工程技术教育不论从内部还是外部，都没有激发其进一步发展的力量与动机。虽然工程技术教育的专业与课程划分呈现精细化与深入化趋势，但都不是此时期的主流。这一时期工程技术教育的特征便是规模小（包括院校、师资与毕业生人数），质量无从保障，力量弱，在高等教育体系中处于微不足道的地位。

（二）初步发展阶段：独立后至20世纪80年代末的工程技术教育

1947 年印度取得独立，进入全新历史发展时期。为摆脱殖民统治的残余影响及清除植根于社会生活各方面的殖民痕迹，印度政府在社会经济等各领域进行了改革，尤以对教育的改革最为彻底。为使教育适应国民经济发展求，进而促进其良性快速增长，印度政府对整个教育体系进行了反思并进行改革。首先是对学制进行调整与变革，积极探索适应独立后新发展

---

① Engineering Education:Its Early Beginnings,Ministry of Human Resource Development [EB/OL].（http://education.nic.in/tecedu.asp）.

② 戴伟伟：《印度高等工程教育发展研究——以印度理工学院为例》，2009 年华东师范大学硕士论文。

形势的学制，其次对各阶段教育内容进行改革。

在高等教育领域，印政府认识到高等教育对国家发展及综合国力提升的重要性，决意大力发展高等教育，印度的大学教育委员会和全印技术教育委员会（The All India Council for Technical Education，简称为AICTE）便在这一时期建立。同时印政府也深刻认识到彼时文法教育"一统天下"的状况只能使国家更积贫积弱，因而摆脱殖民与战争造成的既有落后困境，实现真正意义的独立，必须大力发展工程技术教育，以科技和经济的发展切实增强综合国力。此目标的实现必须依托于大批科技人才的培养，因而国家不仅致力于优先发展高等教育，并且对高等教育的生态格局进行全面调整，将技术教育尤其是工程技术教育放在首位，且将其当作国家复兴的一项战略。这一时期印度高等教育及工程技术教育都进入迅速发展时期，也正因为印政府在这一时期对高等教育大力推动与扶持，使印度高等教育体系成为世界第三大高等教育系统。

1.民族复兴的需要——印度理工学院（IITs）的创建

印度是二战后亚洲第一个获独立的国家，但其独立却是以印巴分治的形式来实现的。殖民统治时期的民族歧视与奴化教育仍充斥于举国上下，在行政、立法及司法方面，均保留着深重殖民痕迹。执政后国大党鉴于名不副实的"独立"，提出以教育尤其以技术教育兴国的策略，由国家层面加以推动，创建了享誉世界的印度理工学院。

（1）印度理工学院建立的国家背景

二战后，印度民族解放斗争也进入最后阶段。英政府迫于力量对比的转变已不足于继续对印度进行殖民统治，不得不做出移交政权的决定，以求最大限度保有对印政治及经济影响。1946年2月19日，英首相C.R.艾德礼宣布英国准备接受印度独立要求，并派劳伦斯为首的内阁使团前往印度寻求政权移交途径。劳伦斯使团不仅召开制宪会议，成立临时政府，同时使国大党与穆斯林联盟的冲突加剧。1947年，印度国内形势更加紧张，教派冲突更加严重，各种政治力量对英国的不满急剧增长。同年2月，艾德礼宣布英政府预备最迟于1948年6月前将政权移交印度。随后前盟军东南亚战区的最高统帅蒙巴顿被选派来印度，接任英印总督处理政权移交事宜。蒙巴顿于同年6月3日提出蒙巴顿方案。[①]方案得到国大党、穆斯林联盟和锡克教代表接受及公布后，1947年7月18日英国议会通过《印度独立法》，规定英属印度分解为印度和巴基斯坦两个自治领，英政府分别向两个自治领移交政权，两个自治领的制宪会议有权制定本自治领的宪法以决定自身的未来地位。1947年8月14日，德里红堡上三色旗冉冉升起，向世人宣告饱受殖民统治苦难的印度得以新生。印度自治领的总督由蒙巴顿担任，总理由尼赫鲁担任，兼管外交、联邦关系及科学研究等。帕特尔为副总理，兼管内务、新闻广播和土邦事务等。新政府成员14人，8人为国大党人，6人为非国大党人。

自治领建立后，印度只有制宪会议而无立法会议。一般立法任务也由制宪会议承担。在司法方面，旧有的法院系统、警察系统仍旧保留。且为保证政权机关的正常运行，殖民地时期的文官系统继续保留下来，几乎所有文官包括英籍文官都被留任。在军队方面，英籍高级军官全部留任。

1950年1月24日制宪会议在宪法草案完成后召开了最后一次会议，选举拉．普拉沙德为印度首任总统。26日总统上任并颁令宪法于即日生效。宪法规定印度为主权的民主共和国，意味着自治领的结束，印度正式成为独立的共和国。在政体方面，宪法规定印度施行联邦制和议会民主制。联邦宪政构成单位为邦。议会民主制下，立法、司法、行政三权分立。同时宪法确立了世俗化的国策，将宗教与政治分离，实行宗教信仰自由，对所有宗教一视同仁。

可以说，英国政府利用印度国内教派冲突与政党对立矛盾以分而治之的方式顺利完成政权交割。对印度而言，无论行政或是立法与司法方面无不受英国干涉。且旧文官制度与军官制度使印度殖民痕迹深重。新政权的

---

① 蒙巴顿方案的主要内容为：将印度分为印度教徒的印度与伊斯兰教徒的巴基斯坦两个自治领。英国分别向前两者移交政权；就孟加拉、旁遮普是否各划分为两部分，各部分的归属问题及西北边省、信德和阿萨姆的锡尔赫特县的归属问题分别进行投票；待有结果后，将印度制宪会议分成印度制宪会议和巴基斯坦制宪会议两部分；授予各土邦以自由选择加入任一自治领的权利，若不愿加入任何自治领，可保持与英国的旧关系，但得不到自治领的权利；规定了1947年8月15日为移交政权的日期。

领导人们致力于实现真正独立，进而对各种旧制度着手改革，通过制宪会议制定宪法，成立共和国，完成形式上的最终独立。年轻的国大党政府面对的是一个人口众多且普遍贫穷，多民族、多种族和多语言及多文化的极具复杂性与多元化的国家。虽然近200年的殖民统治在客观上使印度的经济、政治及社会各方面均有不少变化与发展，但总的来说这些发展都是畸形的。[①] 因而国大党领导人们深切意识到人才的重要性，意识到教育兴国及教育对国家完整统一的重要性，并迅即将教育尤其是高等教育中的专业教育发展作为兴国策略，以教育大发展来满足国人对经济发展及社会公平的渴求。

（2）印度理工学院建立的教育背景

在整个殖民地时期，印度教育总体呈畸形发展态势。首先殖民政府为维护自身统治利益，一方面兴办教育尤其是高等教育来培养为自己统治服务的低级官吏，即整个教育体系中，只有高等教育有相应发展，初等与中等教育相当落后。这也是殖民政府压制印度教育发展的目的。另一方面，即使是在高等教育体系内部，也存在严重的发展不平衡状况。即高等教育仅注重文法类教育，对民生相关的专业教育等均持压制态度。因而整个高等教育体系也成畸形发展态势。其次，仅就整个畸形发展的教育体系来说，还存在着严重的教育不公现象。不仅是中等与高等教育，甚至在初等教育阶段，也只有印度上层人民才享有受教育机会。总而言之，殖民地时期教育体系存在着畸形发展与教育不公两大问题。这种状况一直延续到印度独立初期。面对着民族复兴大业，国大党政府在其教育兴国战略具体实施中，仍优先发展高等教育。这在当时社会背景下，首先是出于对遗留教育体系的考虑，其次便是因国家财力有限，不可能全面发展教育，只能以有限财力集中发展最快出成效的高等教育。于是，本着复兴民族大业与平衡高等教育体系生态格局的认识，印政府将高等工程技术教育作为高等教育中最有潜力提高国力的专业教育，确定为国家优先发展的重点。

鉴于当时国内仅有的少数工程技术学院办学质量及层次都很低，无力

---

① 林承节：《印度独立后的政治经济社会发展史》，昆仑出版社2003年版，第40页。

承担民族复兴大业，政府特选取四个具有代表性的邦兴建印度理工学院以示垂范。

（3）印度理工学院（IITs）的成立

在自治领时期，印政府已将工程技术教育发展与推行纳入国家发展战略中。彼时正值国内百废待兴之际，诚如马·哥·腊纳德所言，英国在印度的政治和经济统治，使总括起来形成国家生活全部积极性的基础全都瘫痪了。满目疮痍的印度亟须大量科技人才来管理与建设各种民生相关的企业与公共设施。当时印度国内仅有极少数工程技术学院，主要向负责各邦民用设施的政府部门输送工作人员，学校为学生开设课程也只是一些特定工程科目，缺少数学、科学、人文科目与特定专业化课程的联结。且这些既有工程技术学院要接受所附属大学或者相关政府部门的管理，没多少办学自主权。课堂采用照本宣科的教学模式，而非通过给予学生信任来促进其自主学习。[①] 此外还存在其他一些严重不足与局限，远不能胜任国家科技兴国的目标举措。因而印政府在这一背景下创建了著名的印度理工学院。

1946 年，当时由乔根德拉·辛格（Jogendra Singh）先生主持的总督执行委员会建立了一个旨在以高等技术教育推动战后工业发展的萨卡委员会[②]。该委员会针对国际国内形势提出应基于印度国情积极推行技术教育，并提交“萨卡尔委员会报告”，建议以麻省理工学院为母板分别在印度 4 个邦创建高等理工学院。这四所学院须按国际标准建立，在课程设置上，前两年课程应包括一般工科科目及科学、数学、人文和社会科学科目，将重点放在学术研讨会、研修班和指导性研究上，不仅要从事本科生教育同时要进行研究生教育（两者比例为 2:1），以培养研究工作者和高级技术型教师，使毕业生规格达到国际一流理工学院标准。萨卡尔委员会的建议深得印度首任总理尼赫鲁之心，他迅速采纳这一建议，并将印度理工学院的创

① Amrik Singh and GD.Sharma，*Higher education in Indian-The social context*, Delhi:konark publishers PVTLTD,1989,p.340.

② 该委员会由萨卡尔（Nalini Ranjan Sarkar）先生牵头，22 名成员组成，因此又名萨卡委员会。

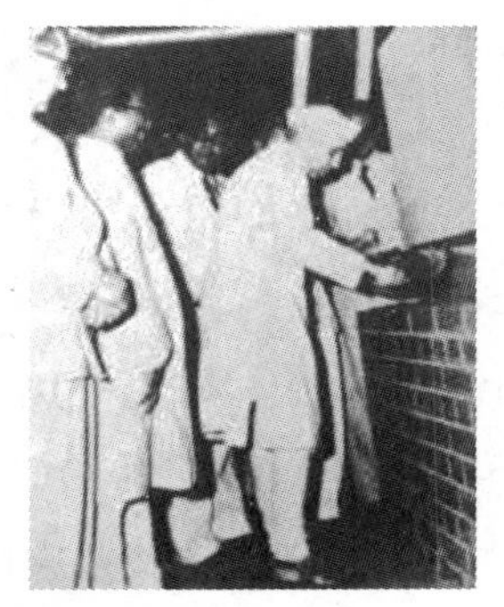

Pandit Nehru laying the foundation stone

"...HERE I STAND AT THIS PLACE AND MY MIND INEVITABLY GOES BACK TO THAT INFAMOUS INSTITUTION FOR WHICH THIS PLACE BECAME FAMOUS, NOT NOW BUT TWENTY OR THIRTY YEARS AGO-THE HIJLI DETENTION CAMP. HERE IN THE PLACE OF THAT HIJLI DETENTION CAMP STANDS THIS FINE MONUMENT OF INDIA (IIT) TODAY REPRESENTING INDIA'S URGES, INDIA'S FUTURE IN THE MAKING."

21.4.1956

JAWAHARLAL NEHRU

Pandit Nehru's message

图 1—1　尼赫鲁总理参加奠基仪式

建作为一项国家发展战略，亲自从联合国教科文组织筹集建校资金。

之后，成立了“印度理工学院筹建委员会”，在麻省理工学院专家的指导下，印度第一所理工学院——卡哈拉格普尔印度理工学院（IIT, Kharagpur，简称 IIT-K）于 1950 年 9 月得以建立。“印度理工学院”这一校名是 1951 年 8 月 18 日学校正式招生前便由当时的教育部长卡拉姆·阿布（Maulana Abul Kalam Azad）选定。IIT-K 位于印度东部的西吉（Hijli），建立在为印度独立与自由而被捕及英勇牺牲的战士所关押的西吉拘留营原址上。尼赫鲁总理在第一次参观该校时曾说：“此刻站在这里，我不禁想起那尚不为人知的拘留营，也正因此这里才广为人所知，不是现在，而是二十甚至三十年前。现在这里矗立着印度的丰碑（IIT-K），它代表着印度的奋进，代表着印度的未来，甚至还表征着印度即将到来的巨大变化。”①

第一所印度理工学院于 1951 年开始招生，旨在培养科学家和工程师。第一年有 224 名新生和 42 名教师。学校的教室、图书馆、行政办公室都是沿用西吉拘留营的房屋。学校仅有的 10 个系于 1952 年开始学术研究项目。工业部为学院提供大量财政资助以购买设备。同时学院很有幸地在成立之初便由著名科学家 J.C.Ghosh 先生来领导，第一个管理理事会是由最为著名的一些科学家组成，如罗伊（B.C. Roy）先生和萨卡尔（Sarkar）先生。

① History of IIT, Kharagpur［EB/OL］.（http://www.iitkgp.ac.in/institute/history.php）.

一些欧洲的著名学者也在当时加入其中，如克劳斯（R.A. Kraus）教授和（H.Tischner）教授等。

1956 年 9 月 15 日，印度议会通过印度理工学院法案。该法案规定印度理工学院国家重点学院的地位，给予其大学自治权力。[①]1961 修正案颁布，列出 3 所已筹建和将筹建的 4 所理工学院的名字，依次是 IIT–K（1950）；孟买印度理工学院（IIT Bombay，1958）。孟买是印度马哈拉施特拉邦（Maharashtra）的首府，为印度西岸著名大城市和全国最大海港。作为重要的贸易中心而成为印度西部门户；马德拉斯印度理工学院（IIT Madras，1959），该学院位于印度南部泰米尔纳德邦（Tamil Nadu）首府钦奈市（Chennai），钦奈在独立前是印纺织中心之一。独立后，其建筑工程、机械、汽车、炼油、原子能等工业逐渐发展起来。同时钦奈是印度最大人工港，海、空、铁路和公路交通均很方便，被称为印度南部门户；坎普尔印度理工学院（IIT Kanpur，1959），坎普尔位于印度北方邦，坐落在川流不息的恒河河岸上，是恒河中游平原主要交通枢纽和工商业城市，在历史、宗教和商业方面均有着重要意义，为北印度重要工业中心；德里印度理工学院（IIT Delhi ，1963），该校位于印度首都新德里（New Delhi），新德里位于印度西北部，坐落在亚穆纳河西岸，是全国政治、经济和文化中心，为印度的心脏。在这里可以感受到整个国家运行的脉搏，它又是一面镜子，可以同时看到印度辉煌的历史与印度现代的身影；古瓦哈提印度理工学院（IIT Guwahati，1994），Assam），古瓦哈提位于印度东北部的阿萨姆邦（Assam）。该邦美丽富饶，以农业和种植为主，是印度最大产茶区，此外以农林为基础的工业也相当发达；洛基印度理工学院（IIT Roorkee，2001），该校位于北阿肯德邦（Uttarakhand），其前身是 1847 年建立的洛基工程学院。

印度理工学院的创建为印度发展注入新生活力，并在国内工业发展与经济增长中发挥相当重大作用。自 20 世纪 60 年代起，印度政府在五年计划中将技术教育发展放在重点地位，并推出系列改进措施加大对其投入以

① “The Institutes of Technology Act, 1961” (PDF)［EB/OL］，Indian Institute of Technology, Bombay.24，May，2005.

改进 IITs 办学条件，此外 IITs 积极走国际化道路，得到了诸多西方国家的技术援助与支持，使自身迅速成长壮大起来。在 IITs 教育水平大幅提升的同时，也使得印度工程技术教育总体水平得到稳步提高，在摆脱殖民统治残余痕迹及民族复兴中发挥了重要作用。

2.经济发展的需要——地区工程学院（RECs）的成立

独立后，印度致力于以科技兴国，并将印度发展为科技界领袖作为追求目标。IITs 的创建及发展效能进一步鼓舞和激励了印度政府，使其看到科技兴国的前景。但 IITs 的能量有限，因其严酷的入学标准，每年仅能培养极少量精英科技人才。因而有必要在此基础上建立更多的工程技术学院。虽然印度独立之初倾其所有将重点放在工程技术教育上，但国内财政已不足以建立更多 IIT。所以印政府采取折中方法，自 20 世纪 60 年代起，建立了一批（共建 17 所，80 年代之前建立 16 所）地方工程技术学院（RECs）。这些学院为自治教育机构，属印度高等教育系统中的准大学，[①]由印政府与邦政府共建，邦政府主管。

第一所地方工程技术学院是瓦朗加尔工程技术学院（Regional Engineering College，Warangal，简称 RECW），由尼赫鲁总理于 1958 年创建，附属于贾瓦哈拉尔尼赫鲁技术大学。创建之初，该学院有土木工程，电气工程，机械工程三个系。1964 年开始有化学学士学位课程，1971 年学院开始拥有电气与通信工程学士学位课程。1976 年开始转而附属于卡卡提亚大学。学院还进行物理，化学，数学和管理学专业研究生教育。冶金，土木工程，机械工程三个系是国内最早建立的，始于 1959 年。电气工程系至今培养了大量工程哲学博士；土木工程系有很多有名望教师，他们常被安德拉邦政府当做咨询顾问，来做一些本邦建设和灌溉项目。除进行本科生教育外，计算机科学与工程系还提供研究生层次的教育，授予计算机应用硕士或技术硕士学位。电气与通信工程系提供电子仪器类，超大规模集成电路系统设计和先进通信系统三个技术硕士学位。电气工程系提供电力系统和电气机械

① 准大学指拥有学位授予权（此学位授予权由政府命令而产生效力，并不是以立法规定），但无附属学院的单一制高校。

及工业驱动方面的硕士学位。土木工程系提供五个硕士学位的教育，分别是提供工程结构，水资源工程，交通运输工程，土工技术工程，遥感和地理信息系统。机械工程系提供热能工程，制造系统工程，计算机集成制造和先进生产工艺几方面的研究生教育。冶金工程系提供的硕士教育侧重于工业化冶金。

第二所地方工程学院是 1960 年在卡拉塔卡邦建立的卡拉塔卡苏拉卡地方工程技术学院（Karnataka Regional Engineering College，Surathkal，简称 KREC）。学院位于国家 17 号高速公路上，毗邻阿拉伯海滨，是世界上仅有的拥有私人海滨的大学，有 295 英亩绿色植被。20 世纪 60 年代，在尼瓦斯（U. Srinivas Mallya）和库旦（V.S.Kudva）等领导下，KREC 曾连续在国内工程技术学院排名中处领先地位。最初 KREC 进行机械工程、电气工程、土木工程三个专业本科生教育，附属于迈索尔大学（University of Mysore）。1965 年开始化学及冶金工程方面本科生教育。1966 年学院开始海洋建筑和工业结构两专业的研究生教育，1969 年增加工业电子专业研究生教育。1971 年新增热动力，水力学和水资源，化工厂工程设计几个专业。

之后印政府依次在印度各邦（印度东部稍有偏重）建立 15 所地方工程技术学院，它们是博帕尔地方工程技术学院（1960），杜加普尔地方工程技术学院（1960），那格普尔地方工程技术学院（1960），贾姆谢德普尔地方工程技术学院（1960），斯利那加地方工程技术学院（1960），阿拉哈巴德地方工程技术学院（1961），苏拉特地方工程技术学院（1961），卡利卡特地方工程技术学院（1961），斋普尔地方工程技术学院（1963），鲁克拉地方工程技术学院（1961），特拉地方工程技术学院（1963），蒂鲁吉拉伯利地方工程技术学院（1964），阿加尔塔拉地方工程技术学院（1965），锡尔杰尔地方工程技术学院（1967），赖普尔地方工程技术学院（1976）。

这一批地方工程技术学院分布在国内各邦，呈星罗棋布状，与 IITs 交相辉映，支撑着印度科技兴国的理想。地方工程技术学院都是附属学院，没有学位授予权，主要进行本科生教育，专业侧重于土木工程，电气工程，机械工程等基础性程技术教育。地方工程技术学院的建立，在很大程度上弥补了 IITs 人才培养不足以供应国内的问题，进一步扩大印度工程技术教育范围。

鉴于 RECs 在国家发展及综合国力提升中的作用，2002 年印政府统一将 20 所学院升格为国立技术学院，并颁布国立技术学院法案赋予其更多自治权，在升格同时，给予其准大学的地位和学位授予权。

3.此时期印度工程技术教育的特征

在独立后至 20 世纪 80 年代，工程技术教育受到印政府高度重视，印政府先后兴建著名的 IITs 和 RECs 两类工程院校。除这两类专业型工程技术教育机构外，绝大多数大学也开设有计算机技术，电脑软件等工程技术相关专业。

这一时期，工程技术教育呈现出国家战略调控的最大特征。其发展是国家自上而下推行的，并在工程技术学院发展中，颁布各项法案，确保其自治地位和权力。自殖民地时期便存在与延续的重文法轻理工，重普通教育轻专业教育的局面，因为程技术教育的发展而有所改观。工程技术教育的发展在平衡高等教育生态系统中发挥了一定作用。

事实证明，工程技术教育的确在国家发展和综合国力提升中发挥巨大作用。正是因印度政府敏锐意识到高等教育与一国综合国力间的正向联系，因而在独立之初将大力发展高等教育放在复兴国力首位，将政策倾斜至直接推动科技发展的工程技术教育上，这使印度随后拥有世界范围内培养高新技术人才的绝对优势，也将印度推上技术教育领域的重要地位。

（三）完善阶段：80年代末以来的工程技术教育

自 20 世纪 80 年代起，高等教育改革成为世界范围内的话题。印度一贯重视高等教育发展，从 80 年代起更是对高等教育进行新的改革。其主题仍是继续推行工程技术教育发展以优化高等教育结构。印度政府在既有的 IITs 和 RECs 基础上，分别增加这两类教育机构的数量。同时将 RECs 升格为国立技术学院，并在 2010 年又新增 10 所国立技术学院，以壮大工程技术院校力量。随着私立高等教育的发展及财政紧缩问题的加重，私立高校迅速在印度各邦发展起来并占据主导地位。其中，工程技术类专业相较其他专业与市场需求的联系更紧密，能迅速根据市场新变化调整自身教育内容，因而工程技术教育类的私立高校首先蓬勃发展起来，并成为该领域重要组成部分。

1.国力提升的需要——印度理工学院的规模扩充

20 世纪 80 年代后，IITs 在原有 5 所学院基础上进一步扩充。根据印度理工学院法案（1963 版）规定，印政府于 1994 年创建古瓦哈蒂印度理工学院（IIT Guwahati），2001 年将创建于 1847 的洛基工程学院升格为洛基印度理工学院（IIT Roorkee）。即直到 21 世纪初，印度拥有 7 所印度理工学院，也就是通常意义上的印度理工学院。

这 7 所学院仍以理事会来联结，各自独立，同时又是一个统一的大学自治系统。采用相同的 JEE 入学考试，录取标准一致。在管理体制上，仍沿用五级管理体制。但各校在课程体系，专业设置及培养模式上都独具特色各有侧重。

之后在 2008 年 3 月的内阁会议上，人力资源发展部（MHRD）部长辛格提出在全国范围内建立 9 所新印度理工学院，印度管理学院和中央大学，并给予这几类教育机构各 200–400 亿卢比专项财政拨款。①

2008 年建立的布巴内斯瓦尔印度理工学院（IITBBS）是本次兴建的第一所新理工学院，其奠基石于 2009 年 2 月 12 日奠基。其第一批学生来自坎普尔和卡哈拉格普尔两所学院。学校有一万名左右学生和 1100 名左右的教员。IITBBS 是唯一一所拥有独立的海洋校园分校的理工学院，这个分校是地球、海洋和环境科学的重要组成部分，分校于 2011 年建成。第二所兴建的海德拉巴印度理工学院（IITH）是从一个小村庄（Yeddumailaram village）的工厂里临时性校园开始的。其正规的校园是之后在海德拉巴市外环的康迪建立的，由曼联进步联盟（United Progressive Alliance）主席索尼娅甘地夫人在 2009 年 2 月 27 日进行奠基。IITBBS 的第一批学生经过 JEE 入学考试后在临时性的校园入学，接受了与其邻近的 IITM 的帮助。目前该学院有 10 个教学系，数个工程学及纯科研的研究中心，60 名左右教员，330 名左右

① New IITs announced[EB/OL].（http://www.merinews.com/article/new-iits-announced/134542.shtml）.

技术类本科生，110 名左右技术类硕士生，70 名左右学者和 40 名左右行政及后勤类人员。IITH 是以教学，科研和工业咨询三者联合模式建立起来的。在这两所学院之后，相继建立罗巴尔印度理工学院，甘地纳格尔印度理工学院，巴特那印度理工学院，拉贾斯坦印度理工学院，印多尔印度理工学院和曼迪印度理工学院。曼迪印度理工学院是最最年轻的一所学院，其正式校园位于喜马谢尔邦的喜马拉雅山脉之下。学院是 2009 年 2 月 24 日进行奠基的。学生于 2009 年 7 月入学，得到洛基理工学院的许多帮助。曼迪印度理工学院在 2010 年 1 月 15 日才有了第一位校长，蒂姆西（Timothy A. Gonsalves）教授。学院在 2010–2011 学年在位于 V.M. 文学院的周转性校园里开始运行。学院同时进行技术领域的本科生及研究生教育。值得一提的是，与其同一年建立的印多尔理工学院也是在临时性的校园里开始运行的。最后一所学院，瓦拉拉西印度理工学院是由印度最为古老的工程技术类大学之一的瓦拉拉西印度大学升格而成。印度所有的印度理工学院见表 1—1。

表 1—1　　印度理工学院一览表

校名	简称	创办时间	所在地区	所在邦
传统印度理工学院				
卡哈拉格普尔印度理工学院	IITKGP	1951	卡哈拉格普尔	西孟加拉邦
孟买卡印度理工学院	IITB	1958	孟买	马德拉斯邦
马德拉斯印度理工学院	IITM	1959	钦奈	泰米尔纳德邦
坎普尔印度理工学院	IITK	1959	坎普尔	北方邦
德里印度理工学院	IITD	1963	新德里	新德里
古瓦哈蒂印度理工学院	IITG	1994	古瓦哈蒂	阿萨姆邦
洛尔基印度理工学院	IITR	1847 (2001[‡])	洛尔基	北阿肯德邦
新印度理工学院				
罗巴尔印度理工学院	IITRPR	2008	罗普纳格尔	旁遮普邦
布巴内斯瓦尔印度理工学院	IITBBS	2008	布巴内斯瓦尔	奥利萨邦
海德拉巴印度理工学院	IITH	2008	海德拉巴	安德拉邦
甘地纳格尔印度理工学院	IITGN	2008	甘地纳格尔	古吉拉特邦

续表

巴特那印度理工学院	IITP	2008	巴特那	比哈邦
拉贾斯坦印度理工学院	IITJ	2008	焦特布尔	拉贾斯坦邦
曼迪印度理工学院	IIT Mandi	2009	曼迪	喜马谢尔邦
印多尔印度理工学院	IITI	2009	印多尔	曼德哈亚邦
瓦拉拉西印度理工学院	IT-BHU	1916 (2011‡)	瓦拉拉西	北方邦

至今，16所理工学院仍是印度一流工程技术院校，以严酷的入学考试，卓越的人才培养模式，极高的淘汰率而著称。IITs为国内外培养了大量世界一流工程技术人才，其毕业生遍布世界各地，且多供职于世界最为闻名的大企业中。这在提升印度综合国力的同时，进一步使印度及其工程技术教育闻名于世。

2.工程技术教育体系多样化的需要——国立技术学院（NITs）的成立与发展

20世纪80年代后印政府在工程技术教育领域另一大动作是将17所RECs全部升格为NITs，并新建三所国立技术学院，以法案形式赋予其准大学地位。

（1）成立与发展

20世纪60年代成立的这批RECs由各自所在邦的邦政府进行主管，均附属于所在地相应大学。RECs在40多年发展中，为国家进步和工程技术教育繁荣都做出了应有贡献。2002年人力资源部部长乔希（Murli Manohar Joshi）提议将20所（20世纪80年代后又兴建了巴特那，贾朗达尔，汉普尔三所学院）地方工程学院升格为国立技术学院（National Institutes of Technology，NITs）。这一建议得到政府认可，政府在2002年通过国会立法形式陆续将20所地方工程学院全部升格为NITs，由中央政府直接管理。

卡拉塔卡苏拉卡地方工程技术学院是第一个升格的学院。2002年6月26日学院升格为国立技术学院（National Institute of Technology Karnataka，Surathkal，简称NITK）。被印度大学拨款委员会（University Grants Commission，

UGC）赋予其准大学地位。学院同时提供本科生教育和研究生教育，主要在工程学，科学与管理专业方面。学院共有 14 个系，11 个中心，拥有 200 名以上教员，300 名左右员工，3300 名学生和 15500 多名校友。学院很多科研项目都是中央政府和邦政府共同资助的。

NITK 曾持续在国内技术院校排名中处于领先地位，见表 1—2。

表 1—2　NITK 印度大学中的排名

	2011	2010	2009	2008	2007	2006	2005	2004	2003	2002
今日印度 - 印度最好的工程技术学院	8	10	11				8			6
教育时报 - 印度最好的工程大学		9								
展望印度 - 印度最好的工程技术学院	14	18	14	16	18					
迪讯 - 印度最好的工程技术学院		9					11			

资料来源：http://en.wikipedia.org/wiki/National_Institute_of_Technology_Karnataka

瓦朗加尔工程技术学院是第二个升格的学院。2002 年 9 月，学校被更名为国立技术学院（National Institute of Technology，Warangal，简称 NITW），拥有准大学地位。由于联合国教科委组织和英国的帮助，有了该学院一路的发展与壮大。在 1994 年便被英国海外发展管理处（Overseas Development Administration，ODA）选择为与英国之间进行信息技术交换项目的学校。并且在 2004 年时，在世界银行的资助下瓦朗加尔国立工程技术学院开始了技术教育质量提升项目。2006 年拥有国立重点院校地位。在发生经济危机的 2007 到 2009 年度，也有许多工业界知名企业雇佣该校毕业生，2010 到 2011 年度时，人数大幅增长，这些企业有微软，摩根坍利等。NITW 是自治性技术院校，自治权力由国立技术学院法案（NIT act）规定。

在这两所学院升格后，其余 18 所学院相继升格为国立技术学院。

2007 年，中央政府又通过国家技术学院法案（NITs Act，2007），这是印度对技术教育进行的第二次立法。该法案赋予 NITs 与 IITs 相同的国家重点院校（Institute of National Importance，INI）的重要地位。旨在进一步满足工程、科学和技术领域对高素质人才的迫切需求。

随后，人力资源发展部2009年10月30日及2010年3月3日签订NO.F.23–13–2009–TS–III文件，决定在现有20所国立技术学院基础上再建10所新学院。新建的10所学院旨在满足所在邦或所在联盟领地对工程技术人才的需要。在这一文件指导下，果阿国立技术学院、庞蒂切利国立技术学院、阿坎德国立技术学院等10所学院相继成立，它们分别接受现有老学院的诸多帮助。

目前印度国立技术学院情况见表1—3。

表1—3　　印度国立技术学院一览表

校名	建立时间	简称	升格时间	所在城市	所在邦
贾朗达尔国立技术学院	1987	NITJ	2002	贾朗达尔	旁遮普
阿加尔塔拉国立技术学院	1965	NITAGARTALA	2006	阿加尔塔拉	特里普纳邦
阿拉巴哈德国立技术学院	1961	MNNIT	2002	阿拉巴哈德	北方邦
博帕尔国立技术学院	1960	MANIT	2002	博帕尔	中央邦
卡利卡特国立技术学院	1961	NITC	2002	卡利卡特	客拉拉邦
杜加普尔国立技术学院	1960	NITDGP	2003	杜加普尔	西孟加拉邦
汉普尔国立技术学院	1986	NITH	2002	汉普尔	喜马偕尔邦
斋普尔国立技术学院	1963	MNIT	2002	斋普尔	拉贾斯坦邦
贾姆谢德普尔国立技术学院	1960	NITJSR	2002	贾姆谢德普尔	贾坎德邦
特拉国立技术学院	1963	NITKKR	2002	特拉	哈利那亚邦
那格普尔国立技术学院	1960	VNIT	2002	那格普尔	马哈拉斯特拉邦
巴特那国立技术学院	1986	NITP	2004	巴特那	比哈尔
赖普尔国立技术学院	1976	NITRR	2005	赖普尔	蒂斯加尔邦
鲁古拉国立技术学院	1961	NITRKL	2002	鲁古拉	奥利萨邦
锡尔杰尔国立技术学院	1967	NITS	2002	锡尔杰尔	阿萨姆
斯利那加国立技术学院	1960	NITSRI	2003	斯利那加	查莫克什米尔邦

续表

苏拉特国立技术学院	1961	SVNIT	2003	苏拉特	古吉拉特邦
卡拉塔克国立技术学院	1958	NITK	2002	卡拉塔克	卡拉塔克邦
蒂鲁吉拉伯利国立技术学院	1964	NITT	2003	蒂鲁吉拉伯利	泰米尔纳德邦
瓦朗加尔国立技术学院	1958	NITW	2002	瓦朗加尔	安德拉邦
新国立技术学院					
果阿国立技术学院	2010	NITG	2010	果阿	果阿邦
庞蒂切利国立技术学院	2010	NITP	2010	卡拉卡	泰米尔纳德邦
德里国立技术学院	2010	--	2010	德里	德里
阿坎德国立技术学院	2010	NITU	2010	阿坎德	北阿坎德邦
米佐拉姆国立技术学院	2010	--	2010	艾凿尔	米佐拉姆邦
梅加拉亚国立技术学院	2010	--	2010	西隆	梅加拉亚邦
曼尼普尔国立技术学院	2010	--	2010	兰姆庞德	曼尼普尔邦
那加兰国立技术学院	2010	NITN	2010	迪马布尔	那加兰邦
阿鲁纳恰尔国立技术学院	2010	NITACH	2010	阿鲁纳恰尔	阿鲁纳恰尔邦
锡金国立技术学院	2010	--	2010	阿万拉	锡金邦

NITs大学系统在NIT Act规定下，同时拥有更多政府财政拨款，更多办学自主权，更多学术项目开展实施权，进一步增加了国内外影响力度。NITs还计划开展国立技术学院网络，并在2025年实施追求卓越学术与研究项目的NIT新计划。任一所NIT都可以自行开展新的教学或科研项目，以满足所在地的工业化需求，同时也可自行取消不再受欢迎或与国民经济发展关系不很紧密的课程及专业。这些学院的发展重点将放在纳米技术和生物技术上，重在开展科学和技术方面的综合课程，同时开展本科和研究生水平的教育。

3.市场经济的需求——私立工程技术教育的迅速发展

20世纪80年代开始，随着高等教育规模扩张，政府财政紧缩，私立高等教育在世界范围类蓬勃发展起来。当时印度的高等教育仍存在严重学科专业失衡问题，文理教育在高教系统中仍占据绝大部分，以工程技术类为突出表征的专业教育虽经过几十年奋进发展，高教系统的失衡状况依然无多大改变。甚至有学者指出，自独立以来国家计划对原来教育模式与高校学科专业结构的改变是微弱的。[①]

据印度人力资源开发部高教司统计手册所知，自 1950 年至 1985 年，印度的大学、准大学从 27 所发展到 126 所，学院数从 578 所增至 5600 所。其中进行普通教育的高教机构增幅为 9.9，进行专业教育的高教机构增幅为 6.4。规模的扩张势必引发政府拨款的紧张，而私立高教机构便是在此背景下发展起来的。

在 20 世纪 80 年代以前，私立高等教育虽有相应发展，但其目的更多在于传承文化而非盈利。且就学科专业看，私立高校与公立高校的学科专业设置存在很大程度同质性，都集中于文科教育，工程技术类教育很少。而在 80 年代后，许多私立高校开始转而针对市场需求，开设市场需求度高的相关课程。在印度，最受市场欢迎的专业非工程技术类专业莫属，因此，工程技术类私立高校在 80 年代后异军突起，迅速在国内占据主体地位。

私立工程技术教育机构中，著名的有麦力普技术学院，印度国家信息技术学院等。麦力普技术学院是麦力普大学的一个学院，麦力普大学由企业家 T.M.A.Pai 于 1953 年创建，最开始的校名是 Kasturba Medical College，学校于 1993 年被政府认可为准大学。麦力普大学不仅是第一所被政府认可为准大学的私立高校，也是最早实行专业教育的高校。其中的麦力普技术学院（Manipal Institute of Technology）成立于 1957 年，1974 年更名为麦力普工学院（Manipal Engineering College）。该学院最初只提供土木工程专业的本科教育，目前发展到可提供 12 个专业方向的本科教育及 9 个专业方向的研究生教育。学校目前有 300 多名教师，其中 80 多名博士学位拥有者，200 名左右硕士学位拥有者。学校一直致力于保持良好的师生比，从 2000 年起至今一直保持在 1：12 左右。历届毕业生中，75% 的本科生和 86% 的研究生从事软件工作，为国内的软件业提供了大量高素质的人才。

---

① P.D.Shrimali, “Pattern of empoyment and earnings among university graduates in lucknow” *Journal of Industrial and labor relations review*,Vol. 2，No. 22，1969。

印度国家信息技术学院（NIIT）成立于1981年，主要从事IT培训业务，虽然在法律上，该学院无学位授予权，但作为全球最具影响力的IT教育培训机构之一，仍吸引了大量生源，并使其毕业生顺利走上较好工作岗位。目前，NIIT已成为全球最大IT教育机构，也是最大的提供IT解决方案的公司。拥有近8000人规模的服务外包软件开发团队、超过500人规模的软件课程体系研发团队，傲居全球软件培训及信息技术领域的领导地位。NIIT注重以软件订单项目为基础的专业实践操作能力的培训，切实提高学生动手能力和创造能力。而案例式和订单式教育都是NIIT的创举。如其著名的MCLA（Model Centered Learning Architectur）案例教学，这项计划的核心包括：两年的计算机专业文凭IT课程；在邻近大学获得一个学士学位；在前两者基础上完成一年的专业实践。这个计划将传统教育与计算机培训课程相结合，拓展了本科生能力价值，吸引了很多IT企业参与其中。

这一时期，市场和盈利导向的私立工程技术教育迅速发展起来，首先是因为印度历来重视高等教育，国民对接受高等教育有着强烈诉求，尤其是接受就业前景较好的工程技术类专业教育要求更加强烈。印度的高等教育机构显然无法满足人们的需要，因而在客观上推动了私立工程技术教育机构的发展。另一方面，由于印度高等教育处于卖方市场，使许多企业家，政客纷纷看重此机遇，看准私立高等教育的营利性，积极兴办私立高校，尤其是工程技术类高校。这在主观上推动了私立工程技术教育机构的发展。同时，专业私立高教在平衡高教领域学科专业方面做出重大贡献。

3.此时期印度工程技术教育的特征

在20世纪80年代之后，印度工程技术教育有了进一步发展。在这一阶段，中央政府首先将20所地方性工程技术学院升格为国家重点院校，然后又在2010年新建10所国立技术学院，使NITs队伍不断庞大。在升格地方工程技术学院的同时，因政府也将其一流的IITs进行扩张，于2008年开始新建9所IIT。两大工程技术教育大学系统扩充是这一阶段工程技术教育一大特征。

其次，工程技术教育的国家特性依然强烈。自独立时起，工程技术教育便是以国家战略性质发展起来的，由中央政府加以支持与推行，并以各种法案来保证各种权力，这些都使工程技术教育在印度带着天生的优越性。

最后一个特征便是私立工程技术教育异军突起。私立工程技术教育的兴起与80年代世界范围高等教育私有化浪潮一致。在印度，这首先基于国民对高等教育强烈诉求，其次是基于专业教育市场前景好的营利性动机。并且目前在印度国内，私立工程技术教育机构已在整个工程技术教育机构中占主体地位，承担着大部分工程技术人才培养任务。虽然其质量尚无法与IIT相比，但因IIT每年培养的工程技术人才不到总量的1%，因而私立工程技术教育机构仍然稳居主体地位。

四　印度工程技术教育的现状

从纵向追溯印度工程技术教育发展历程后，有必要从横向分析其现状，来对工程技术教育进行立体的认识。

（一）层级分明：印度工程技术教育机构的类型

印度高等学校类型丰富多样，加上富有特色的高等教育附属体制，使其高教系统内部结构呈现出独特特征。印度高校主要有国家重点高校、大学、学院、准大学。国家重点高校主要包括16所印度理工学院、6所印度管理学院、30所国立技术学院等，他们都是公立性质，在印度高等教育体系中有重要地位，且这些高校都有学位授予权。大学从层级角度可分为中央大学、邦立大学及私立大学；从管理体制角度又可分为附属制大学或单一制大学。学院分为附属学院和单一学院。在印度，几乎90%以上的学院都是附属学院，附属学院不具有学位授予权，学位必须由其所附属的大学授予。单一学院的学生则不能获得学位证书；准大学是由中央政府认可具有较高教研水平的高校，有学位授予权但无附属学院。准大学也分公立和私立两类；

对工程技术教育类院校而言，在印度分别有国家重点院校的IITs和NITs及印度科学学院（IISc）等；其次是邦立的工程技术类大学或学院；最后是私立工程技术类大学及学院。这些学校分别从创建的法律依据、经费来源模式、教学科研侧重点等方面相互区分开来，构成层次丰富立体的印度工程技术教育体系。各类院校培养的毕业生数可参见下图 1—2（以 2006 年为例）。

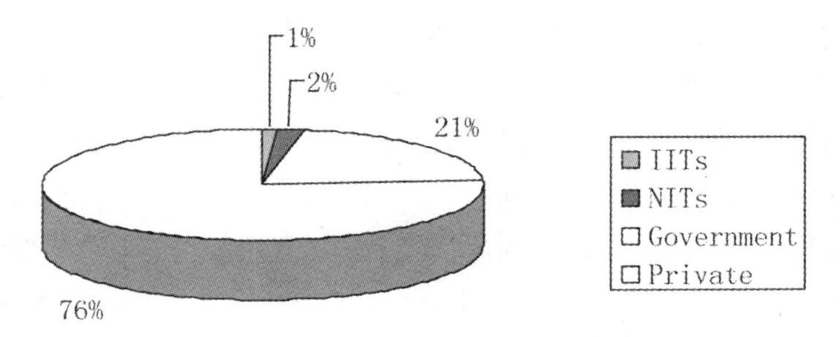

图 1—2　2006 年印度工程技术院校毕业生数（本科生）分布情况

资料来源：IIT 孟买分校班纳吉提交的报告《印度工程教育》①

图 3 是印度 2006 年各类院校本科毕业生数分布情况，以 IITs 和 IISc 为首的一流国家重点高校毕业生数仅占总量的 1%，以 NITs 为主体力量的第二级高校毕业生数占总量的 2%，第三级的邦立院校占 21%，第四级的私立工程技术院校等为 76%，成为为工程技术教育的主力部分。

1.以印度理工学院（IITs）为首的国家重点院校

IITs 成立于印度独立初期，担负着复兴国家与民族的重任，被寄予政府与国家的殷切希望。就国家而言，出台和颁布印度理工学院法案，每过几年对该法案进行一次修订，及时根据社会发展新需求及理工学院发展新需要更新和补充法案内容。在理工学院成长过程中，政府给予其国家重点院校地位，保证学院学术独立及学术自治权，不受政府及外界干扰，充足的经费亦使其可以潜心进行教学与科研，培养国家所急需的高素质优秀工程技术人才。自 1951 年第一所理工学院——卡哈拉格普尔印度理工学院在西吉创建起，理工学院这一大学系统便以卓然超群的独特气质屹立于世界大

① Rangan Banerjee，*Engineering education in india*，IIT Bombay, No. 69，2007.

学之林。它没有辜负国家的期望与付出，自成立至今，印度理工学院便以高质量工程技术人才培养和卓越的科研成果而闻名于世。

在办学过程中，五级管理体制保证了学院良性运转。严酷的联合入学考试（JEE）保证优质生源。斯巴达式的教学虽使每年中途退学和淘汰者占入校生总数的20%，但严进严出的风格保证了毕业生的一流质量。课程设置的多层次、灵活性与多元化保证了教学有效性。产学研合作的人才培养模式使其毕业生始终具有领先实践创造力。大量来自国际合作及外国政府与国外机构的资助，使其经费来源多元化，也使其在国际化道路上走得更快更远。即使如此，IITs仍在每年入学中为表列种姓，表列部落和残疾者保留相应名额，坚持实施在国内颇有争议的保留制，为高等教育公平做出了很好的表率。虽每年本科毕业生数只占全国总数不到1%，但硕士生占到20%，博士占到40%，成为国内工程技术教育的主流与正统。其毕业生流向世界范围各大知名企业，在2005年，美国国会众议院通过一项决议，特表彰印度理工学院毕业生为美国发展做出的巨大贡献。[①] 除世界知名企业之外，在世界各国知名高校及科研机构中，亦常见IITs毕业生：英国华威大学知名教授库麦（Lord Kumar Bhattacharyya）是IITK1960届的毕业生。美国朗讯科技贝尔实验室首席科学家奈特拉瓦里（Arun Netravali）是IITB1967届毕业生。

2008年，印政府在既有IITs基础上，新建9所理工学院，旨在进一步扩大理工学院的影响与辐射范围。虽然国家对此投入了大量经费，但9所新学院在正式运行时大多在一些办学条件较差的临时性校园里，甚至有些学校的学生不得不就近在老学院中入学，这在客观上必然影响到整体教学质量与毕业生质量。理工学院的规模大扩张能否保证其质量如前，尚有待考证。

2. 国立技术学院

2002年开始陆续成立的30所NITs是印度工程技术教育第二梯队。虽非一流学院，但与IITs同为国家重点院校。五级管理体制和国立技术学院

---

① House Resolution 227 In The House of Representatives,U.S. [EB/OL].（http://thomas.loc.gov/cgi-bin/query/z?c109:hres00227.eh:retrieved On 2008-04-12）.

法案同时保证 NITs 学术自治权，和独立学位颁发权，只是从中央政府获得的拨款经费少于 IITs。国立技术学院在 2008 年拨款经费达到 5 亿卢比，平均每所学院还能得到世界银行技术教育质量改进项目经费约 2–2.5 亿卢比。[①]

IITs 是所有印度学子的梦想，但其入学考试竞争异常激烈，因而 NITs 往往成为学子们第二梦想。NITs 的入学必须进行全印工程学入学考试（All India Engineering Entrance Examination，AIEEE），这项考试在每年四月举行，通常有 50 到 100 万的学生参加考试，在 2010 年，AIEEE 成为全球最大规模入学考试。[②] 虽不似 IITs 的 JEE 那么严酷，但 AIEEE 难度也很大。仅以 2007 年为例，NITs 录取人数为总申请人数的 14.7%。[③] 如前文所述，NITs 除培养高素质工程技术人才外，还旨在对多元文化做出贡献。在招生中，各学院有一半学生来自学校所在邦，余者来自国内各邦。NITs 在招生中积极践行保留政策，每年将 27% 的名额给予社会落后及弱势群体，确保其受教育权。在印度种姓制度下，特预留 7.5% 的名额给予表列种姓与表列部落。NITs 主张将入学机会给予所有阶层的所有学生，这一点非常难能可贵。

NITs 的人才培养体系相当有特色。其特色课程学分评定体系首先在人才培养中发挥了优势作用。其次，在人才培养过程中，一些学院以“研究学者”这一项目来鼓励年轻学生进行研究导向的思考，此项目为 2 年级及其以上学生提供 10 周学术研究训练，以提高学生综合素质。再次，NITs 从数学与计算机两个专业开始推行双学位项目，将学士学位与硕士学位加以综合以 5 年的学习来取代传统 6 年学士到硕士学位学习。这些项目都重在鼓励学术研究。

严格的教师聘用及与工业界的紧密合作都对 NITs 成功做出很大贡献。NITs 的教师除讲师之外必须有博士学位和相关教学及行业经验。目前，

---

① World Bank Provides US$1.05 billion to Improve Education in India[EB/OL]（http://web.worldbank.org/WBSITE/EXTERNAL/NEWS/0,contentMDK:22507409~pagePK:64257043~piPK:437376~theSitePK:4607,00.html）.

② Over 11 lakh students appear in AIEEE 2010[EB/OL].（http://english.samaylive.com/lifestyle/education/676462503.html）.

③ Rangan Banerjee，*Engineering education in india*，IIT Bombay,No. 69，2007.

NITs 致力于设立高质量的学术项目，并在学术研究方面采取系列措施吸引优秀师资提升整体科研力量。但自 2006 年起，NITs 师生比便已达 21:1，此后呈逐年增长态势。尤其在 2010 年，政府集中扩建 NITs 规模，新建 10 所国立技术学院后，致使师资紧缺问题更加严重。同 IITs 一样，大规模扩张之后，NITs 教学质量及毕业生质量是否能持续保持也有待考证。

3.邦立工程技术院校

邦立工程技术学院是印度工程技术教育第三梯队，由各邦政府根据本邦实际情况建立。此类教育机构在印度出现较早，可追溯至独立之前。彼时的洛基工程学院等都属邦立院校。由于可不经联邦政府审批，创办灵活性较高，因而在独立后，有大批邦立学院诞生。

邦立院校办学经费由所在邦负责划拨，邦政府主管技术教育的部门按照相关规定对邦立工程技术院校进行审查与考察。邦立学院一般附属于本邦有名望的大学，以使本院合格毕业生能获得所在大学颁发的学位证书。较少或没有办学主权。

在学科专业设置上，邦立学院大部分是单科性质。通常集中在计算机科学与工程、机械工程、土木工程等专业。就教育层次而言，邦立学院绝大多数进行本科生教育，仅有少数提供研究生教育。

邦立学院发展情况较复杂，有些学院拥有很强知名度，且教学与科研实力很强堪与 NITs 相媲美。这类高校中最为著名的是浦那工程学院（College of Engineering Pune，COEP）、维尔梅塔吉加拜理工学院（Veermata Jijabai Technology Institute，VJTI）和孟加拉工程学院（Bengal Engineering College）等。绝大多数学院是与私立院校处于同一级别。COEP 历史渊源较深，前身是成立于 1854 年的浦那土木工程学院。学院附属于马德拉斯邦的普纳大学，努力追求卓越与奉献，以致力于用先进技术解决生活中各类问题而著称。COEP 注重为学生提供广泛学术训练和社会经验为基础的独特学习经验，致力于真理和人性的探寻与追求，使学生更好地理解技术发展与伦理道德的演进。课程体系的设计重在以实习，国外项目训练及研究为学生提供学术训练机会。广泛而紧密连接的校友网络，工业界的大力支持及与国外大学间的情谊是 COEP 一大标志。学院一直保持着国内 20 强技术院校的排名。2004 年学校由马德拉斯邦政府给予完全自治的权力，拥有课程设置及财政独立权。学院与浦那大学是永久附属关系，近年学校基于学生不断增长的新要求积极进行管理和学术战略的多元改变。并充分利用自身自治权对教学不断做出调适以适应工业界及市场新需求。COEP 的经费由邦政府划拨，同时也受到世界银行等世界组织资助。随着印度高等教育发展，邦政府对高等教育投入力度也越来越大（见表 1—4），这无疑也引发了诸如高等教育质量等问题，值得对此经费来源模式进行思考。

入学费用上，技术类本科生每年学费约为 15000 卢比，无校外资金资助的本科生学费为 4000 卢比，无校外资金资助的硕士生学费为 10000 卢比。

表 1—4　　马德拉斯邦技术类专业教育的经费情况一览表

年份	批准经费（亿）	预算经费（亿）	实际经费（亿）
2002-2003	45.44	15.73	11.88
2003-2004	16.34	11.51	9.02
2004-2005	76.06	36.12	33.54
2005-2006	114.37	98.63	98.63
2006-2007	134.68	119.28	119.08
2007-2008	11908.00	10165.75	8023.40
2008-2009	14744.00	14707.55	13774.16
2009-2010	32012.00	11896.78	5823.75
总计	59050.89	37051.35	27893.46

资料来源：马德拉斯邦官网，http://www.dte.org.in/dteinfo/about.asp

在教学方面，学校目前有 93 名教员，60 名客座教员，师生比在 14.5—21 之间。15% 的全职教员具有博士学位。共有 12 个教学系，分别是应用科学系，比哈创造精神，企业家才能与领导力中心，土木工程系，计算机工程与 IT 技术系，电气工程系，电子与通信工程系，仪器仪表监控系，数学系，机械工程系，冶金与材料工程系，制造工程系及物理系。在教学过程中，富有特色的是“三明治模式”，即在第五和第八学期，学生去工厂或企业，在实业界一线工作者指导下，有针对性和目的性地从事相关行业性实际工作，获取相应学分。这种模式旨在提高学生实践操作动手能力。

在招生考试方面，COPE 的学生须参加马德拉斯邦统一组织的 MHT-CET 入学考试，考试由马德拉斯邦技术教育理事会（Directorate of Technical Education，DTE）组织开展。COPE 的入学同样注重教育公平，为落后阶层及群体提供特殊教育机会。例如有专门的项目针对印度东北部地区的落后阶层和克什米尔邦的落后群体。还有一些项目针对在海外地区工作者的子女，外国居民，外国学生，及一些印第安人。此外，COPE 还为表列种姓、表列部落、游牧部落、其他落后阶层、身体残疾者和女性提供相应的保留政策。也为马德拉斯邦其余专科性质的工程技术学院的学生提供继续教育的机会。

以 COEP 为例可知，邦立工程技术学院更多基于本邦社会经济发展提供教育，旨在培养能服务于本邦发展的工程技术人才。学院在学科设置和教学方面亦有自身特色，尤其是注重特色实践活动来提高学生综合能力。在专业设置上更贴近市场需求，重应用型专业。在招生入学过程中，亦贯彻落实保留政策，不遗余力推进教育公平和教育机会均等理念。

4.私立工程技术学院

20 世纪 80 年代末，随着国家财政经费逐渐紧张，及长期来对印度教育进行资助的世界银行和国际货币基金组织等影响，其高等教育进入新变革时期。印政府于 80 年代初开始缩减高等教育经费，加速了高等教育私有化浪潮的兴起。

表 1—5　　印度高等教育公共经费在各五年计划中情况一览表

	高等教育经费（亿卢比）	在五年计划预算经费中的比重（%）	在五年计划教育经费总额中的比重（%）
一五（1951-1956）	1.4	0.71	9
二五（1956-1961）	4.8	1.02	18
三五（1961-1966）	8.7	1.01	15
三年度（1966-1969）	7.7	1.16	24
四五（1969-1974）	19.5	1.24	25
五五（1974-1979）	20.5	0.52	22
六五（1980-1985）	53.0	0.49	18

续表

七五（1985-1990）	120.1	0.53	14
两年度（1991-1992）	59.5	0.48	11
八五（1992-1997）	151.6	0.35	7

资料来源：Jandhyala B.G.Tilak（1995e）

在国家高教经费投入呈紧张状态时，社会经济发展对劳动力与专业技术人才的需求却不断增长，使高等教育必须从供给数量与结构两方面做出积极调整，这使高等教育本身存在的人才供给数量不足与人才结构失衡问题进一步加剧。仅在2004年，高校在校生中文科生为46%，理科20.4%，商科17.99%，其余专业教育为17%。在整个专业教育中工程技术类为7%，医学与法律是3%，教育和农业为1%，畜牧0.15%，其余0.85%为其他类。[①]这两方面因素推动印度私立高校的发展，尤其使进行专业教育的私立工程技术院校进入大发展阶段。

印度的私立高校与我国不同，即使名为私立高校，也可能和公立高校一样接受来自政府的拨款等。就印度私立工程技术高校而言，可分为受助私立工程技术学院、自筹经费工程技术学院，自筹经费准大学和私立工程技术大学四类。[②]

第一类受助私立学院一般是大学附属学院，由社会团体或私人创办，同时接受政府财政资助，被纳入政府资助体系。实际上目前印度70%左右学院都属此类。受助私立学院在印度的历史也可追溯至殖民地时期。1854年《伍德教育急件》规定，殖民政府应对印度私立高校提供补助金，使其附属相应大学。独立后，印政府继续采用原方式，为私立学院提供补助金，并将其制度化，受助私立学院快速发展起来。在印度，许多受助私立工程技术学院都是多学科性质学院，可同时进行本科生和研究生教育。

第二类自筹经费学院的名称来自于1993年J.P.Unnikrishnan诉安德拉邦

① Dr.Prem Chand Patanjali,*Development of higher education in India*，New Delhi：Shere Pulibishers&Distributors,2005,p.96.

② 印度私立学院的分类与介绍参照国内学者宋鸿雁著《印度私立高等教育发展研究》。

政府判例。但实际上这类私立学院很早便已存在，指不接受政府资助的私立院校，而靠获取赞助费来维持与发展。在印度，高等教育的学费一直很低，具有明显福利性质，公办院校和受助私立学院办学经费 90% 以上由政府供给，学费无法反映真实办学成本。自筹经费学院不可能依照公办院校收费标准来收费，因而会有 1993 年同意私立院校收取基于办学成本费用的判例。自筹经费学院的创办者必须是 1860 年社团法案规定的社团组织，创办时需向相关邦政府申请，邦主管部门按照有关规定审查后作出许可方能建校。同时学院须向邦内大学申请附属学院许可，如此才能使本校毕业生在毕业时获得学位证书。也有一些学院是不附属于任何大学的独立学院，未经政府许可，也无法颁发学位。但具有高度自治权，完全基于市场力量驱动。值得一提的是，由于印度高等教育管理权更多在各邦政府。鉴于各邦发展状况不一，各邦私立学院在收取学费时差异很大。即使在同一邦内，同一专业在公办学校和私立学校的学费差异也很大。自筹经费工程技术学院大多是单科性质，集中在工程，管理领域。

第三类是自筹经费准大学，准大学（deemed to be university）是印度独有的高等教育机构类型，这类大学在管理方面有和大学一样的自主权，可自主设定招生程序、费用、自主授予学位。根据 UGC 法案 2000 年修正案规定，具有准大学资格的学校必须符合下列条件之一：在特定领域进行创造性教研活动，学术水平很高并能进行研究生教育；通过创新性教学对印度大学教育做出很大贡献，并有潜力进一步丰富大学体制；有能力在新领域举办新专业；必须有有效的管理体制。准大学一般都是多学科的。麦力普大学是印度最早获得准大学地位的自筹经费准大学。

第四类私立大学是单一制多学科大学，可同时进行本科生教育和研究生教育。相当多的工程技术类私立大学不仅进行不同层次的学位教育，也进行非学位教育，并在跨国合作方面更普遍。私立大学在印度北方比较发达。北方邦经济水平一般比南方差，基于民间办学资源匮乏其私立高等教育发展比较薄弱。南方各邦则相反，因而在南方各邦形成各种私立高校同业协会，这些协会为他们在印度既有的高等教育附属体制下取得了不少的发展空间，同时也限制了新类型私立高校的出现与发展。但北方邦不同，北方邦由于政府本身积极鼓励私有资金办学，使得私立大学更容易出现和发展。

在印度，约有 76% 的工程技术类毕业生在私立工程技术学院接受教育，但排名前五十的院校中极少有私立院校。目前印度约有 1100 所私立工程技术学院，90% 以上都是附属学院，拥有极少办学自治权。在私立工程技术院校内部，也存在严分化问题，其中一部分高校在教学质量与科研成果方面都取得相当好的成绩，如麦力普技术学院，伯拉科技学院（Birla Institute of Technology and Science，BITS）等。另一部分以非正规私立教育机构为主，其显著特点是基于以市场需求，以市场力量为导向，紧随市场变化设置和调整课程与专业，更多旨在满足印度对软件人才等的需求。虽这类教育机构也有如 NIIT 这样闻名于世界的国际教育机构，但绝大多数教学质量无法保证，办学中存在着许多问题。

印度目前主要的工程技术教育机构便是这四类，以 IITs 为主流力量的院校处于第一层级，拥有完全自治权，享有多元化经费来源。此类院校在教学与科研方面均已达世界一流水平，为印度迅速崛起做出巨大贡献，为本国及世界提供了优质工程技术人才；以 NITs 为首的院校处于第二层级位，这类院校也属重点院校，拥有很大自治权，经费主要来源于联邦政府，侧重进行本科教育。在人才培养方面首要是立足于所在邦，进而辐射全国。在印度工业发展中做出重要贡献；邦立工程学院处于第三层级，这类院校一般无学位授予权，附属于本邦相应大学，经费主要由所在邦政府划拨。重在为本邦培养工程技术人才；私立工程技术学院处于第四级，但却是印度工程技术人才培养的主体力量，约占每年人才培养数量的 76%。私立工程技术学院绝大多数是附属学院，经费来源多样化，有些接受政府拨款，更多是自筹经费。在这类院校中，存有大量非正规非学位教育院校，侧重于提供市场亟须专业人才，在商业化道路上走得很远。这四类工程技术院校层级分明，并行不悖，支撑起印度工程技术人才培养的主体。

（二）印度工程技术教育的规模

1.印度工程技术教育机构规模

印度工程技术教育的机构规模很壮观，目前全印约有 8568 多所工程技术学院，[①] 且数量仍在不断增长中。若以 1947 年到 2003 年间的数据为例，学位水平的技术教育机构数量增长 25 倍，学历水平的技术教育机构数量增长 29 倍。（见图 1—3）

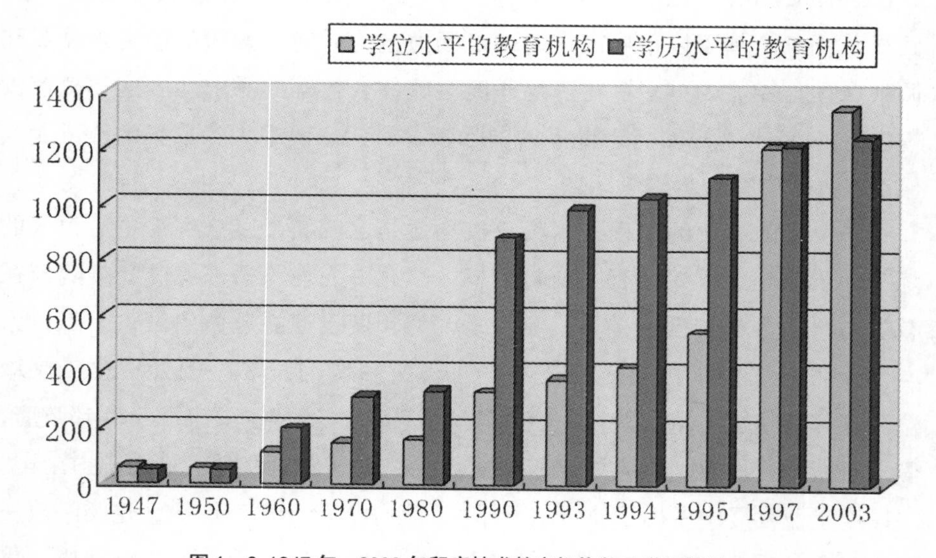

图 1—3 1947 年—2003 年印度技术教育机构数量增长情况

资料来源：PK Tulsi. Quality of instruction in technical institution in India: Issues and strategies, http://www.cce.iisc.ernet.in/iche07/22.pdf.

而截至 2008 年 8 月 31 日，印度工程技术教育机构数量为 8568，学位教育和学历教育实际总招生人数达到 1655122 人。详见下表 1—6。

---

① 数据来源于印度 2008-2009 年 HMRD 的年度报告。

表 1—6　　2008 年度印度工程技术类教育机构数量及招生人数情况

专业名称	学位教育		学历教育	
	教育机构数	招生人数	教育机构数	招生人数
工程与技术	2388	841018	1659	471006
建筑	106	4133		
MCA	1137	81761		
制药	1001	62307	575	32181
实用艺术及工艺	10	840	4	480
MBA	1231	114641		
PGDM	285	36418		
酒店管理	86	5847	86	4490
总计	6244	1146965	2324	508157
分类总计	教育机构数		8568	
	招生数		1655122	

资料来源：印度 2008-2009 年 HMRD 年度报告

在印度各邦内，工程技术教育规模也呈逐年增长趋势，仅以马德拉斯邦为例，在 20 世纪 60 年代，工程技术类院校仅有 7 所，到 2011 年共有 510 所，增加了 73 倍左右；工程技术类的专科院校从 1960 年的 14 所发展到 2011 年的 599 所，共增加 43 倍多。具体发展情况见表 1—7。

表 1—7　　马德拉斯邦工程技术类教育机构数量增长情况一览表

学院类型	1960-1961	1970-1971	1980-1981	1990-1991	1995-1996	1998-1999	1999-2000	2000-2001	2005-2006	2010-2011
工程技术类院校	7	10	14	83	94	206	226	229	273	510
专科学院	14	25	28	127	160	154	170	170	183	599

资料来源：马德拉斯邦官网，http://www.dte.org.in/dteinfo/about.asp

独立后，印政府大力发展工程技术教育增强综合国力，致力于成就自己技术领域的世界领先地位，除大力兴建 IITs 为主的工程技术教育机构外，各邦政府在邦内也大力发展工程技术教育。在国内形成工程技术教育大发展的局面。作为印度国内一流大学的 IITs，于 2008 年开始在原有 7 所学院基础上，新增 9 所理工学院，目前 IITs 共有 16 所学院。而国立技术学院于 2006 年左右也开始进行扩张，在原有 20 所学院的基础上，于 2010 年陆续新建 10 所新学院，使 NITs 达到 30 所。即使作为国家一流大学的 IITs 都已走上扩张规模的发展道路，更不用说其余邦立及私立工程技术学院。

2.印度工程技术教育的学生规模

印度工程技术教育的招生人数也呈快速增长趋势。其中学位教育招生人数自 1947 年的 2508 人增长到 2006 年的 43.9689 万人，增长 175 倍。非学位教育招生人数从 1947 年的 570 人增长到 2006 年的 26.5416 万人，增长达 465 倍（见图 1—4）。而 2006 年之后，印度工程技术教育仍然处于高速增长之中。

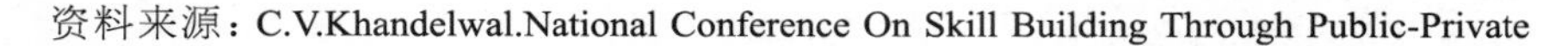
资料来源：C.V.Khandelwal.National Conference On Skill Building Through Public-Private

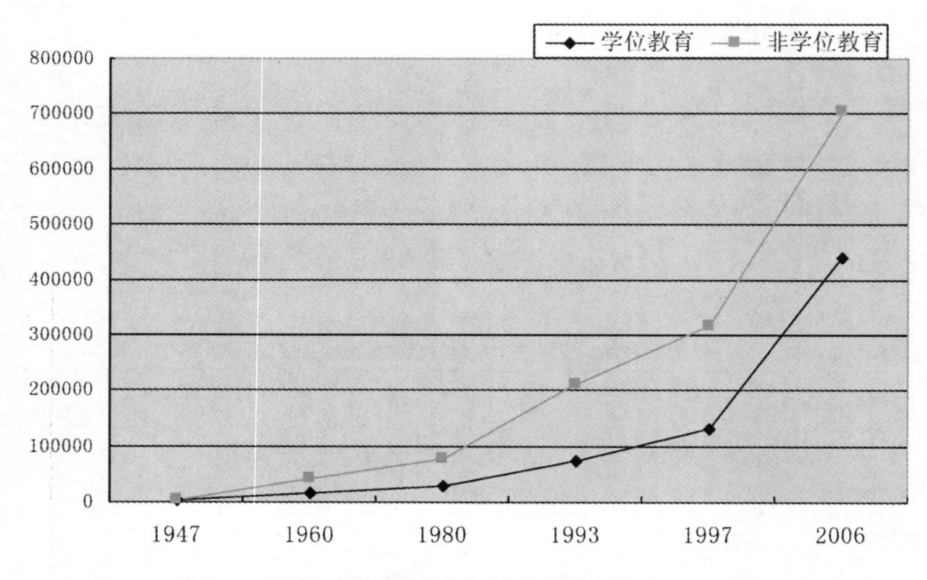

图 1—4　印度工程技术院校招生人数的增长状况（1947-2006）

资料来源：Participation:Opportunities & Constraints[R].New Delhi，Oct 5-6 2007.12.

以马德拉斯邦为个案也可看出工程技术类学生人数的增长的情况，从表8可知，马德拉斯邦工程技术类的研究生数量从1978年的584人增长到2010年的6081人，人数在30年里增加了10倍之多；工程技术类本科生数量从1978年的2642人增长到114268人，增加了43倍之多；非学位的工程技术类学生数从1978年的5145人增长到2010年的132632人，增加了26倍。

表1—8　　马德拉斯邦工程技术类学生人数增长情况一览表

	课程种类	年份	院校数量	招生人数
1.	工程技术类研究生教育	1978	9	584
		1988	11	700
		1995	14	750
		2000	15	770
		2005	41	2789
		2010	88	6081
2.	工程技术类学士学位教育	1978	16	2642
		1988	76	14275
		1995	94	22740
		2000	129	38939
		2005	154	46325
		2010	309	114268
3.	工程技术类非学位教育	1978	28	5145
		1988	127	23436
		1995	160	30000
		2000	170	34295
		2005	174	68685
		2010	387	132632

资料来源：马德拉斯邦官网，http://www.dte.org.in/dteinfo/about.asp

据AICTE不完全统计，2011年印度工程技术类学位教育学生共534970人，其中中部地区有113877人，东部地区51571人，北部地区129399人，西北部地区30939人，西部95103人，南部114081人。见表1—9。

表 1—9　　2011 年度各地区工程技术类学位教育学生数

地区	邦名	招生人数
中部地区	古吉拉特邦	30459
	马德亚邦	83418
中部总计		113877
东部地区	阿鲁那恰尔邦	528
	阿萨姆邦	2322
	贾坎德邦	5536
	梅加拉亚邦	480
	奥里萨邦	42705
东部总计		51571
北部地区	比哈邦	1080
	哈里亚纳邦	44362
	喜马偕尔邦	2136
	北方邦	37680
	拉贾斯坦邦	33781
	阿坎德邦	3330
	德里	7030
北部总计		129399
南部地区	安得拉邦	86161
	客拉拉邦	5160
	庞蒂切利	480
	泰米尔拉德邦	10400
	卡拉塔克邦	12880
南部总计		114081
西部地区	果阿邦	824
	马哈拉施特拉邦	94279
西部总计		95103
西北部地区	旁遮普邦	29099
	查莫邦	1840

续表

西北部地区总计	30939
共计	525044

资料来源：AICTE 官网 http://www.aicte-india.org/downloads/list_engg_tech_degree.htm

由 AICTE 公布各邦工程技术类学位教育人数也可看出，印度工程技术类专业教育正处于快速发展之中，学生规模相当可观。

虽然以工程技术教育为主导的专业教育在印度高等教育领域中呈快速发展态势，却仍难从总体上改变印度高等教育的学科布局。目前普通高等教育在校生仍占 80% 左右。虽然如此，工程技术教育的发展在平衡高等教育专业结构中仍发挥了重要作用。可以设想，如果没有国家大力推动工程技术教育的大发展，则印度不平衡的高等教育格局只会更严重。

3.工程技术教育规模发展的特点

从上文有关工程技术教育机构设置情况来看，IITs 和 NITs 两大高校系统是由印政府创建，在建立伊始政府便已通盘考虑选址问题。因而这两类院校分布较均衡，在印度东、南、西、北各地区均有相应学校，以带动本地其余工程技术类学校的发展及直接服务于本地社会经济的发展。

但处于第三级和第四级的两类院校则差别较大。就邦立学院而言，由于印度各邦经济发展状况差别很大，且高等教育管理权大部分在各邦政府，因而有关学校创办及发展均由各邦政府决定。所以工程技术教育发达程度取决于邦经济发展状况与需求，也取决于各邦政府对高等教育的态度。因此在一些发展状况良好的大邦，如马德亚邦、马哈拉施特拉邦、哈里亚纳邦等其高等教育相对会发达一些，工程技术类教育机构也更多些。处于第四级的私立工程技术教育机构则更大程度取决于当地市场需求及经济发展状况，在经济状况良好与较发达的南部，私立高等教育有更为长久的历史传统，相应地其私立工程技术教育机构也更多更发达，如南部的泰米尔纳德邦、安德拉邦、卡拉塔克邦等。

（三）印度工程技术教育的质量

质量是衡量高等教育的重要指标，也是衡量印度工程技术教育发展状况的重要标尺。对质量的了解与分析，有助于更好明确其工程技术教育发展情况。

1.教师质量

教师质量直接影响和决定教育的最终质量。印度高校教师聘用与晋升制度相当严格，堪与国外著名高校媲美，这与被殖民的经历不无关系。正因印度高校教师的严格评聘制度，才使得它拥有高学历层次的老师比例在发展中国家遥遥领先。阿尔特巴赫曾对中印教师学历学位做过比较，经过调查研究后他认为虽然中国拥有世界最大高教系统，但高校教师拥有博士学位人数仅占总人数 9%，虽然在中国最顶尖的研究型大学里这一比例高达 70% 左右，但这只是个案。在印度，高校教师拥有博士学位的比例达到 35%。[①] 这与印政府注重高校教师能力培养分不开。

印度教师专业发展目标的正式形成源于 1978 年政策性文件——《师范教育课程：一种框架》，该文件指出：教师专业发展须置身社会生活环境中，通过交互作用拓宽视野，培养具强烈责任感与社会意识的教师。1985 年的《全国教师委员会报告》，1986 年的《国家教育政策》对教师使命和教师专业发展内容都有明确规定。1998 年，印度全国教师教育委员会制定新教师专业发展框架。2008 印度规划委员会发布“十一五”教育发展规划，提出“全纳教育”发展理念，旨在通过外延式扩张，扩大办学规模；注重地域均衡分布，增加农村地区和边远落后地区高校分布点，增加高等教育入学机会；均衡配置教育资源，资助重点转变为面向全体高校，保证每个学生都有接受高质量高等教育机会，使教育惠及全体人民。在扩规模的同时，加强高校教师培养及其能力建设，将印度现有仅面向学院教师的 52 所教师进修学院，31 个进修中心向全部高校教师开放。且每所中央大学都须建立一所教师进修学院。在教师进修学院中进一步改革培训方法，完善考核制度，

---

① Philip G. Altbach：《教师在高等教育中的关键地位》，《国际高等教育》2009 年第 2 期。

以切实提高高校教师从业能力。[①]

目前，为提高高校教师素质，几乎每一个邦都建立设在某所大学的学术人员学院，由 UGC 对其进行全部财政资助。此类学院为大学和附属学院教师提供进修课程，其创办是印度教师教育发展的新文化，对高校教师而言，是一种提高素质与能力的有效革新。

虽然印政府一直致力于高校教师质量提高，但现实状况不容乐观。高等学校优秀师资缺乏现象很普遍，大量私立高校师资状况则更差。在 IITs 等国家一流重点高校里，教师质量普遍很高，且师生比也很低。AICTE 对 IITs 规定的师生比为 1：9，各学院实际比例浮动在 1：8 到 1：13 之间。自扩建 9 所新学院后，师生比迅速上升。2006 年起，NITs 师生比便已达到 1：21，此后呈逐年增长态势。尤其在 2010 年，政府扩建 10 国立技术学院后，致使师资紧缺问题更加严重。一项在南方泰米尔纳德邦的调研中，其教师总量为 6000 人，其中 4% 具有博士学位，33% 具有硕士学位。只有 11% 通过邦层次或全国层次的教师资格考试。这些教师大部分教学经验不足 5 年，占教师总数的 72%，只有 9% 有超过 10 年的教学经验。而且私立高校的师生比非常高，为 1：27。[②] 但也有例外，在麦力普技术学院中，其师生比自 2001 年至今一直保持在 1：12 左右。

因而可以说，印度工程技术教育师资状况呈两极分化状态，在一流的 IITs 里，师资水平特别高，但在四流的私立工程技术学院里不仅高素质师资缺乏，且师生比很高。即工程技术教育整体师资水平并不高。

2. 生源情况

工程技术教育生源情况在印度很特殊。如前文所述，IITs 为首的印度一流大学是印度所有学生和家长的梦想，但其入学考试异常严酷，导致一流生源全部流入 IITs。即使在二流的 NITs 中，其生源也是很好的。邦立工程技术学院及私立工程技术学院中，其生源也是高于同等次其他高校或高于同一学校其他专业的。印度公立高校学费很低，私立学院学费则很高，尤

---

① 李建忠：《第十一个五年：印度教育以质量促公平》，《中国教育报》2008 年 10 月 7 日。

② 宋鸿雁：《印度私立高等教育发展研究》，博士毕业论文，华东师范大学，2008 年。

其私立工程技术学院学费往往高出其他专业类别私立学院很多，因而一般情况下都是成绩较好的学生择优进入工程技术类院校。成绩较差的学生同时也会因高额学费而对工程技术类院校望而却步。无疑地，在印度工程技术类院校的生源情况总体上优于一般院校。

3.基础设施及经费状况

工程技术教育培养的科技人才是国家兴旺昌盛的强大人力资源库，独立后的印政府集中优势资源发展工程技术教育。由于工程技术类院校在国家战略发展目标下筹建，来自国家层面的政策支持和经费支持都相当有力度，所以其基础设施及办学经费都处于同类院校的领先地位；孟买印度理工学院 1986–1987 年度时获得政府总拨款 22 亿卢比，在 2006–2007 年度或政府总拨款 119 亿卢比，年增长率为 8.8%，且仍以此速度递增。此外，由于工程技术类院校与社会经济发展联系较之普通高等学校更加密切，且此类学校在办学过程中对社会企业的技术援助与支持也较频繁，因而来自社会外界的经费支持也较多。即，工程技术类院校因为国家层面的重视及自身专业特性，吸引了大量各级政府和社会外界经费支持，图书馆、实验室，研发基地等基础设施和经费状况都比较优越，至少在与本国普通高等教育相较中，处于领先地位。

本章小结

印度作为人类文明发源地之一，有着悠久教育传统。近代以前，印度教育具浓烈宗教特性，与各宗教派别的兴起与低落紧密相连。其高等教育便是在与宗教紧密联结中开始诞生。在早期婆罗门教、佛教和中世纪伊斯兰教中，高等教育都是重要教育内容。在多种族相继入侵及多宗教派别的融合中，使印度高等教育极具包容性，呈现出独特气质，也曾为世界高深知识与学问的研究中心，其多元化风格吸引了世界各地知识追求者前来学习，绚丽一时。

在近代，印度不幸沦为英国殖民地，曾经的灿烂文明及优良教育传统被尽悉摧毁。致使高等教育的发展出现完全的断裂痕迹。可以说印度近代以后高等教育的发展，完全始自殖民地时期，与曾经的辉煌全无关联，这是印度乃至世界高等教育的一大憾事。在殖民地时期，殖民政府出于统治需求，开始发展高等教育，并将教育的宗教性加以剥离，使教育开始世俗化之路。

在工程技术教育萌芽的殖民地时期，因着特殊殖民背景，以文法类为重心的普通高等教育一统天下，致使印度高等教育生态格局极不平衡。工程技术教育只是高等教育中极小一部分，始终处于隐性地位。独立后，出于对积贫积弱困境的摆脱和实现真正独立，印政府在对国情准确把握下，毅然决定以工程技术教育兴国，将科技发展视为综合国力提升第一要素。独立后至20世纪80年代，印度理工学院在国家政策促成下迅速建立，完全的办学自主权及充裕多元的办学经费使其迅速成为世界一流大学，为国家发展培养了数量可观的高素质创新型优秀人才，也为国力提升做出重大贡献。20世纪80年代之后，印政府新建9所理工学院，使具有世界美誉的印度理工学院进一步壮大。其次将所有地方性工程技术学院统一升格为国立技术学院，在此基础上新建10所学院，使国立技术学院总数达30所，赋予其准大学地位，拥有很大程度办学自主权。30所国立技术学院在印度发展中也发挥了很大力量。20世纪80年代后随着世界高等教育改革进一步深化及高等教育私有化浪潮进一步席卷，印度私立高等教育迅速发展起来。其中发展最好最快的当属工程技术类院校。私立工程技术院校不仅扩大了印度高等教育规模，为其大众化贡献了一分力量，且在整个工程技术类人才培养中占到70%以上比例，一跃成为印度工程技术教育的主体力量。

目前印度工程技术教育机构主要有四大类，分别是印度理工学院系统，国立工程技术学院系统，邦立工程技术学院系统和私立工程技术学院系统。他们各有千秋，各具特色，共同为印度崛起做出巨大贡献。虽然当下印度高等教育体系中专业教育仍处非主体地位，但工程技术教育发展已成为世界性亮点而倍受关注。

由印度工程技术发展历史与现状可知，从独立前的“隐性地位”到当下的“显性地位”便是印度工程技术教育最好的表征与概括。目前，在国家与市场双重动力机制影响下，印度工程技术教育呈蓬勃发展态势，成为专业高等教育领域重要组成部分，也是印度迅速崛起的主动力。

印度从文明古国到英国的殖民地再到销声匿迹，然后慢慢地悄然崛起，这其中，其工程技术教育发挥了主体性力量。正因为有大量高素质创新型优质工程技术类人才的努力，才有印度综合国力的不断提升。同样也因为印度优质工程技术人才广泛供职于世界各地知名企业，才使得印度广为人知，重获世人关注。

第二章　印度工程技术教育的特征

印度工程技术教育经过两百多年发展，经历从英国殖民地时期的萌芽与形成阶段，及独立后发展与完善三个阶段，已拥有完备的工程技术教育体系，并为印度在政治，经济及高等教育领域在世界范围内重新崛起做出巨大贡献。回顾印度教育及高等教育发展史，高等工程技术教育是其重要组成部分，工程技术教育的发展与高等教育的变革密不可分，充分体现了工程技术教育在高等教育中的重要地位。通过工程技术教育的发展与变迁，也可透视出印度政治经济、文化、高等教育的发展。

如今中印经济与教育的比较已成为学术界和媒介热衷谈论的话题，而"龙象之争"归根结底在于两国人才培养。人才的培养在教育，尤其是高等教育。虽然印度在初等教育及扫盲教育上远不如中国，但其高等教育却相当发达。在丁学良先生对印度高等教育的一篇访谈中曾提到这样一个例子，2006年罗马某研讨会上一位印度女教授的发言，她说：

印度时任总统、总理、外交部长、国防部长等全国最重要的政府高级官员，每个人的宗教信仰都不一样，这说明印度基本的政治体系和文化体系具有伟大的整合力量，也说明印度民主制度的稳定宽容，而这些无一例外都是教育体制的支柱作用，只有民主的教育体制才能培养出如此的政治文化。[①]

这段话将印度教育体制的优势特征与在国家上层建筑中的作用进行了高度概括。在上一章，对印度工程技术教育进行了纵向与横向的追溯与分

---

① 丁学良：《印度教育印象》，[EB/OL]（http://www.ckgsb.edu.cn/article/408/1388.aspx）。

析后，本章试图通过分析找出印度工程技术教育的特征。

一　工程技术教育的国家性

教育与国家之间的关系是教育政策及发展的本质性问题。[①]唯其在两者关系基础上对教育实践中各种问题进行思考，才使问题本身具有意义。印度历史上经历过各种宗教及朝代更替，宗教与民族的多元化使各朝代统治者均相当重视教育的国家统治作用。加之印度教育的宗教性，更加剧其与国家间的联系。可以说从古至今，印度统治阶层都相当重视教育与国家间的联结，以教育作为统一文化意识形态的重要工具，进而以此作为国家安定与团结的重要手段。

在当前全球化背景下，国家与市民社会间的冲突已成为整个社会科学的热点。当代西方教育与国家间的关系已成为显性研究主题。西方学界对教育和国家关系的探讨涉及教育、国家、市场及市民社会间错综复杂的关系理论。西方政治经济学界主张国家干预教育，这一理论通常是基于国家保护儿童原则及“邻近效应”原则两大原则。古典自由主义经济学家西尼尔（Nassau Senior）认为，国家之主要责任便是保护所有公民，儿童比其他人更为无助，因此国家具有保护儿童的应然与特殊义务。[②]而教育“邻近效应”主张教育的社会效益不只局限于受教育者，而将延伸至整个社会。如公共教育能减少犯罪，实现民主及公共价值诉求，促进机会均等。这些都是国家安定的必要因素。正是这种“邻近效应”，成为国家干预教育最强有力的支撑。在教育与国家关系问题讨论中，新自由主义作为当代西方颇具影响力的思潮，也成为探讨教育与国家关系的重要理论视域。英国著名新自由主义经济学家埃德温·韦斯特（Edwin.G.West）从这一理论出发，对教

---

① Morrow，A.R. and Torres A.C，*Social Theory and Education , A Critique of Theories of Social and Cultural Reproduction*，Albany：State University of New York Press，1995,p.437.

② E.G.West，*Education and the State , A Study in Political Economy*，Indianapolis：Liberty Fund，Inc.1994,3.

育与国家关系问题进行过深入研究。他通过对国家保护儿童及教育“邻近效应”原则的批判，指出国家放任教育的历史合法性及理论合法性。主张消除教育的国家垄断，构建国家教育责任新模式。实行以教育券制度为介质的教育完全私有化。[①]韦斯特分别探讨了发达国家和发展中国家之教育中的国家角色和市场角色，并论证了其观点所具有的世界性意义。[②]其观点同时为西方教育改革提供强大理论依据。

但对民主的发展中国家——印度而言，教育仍是一项庞大的系统工程，国家政治权力仍是教育发展的重要资源与强大后盾。只有强有力的国家政权参与方能在国内教育体系中集中各种社会资源，推动教育体系的现代化发展。印政府显然深刻意识到这一问题，在教育体系的发展进程中，联邦政府虽在宪法规定下，将直接管理权下放于各邦政府。但联邦政府在教育发展中宏观调控的权力从未旁落。印政府自独立初便集中优势资源发展高等教育，从国家层面对此加以落实。可以说，国家角色是印度教育发展的主要动力源。工程技术教育的发展始自国家的直接推动，在印巴分治成立自治领时期，印度便已确定了工程技术教育兴国的策略。彼时民族工业与社会经济均相当落后，执政的年轻国大党致力于发展民族工业，提升社会经济发展水平，清除殖民痕迹实现真正独立。因而从国家利益和政治权力角度出发，将工程技术教育作为复兴民族的重要手段。并从国家行政，立法及司法方面，对工程技术教育加以支持与援助。

在印度，工程技术教育与高等教育几乎成为两个同等地位的名词，他们分别由 Technical Education 和 University and Higher Education 两个词指代，且拥有不同管理体制和治理结构。工程技术教育是技术教育的主体部分，印度建国之初，联邦政府兴建的印度理工学院首开国家重点学院之先河。其发展由国家总统直接监管，在其管理中，政府各部门均派出代表直接进行参与。同时，政府又给予其完全独立自治权和充裕经费，使其在体

---

① 乐先莲：《新自由主义视域中教育与国家的关系——韦斯特的“国家公共教育神话论”评析》，《比较教育研究》2010 年第 8 期。

② Tooley. J. and Stanfield，J. *Government Failure , E.G.West on Education*，London：The Institute of Economic Affairs，2003，p.21.

制与财力两方面同时得到保障。随后建立的国立技术学院，也是从国家层面加以推动与实现。同理工学院一样，国立技术学院也拥有国家重点院校地位，拥有自治权。且在治理结构中，现任总统处于其治理体制最上端，对学校发展与政策直接进行干预。中央政府先后颁布《印度理工学院法案》和《国立技术学院法案》，以立法形式对两类工程技术教育机构权利与职责进行规定。尤其在印度工程技术教育发展带来巨大社会经济效益后，中央政府对此愈发重视。不仅将理工学院和国立技术学院规模进行扩张，且在经费等其他办学条件上都给予极大支持。在邦立工程技术学院和私立工程技术学院发展中，印政府虽不似前两者给予同样重视，但与高等教育其他组成部分相较而言，也已十分关注。

总之工程技术教育发展中，国家始终扮演主体决定性角色，市场经济体制的需求及高等教育系统自身发展需要都只处于次要地位。在其与国家关系上，国家因素直接决定、规定和影响工程技术教育的发展。正是工程技术教育凸显的国家性直接促成印度工程技术教育巨大成就的获得。

二　工程技术教育机构的多样性

印度高等教育的理念来自印度人惯有的实用主义哲学。在实用主义思想指导下其高等教育理念在国家发展中的突出表现就是适应市场，适应印度社会经济发展及就业结构变化。因此，高等工程技术教育作为专业教育中的翘楚更是为印度培养了大批高质量人才。在这个拥有悠久教育历史的国度，至今已拥有非常多样化的高等工程技术教育，以此满足社会对不同种类与层级人才的需求，保证以工程技术教育兴国战略的实施。印度工程技术教育以多种类与多层次结合，研究性与职业性兼容，公立与私立互补而形成一个独具特色的工程技术教育系统。

印度拥有世界第三大高等教育系统，其中工程技术教育机构层次与类型都非常多元。若按经费来源来划分，可分为联邦政府拨款高校、邦政府拨款高校和私立高校三类。印度学者库马尔（R.V.Raja Kumar）将工程技术教育机构分为四类，首先是以印度理工学院，印度科学学院（IISc）和印度管理学院（IIMs）为主的国家重点院校，其次是以国立技术学院为主的联邦政府拨款院校，第三类是全印技术教育委员会（AICTE）下设的全国技术教育认可理事会（NBA）评出的办学质量好的邦立院校，第四类是私立高校和少量邦政府拨款的院校等。[①] 第一类和第二类院校是印度施行精英教育的机构，三四类高校为进行大众化教育的机构。可以说，工程技术教育在印度存在着精英教育与大众教育并行的"双轨制"。

（一）精英教育与大众教育并行

近代以来，在国家大力支持下，印度高等教育系统规模与质量均大幅提高。工程技术教育经过两百多年发展与完善，已具自身独特魅力与特质。在印度，高等工程技术教育主要由四个不同层级的教育机构来承担和施行，以IITs为代表的工程技术类学院是印度精英教育的典范，NITs是仅次于典型精英教育的次精英教育机构。众多附属类型邦立工程技术学院和大量私立工程技术学院则代表着印度大众教育。在尚未彻底实现高等教育大众化的印度，精英教育与大众教育并行的"双轨制"一直以来备受关注并受到各界或赞同或批判的评价。虽印度政府近年来致力于推动和实现高等教育公平，并在十一五教育发展战略（2007 ~ 2012）中强调印度教育全面性及全员参与性，使教育朝向更快、更全面方向发展。从而切实将人的发展放在首要位置，重视人力资源发展。但基于印度国内根深蒂固的种姓制度思想，民族与种族，宗教与文化巨大差异与不平等，这一"双轨制"虽备受争议，但并无改变迹象。"双轨制"在印度的存在，有相应的社会与教育基础。它的合理发展，在世界高等教育中展现出一种独特模式。正因为印度精英教育与大众教育并行，在工程技术教育机构设置上便呈现出层级分明特征。

1.从精英教育到大众教育

古往今来，世界各国均对"精英"有着一致的高度认可。古希腊时期

---

① R.V.Raja Kumar，"Engineering Education in India—Quality Concerns and Remedial Measures" *The Journal of Technical Education*,Vol. 3，No. 30，2007.

哲学家柏拉图在其著作《理想国》中将教育对象分为三层级：哲学王、武士和劳动者。主张对此三种人分阶段施行不同教育，以最终挑选国家最高统治者——哲学王。这是柏拉图心目中最高和最终的教育目标。他所持的分层教育思想是古代西方最早的精英教育思想。在东方印度，不论早期婆罗门教育、佛教教育和稍后时期穆斯林教育，都在其中对受教者有严格规定。例如婆罗门教育，在儿童教育阶段，教育由身为父亲的婆罗门对子女进行口耳相传的教育。在中等和高等教育阶段，受教场所虽有所改变，但整个教育体系仍呈封闭特征。且婆罗门教育最终目的是培养为婆罗门教服务的人才，因而受教者仅限于处在高等种姓中的婆罗门，其他三种姓阶层绝少有受教机会。也即印度的教育在其发端时，便呈现出明显精英特征。之后的佛教教育中反对婆罗门的种种特权并致力于将受教对象扩大到所有阶层，但在具体实践中，收效甚微。因而佛教教育仍然是一种具有精英特质的教育。

在中世纪大学诞生之初，它便作为社会的精英教育机构存在。彼时大学旨在为教会、国家与社会提供精英人才。在近现代，旨在为国家培养社会政治经济发展所需的各种专门人材。第二次世界大战后的60年代，随着工业经济发展对人才需求扩大，及人口不断增长，大学入学人数也不断增多。西方国家此时纷纷加大教育投资力度对大学进行扩建，最终在20世纪后三十年先后实现了高等教育大众化。大学于是从最初施行精英教育的象牙塔，发展为兼具教学、科研与直接性社会服务三大使命的大众化教育的产学研基地。虽各国高等教育已然从精英走进了大众，但并不是说大众教育终结了精英教育，而是精英教育与大众教育相互结合，形成金字塔式高等教育系统。在这一系统中，精英教育位于塔尖，成为更高层的教育，承担着为社会培养精英人才使命的机构。大众教育则位于塔底，成为最普通的教育，为社会发展培养各行业专门人才的机构。精英教育与大众教育于是在同一系统中以不同的目的和使命作为自身追求，相互融合共同发展。与其他西方国家不同，印度因其高等教育附属制，精英教育集中在国家重点院校的IITs为代表的高教机构中，而代表大众教育的高校则是大量附属院校。两者是完全独立的高等教育机构。

2.“双轨制”在印度存在的基础

“双轨制”在印度的存在有着广泛社会基础。就社会学分层与流动理论来看，社会分层是因社会个体或群体所占有社会资源的不同而被分成上下连续不平等的层级体系。[①]

社会分层能使人们感到因贫富差距而产生的社会生活各方面的质量差异。在社会分层研究中，社会分层与流动是两个主要概念，前者仅是一种普遍现象，后者则是社会结构自我调节的有效机制之一。社会学分层理论认为，社会分层包括社会分层结构与社会流动。社会分层是社会结构最主要的现象之一，社会流动则指社会地位与身份的升降。对社会分层产生重要影响并最终实现社会流动的因素主要有三种：首先是社会资本。如家庭背景等会对个人职业身份与升迁产生重要影响。其次是市场因素。如经营产业、投资期货等对个人经济资本的影响。第三种便是依靠教育获得文化资本。在这三个因素中，就教育学视角分析，社会资本及教育带来的文化资本是影响社会分层的重要因素。较之社会资本而言，文化资本更易在后天努力中获得。教育无疑对社会分层与流动有着极其重要的作用。而在整个教育体系中，高等教育则是对社会分层与流动最有影响力的重要因素，它不仅深刻影响人们社会分层与流动，且不同级别与种类的高校会对分层和流动有很大不同影响。接受高等教育的程度成为社会分层与流动的主要动因。实际上，文凭与学位是人们向上流动的一种重要机制。法国社会学家布尔迪厄认为高等教育能增加个人所拥有的社会资本、经济资本、文化资本及符号资本。在其代表中他曾说：“在差异化社会中的社会空间结构是经济资本与文化资本这两个分化原则的产物。因此，对文化资本分布的再生产起决定性作用，进而又对社会空间结构的再生产起决定作用的教学机构，就成了人们争夺的关键”，[②]因而高等教育成为人们改变处境和身份的阶梯。正因为高等教育在社会分层与流动中扮演如此重要的角色，因而形成了精英教育和大众教育的格局。

---

① 赵长林：《社会分层、文化传统与高考制度改革》，《教育理论与实践》2008年第3期。

② 布尔迪厄：《国家精英——名牌大学与群体精神》，商务印书馆2005年版，第9页。

印度独立后，其宪法第十五条明确规定禁止宗教、种族、种姓、性别、出生地的歧视。从此印度现代社会以标榜追求平等公正而先进于过去及其他同为第三世界的国家。然而就印度社会现状看，已有两千多年历史的种姓制度依然存在，并对社会发展各方面都产生极大负面影响。在教育方面，种姓不同使受教者自小接受教育的种类与程度有着极大差别。在高等教育中，这一差别尤为明显。即使印度政府本着教育公平理念在相关高校中着力推行“保留政策”，但这一做法远无法改变不平等的受教现状。平等只是人们一种孜孜以求的理想，是人类永恒追求的价值。事实上，不止印度，所有的社会都是不平等的社会，人们仅能追求相对意义上的平等，平等也不过是一种社会理想和价值追求的体现而已。[①] 如果从社会分层视角分析，不平等便是社会分层的前提，追求平等则正是社会流动的主要动因。不平等现状的存在，使人们有动力致力于改变自身不平等处境，使人拥有希望，并为此而奋进，进而维持社会稳定性。体现在高等教育方面，便是从古到今社会与个人都在不断地追求精英教育，使社会流动不断地进行，同时不断分化新社会分层，推动社会向前发展。与许多国家不同的是，印度培养精英人才的机构是公开的。印度精英主义使挑选精英的考试制度相当民主，在施行精英教育的印度理工学院等高校中，其入学考试异常严酷并采用相同标准，最大程度隔绝作弊现象，保证公平性与民主性。于是，在种姓、种族、民族、宗教和语言等各种因素多元且冲突不断的印度，人们一方面崇尚精英，孜孜追求精英教育，力求以此改变或保有自身不平等现状。同时为了实现宪法及理想中的社会平等，人们又坚持不懈地追求高等教育公平与大众化。于是，印度高等教育从精英走向大众是其社会发展的必然。而“双轨制”的存在，在印度现实国情下，也是合理的。

3.印度理工学院——精英教育的保证

IITs 诞生于共和国成立之初，之后几十年间不断进行改革与完善。其发展史折射了国家政治发展历程，经济增长历程，文化与民族复兴的历程。发展至今 IITs 已成为拥有 16 所高校的大学群，彼此互相独立，以印度理工

---

① 韩克庆：《社会分层研究的基本概念及其关系辨析》，《天津社会科学》2003 年第 4 期。

学院管理委员会为纽带，进行联系。自诞生起，IITs 便致力于培养高质量的卓越工程技术人才及优质科研成果。IITs 拥有联邦政府给予的高度自治权，1961 年首次颁布的《印度理工学院法案》赋予其国家重点院校地位，并以法律形式保证其大学独立与学术自治权。虽然只有几十年历史，但 IITs 却凭借着国家给予的优厚条件而一跃成为国内一流大学，并享誉世界。其办学理念是以卓越工程技术教育与研究致力于为印度和世界发展做出杰出贡献。成立几十年来，IITs 一直笃信这一理念，并不断创造新的辉煌，终成为印度精英教育代名词。

IITs 办学经费由印联邦政府划拨，与其他工程技术院校相比，其来自政府的拨款性经费高到不成比例。例如，普通工程技术学院每年获得政府经费总额约为 2 万—4 万美元，而 IITs 每年获得经费为 18 万—26 万美元。[①] 由此可见其在印度高等教育中的地位。此外，还有大量来自国际合作过程中外国政府及国外机构的资助，及产学研合作中产业界资助，高额学杂费收入，社会捐赠等，经费来源极广泛。在充足经费保障外，IITs 的民主管理体制从制度方面保证了其良性发展。有了财力与制度的双重保障，IITs 在其发展道路上得以越走越远。

IITs 在招生选拔时，本科生入学考试采用统一联合入学考试（JEE），联考由各学院轮流出题，每所学院采用相同标准。考试异常严酷，每年仅有 2%—3% 的申请者能最终通过。极低录取率从根本上保证了精英教育的实施。除著名的 JEE 外，印度理工学院还针对不同阶段与学科门类相应地采用 GATE，JAM，JMET 等。除招生选拔严格之外，其教学更被称为斯巴达式教学，据统计中途退学和被淘汰者每年占到入校生总数 20%。注重产学研合作的人才培养模式，在与企业合作研究方面采取很多措施，如开展产业咨询顾问项目，与企业共同培养博士，政府与企业等机构对学校的资助研究，共同研发等。IITs 学科门类齐全，涵盖工学与理学等学科门类的几乎全部专业。每个不同学院中，对学科的侧重有所不同。在课程设置方面，

---

① Upadhyaya,Yogesh K.New IITs: A long journey ahead[EB/OL].（http://us.rediff.com/money/2005/may/25iit.htm. Retrieved 2006-05-14）.

尤其注重学生全面发展，有效地将人文教育贯穿于学生学习之中。在课堂学习之外，IITs有大量学生活动和文化节目，旨在提高学生全方位素质与能力，使其潜力更有效发挥。IITs的技术学学士学位（B.Tech.）是每年新生注册最多最普遍的学位类型。技术学学位需进行4年8个学期课程学习，双学士学位（Dual Degree）需进行为期5年共10个学期学习。IITs还提供数量众多的硕士学位和博士学位学习。在硕士学位层面，有技术学硕士学位（M.Tech.），工商管理硕士学位（MBA），理学硕士学位（M.Sc.）。有些学院会提供一些专业研究生课程，例如信息技术专业研究生文凭（PGDIT），知识产权法研究生文凭（PGDIPL），设计学硕士课程（M.Des.），医药科学硕士课程（MMST），城市规划硕士课程（MCP）等。同时IITs亦提供哲学博士学位（Ph.D.）学习。每年本科毕业生数只占全国总数不到1%，硕士为20%，博士为40%。三个层次学位比例差异巨大。其毕业生多就职于工商界，并位居高层。还有大量毕业生就职于世界著名国外大企业中。

4.国立技术学院——精英教育机构

作为印度工程技术教育第二梯队的30所国立技术学院，虽不似IITs那般声名远扬，但也是名副其实的精英教育机构。NITs经由国会立法形式，由地方工程技术学院升格而成，是印度工程技术教育另一大学系统，亦为国家重点院校并享有学术自治权。只是在高等教育发展进程中，被声名显赫的IITs掩去了光彩。IITs无疑是印度精英高等教育最核心最具典型性的部分，但NITs作为精英教育的地位也无可置疑。且因IITs的JEE过于严酷，NITs往往是学生与家长的理想选择。30所国立技术学院遍布印度国内各重要邦及地区，其办学理念是为国家发展提供大量优质工程技术人才并旨在推动地区多样化及印度多元文化发展。

NITs办学经费来源要相对少于IITs。不仅从中央政府获得的拨款相对较少，同时因为它们在学术研究与科研成果产出方面相对较弱，所以无法吸引大量重大科研基金。2008年NITs从国家获得的办学经费增至5亿卢比，平均每所学院从世界银行技术教育质量提高计划基金会（TEQIP）获得2亿—2.5亿卢比。同时，因NITs致力于推动所在邦和地区的工程技术发展，因而学校所在邦政府也有相当经费资助。此外还有校友会、慈善捐款、学杂费等经费来源，办学经费相当充足。在管理体制方面，NITs 由理事会进行统一管理，理事会之下是各学院管理委员会，各校校长由管理委员会任命，全权负责本校行政事务。学术事务由议事会负责监管。行政权与学术权完全独立。即 NITs 的发展也是在充足经费保障及良好管理体制基础上进行的。这是国立技术学院近年来迅猛发展的一大原因。

NITs 采用统一招生考试，即全印工程技术学入学考试（AIEEE）。虽不似 JEE 那般严酷，AIEEE 的录取率也相当低，从而保证其精英教育质量。在 NITs 招生中最大的特点是，每年招生名额的一半为所在邦或所在地区的生源，在这一前提下，对其余邦及地区学生进行择优录取。这与 NITs 的办学理念相符。在专业设置方面，同时注重基础理论性与生产实践性。在学位设置中，兼有各学科领域学士学位、硕士学位及博士学位，学位体系完整，各学院均有独立学位授予权。在教学中，更为注重应用性训练而较少强调基础科学研究。教学更多面向职业，目标是培养工程师和公共及私人领域的干部。NITs 的就业方向非常好，毕业生更多为本国本邦发展做出突出贡献。

5.邦立工程技术院校——大众教育的载体

邦立工程技术学院作为高等教育重要组成部分，在印度有悠久历史。早在殖民地时期，就有著名的洛基工程技术学院等。但其发展仍是在独立之后。目前，邦立工程技术学院已成为印度工程技术教育实施的重要力量。在 IITs 和 NITs 高额学费及严酷招生考试限制下，大量邦立工程技术学院以其学费平价和较高教学质量成为学生进行专业高等教育学习的很好选择。

邦立工程技术学院属于公立性质，办学经费大多由所在地邦政府进行划拨。因其一般都附属于所在邦相应大学，因而较少拥有办学主权。在学校专业设置，课程开设及相关科研活动等方面都需受到所附属大学严格限制。极大影响办学能动性与积极性，不利于教育教学质量提高。这是印度高等教育附属体制一大弊病。同时，在管理体制中，邦立院校要接受附属大学管理。但在本学院内部，也会拥有自己的管理委员会，全权负责处理本校行政与学术事务。

邦立工程技术学院往往只具有本科人才培养功能，不具备研究生培养能力。也不具备学位授予权，学生接受完应有教育，经考核合格后由附属大学对其进行学位授予。在学科设置方面，多是单科性质高校。在印度众多邦立工程技术学院中，存在着教育质量参差不齐情况。有些学院因其较强教学与科研实力而拥有极高知名度，堪与国立技术学院相媲美，这类高校中有浦那工程学院（College of Engineering Pune，COEP）与维尔梅塔吉加拜理工学院（Veermata Jijabai Technology Institute，VJTI）。处于另一极的邦立工程技术学院，则往往因低水平的教育与科研质量及办学经费和师资的匮乏而与大多私立院校处于同一级别。

尽管如此，邦立工程技术学院事实上确是印度工程技术教育大众化的主要力量，在平衡高等教育结构中起到重要作用，也为印度经济社会发展培养大量工程技术人才。

6.私立工程技术学院——大众教育的保证

私立工程技术学院是伴随着 20 世纪 90 年代印度私立高等教育大发展而发展起来的。彼时印度中央政府因不堪高等教育重负，开始缩减高等教育经费。加之社会经济发展对劳动力与专业技术人才的需求使既有结构不合理的高等教育必须做出积极调整。这为私立工程技术教育发展奠定良好生存基础并为其创造了有利发展环境。

印度高等教育自诞生起，便一直存在着文理教育“一统天下”的问题。仅在 2004 年，高校在校生中文科生为 46%，理科是 20.4%，商科 17.99%，其余的专业教育为 17%。在整个专业教育中工程技术类为 7%，医学与法律是 3%，教育和农业为 1%，畜牧是 0.15%，其余 0.85% 为其他类。[①] 作为进行专业教育的私立工程技术院校，其发展既顺应国家建设工程技术教育强国的目标，同时平衡了高等教育结构，又为社会经济发展提供大批量技术人才。在印度，约有 76% 的工程技术类毕业生是在私立工程技术学院接受教育的。因而，私立工程技术院校作为印度高等教育大众化的主体力量，已受到全民关注。

私立工程技术院校办学经费较少来源于各邦政府，多依靠高额学费

① Dr.PremCh and Patanjali, *Development of higher education in India*, New Delhi,Shere Pulibishers & Distributors,2005p.96.

及工商企业界及个人赞助费。多为单一制的单一学科高校，不具有学位授予权。学习结束后要获得相应学科门类学位，需在其他大学进行申请。绝大多数私立工程技术院校仅提供本科阶段学习，没有能力提供研究生阶段相应学位。并且，许多私立工程技术院校毕业生最终无法获得学位，仅能得到一纸文凭。私立工程技术院校的教育教学质量往往不高，只有极少院校能提供高质量教育。其中有著名的麦力普技术学院（Manipal Institute of Technology，MIT），杜瑞巴阿巴尼信息及通讯科技学院（Dhirubai Ambani Institute ofInformation and Communication Technology），伯拉科技学院（Birla Institute of Technology and Science，BITS）等。此外还有相当部分非正规私立工程技术教育机构，这类机构的显著特点是以市场为导向，紧随市场变化设置和调整专业与课程，旨在满足印度对软件人才等需求。

状况复杂的私立工程技术院校是印度工程技术教育主体部分，也是印度高等专业教育的主体部分。作为大众教育的主要承担者，它与进行精英教育的 IITs 和 NITs 互为两轨，支撑着印度专业高等教育的发展。

（二）学位教育与学历教育共存

独立后印政府非常重视本国高等教育发展，尤其是专业教育的发展。彼时以政府自上而下推动的方式兴办工程技术教育，初衷是以此促使本国经济迅速发展，清除殖民统治痕迹，实现国家真正独立。所以在工程技术教育领域，不论哪一级文凭都会兼顾教学与研究，学术能力与实践能力培养，即很注重学位教育与学历教育兼容。印度高等工程技术教育的施行可分为三个阶段，每一阶段的年限依据内容的性质及相应职业资格而定。每个阶段结束时都颁发相应的学位证书或学历证书。同时，每个教育阶段的学位证书都分为学术性与职业性两种。

1.第一阶段

印度高等教育第一阶段的学习年限一般为 3 年，但在工程技术教育领域，第一阶段修业年限一般为 4 年。在第一阶段，即本科教育（undergraduate）阶段，可分为 Diploma course 和 Bachelor of Degree Course 两种。它们分别是工程技术类的学历教育和学位教育，通常按照学科领域进行。在学习结束后，前者可取得一个工程技术教育类学历证书，后者则取得技术学的学士学位（B.Tech.degree）。前者是指向职业性的学历教育，后者是指向学术研究类的学位教育。在施行精英教育的IITs等高校里，第一阶段的学位除一般技术类学士学位外，还有双学位课程（Dual Degree Programme）和综合学位课程（Integrated Degree Programme）。双学位课程不同于国内两个不同学科门类的学位取得，而是同一学科门类的学士学位和硕士学位的同时获得。IITs德里分校便提供修业年限为5年双学位课程，包括生物技术与生化工程方向的技术学学士与硕士双学位课程，化学工程技术学学士学位与工程设计技术学硕士学位的双学位课程，化学工程技术学学士学位与化学工程计算机应用技术学硕士学位的双学位课程，计算机科学与工程的技术学学士与硕士双学位课程，电气工程技术学学士学位与信息与通讯工程技术学硕士学位的双学位课程。综合学位课程是修业年限为5年的技术学硕士学位课程（Integrated Degree Programme[M.Tech.]）。德里理工学院提供数学与计算机方向的5年制技术学硕士综合学位（Master of Technology in Mathematics and Computing）。在著名的私立学院麦力普技术学院中，则可提供5年制的建筑学学士学位和4年制的工程学学士学位两种学位。

在印度4类工程技术教育机构中，学位教育较集中在进行精英教育的IITs和NITs中。承担大众化使命的邦立工程技术学院会同时提供学位教育与学历教育两种教育类型，而作为大众化主体部分的私立工程技术学院则多进行职业导向的学历教育。

2.第二阶段

工程技术教育第二阶段为硕士学习（graduate）阶段，各类课程教育往专业化方向发展。此阶段修业年限一般为2–3年，着重进行职业化教育，同时培养学生独立科研能力。学习结束后可取得技术类硕士学位，该学位也分学术性与职业性两种。德里印度理工学院硕士学位为技术学和理学硕士学位，包括跨学科技术学硕士学位（Interdisciplinary M.Tech.），研究型理学硕士学位（M. S. Research.），理学硕士学位（ M.Sc.），工商管理硕士学位（ M.B.A.）和设计学硕士学位（M. Des.）。NITs也提供技术学和理学硕士学位，如苏拉特国立技术学院便同时提供这两大类硕士学位。少数邦立工程技术学院和私立工程技术学院可提供硕士学位课程，如浦那工程学院和维尔梅塔吉加拜理工学院，这两所学校均提供硕士学位课程。即第二阶段学位课程主要集中于 IITs 和 NITs 中，大众化教育承担者的邦立工程学院和大量私立工程技术学院则仅提供第一阶段学位课程。

3.第三阶段

工程技术教育第三阶段为博士研究生（postgraduate）阶段，此阶段以培养学生研究能力和学术研究为目标，对学生进行研究性与专业性的深化教育，为专业研究阶段。第三阶段学习年限一般最少为 3 年，在学习结束和通过论文答辩后可授予博士学位。在工程技术教育领域，博士学位一般均为哲学博士学位，尚无专业博士学位。且在第三阶段只有学位教育而无学历教育。博士学位阶段的课程集中在 IITs 和 NITs 中。

在印度工程技术教育领域，同时注重三个教育阶段的学术性与职业性，学位教育与学历教育并存，以满足社会经济发展对不同层次不同类型工程技术人才的需求。

三 工程技术教育管理结构的分权性

印度工程技术教育巨大成就的取得离不开其独有的管理体制支撑。在其治理结构中，不论学校外部还是学校内部，行政权力并非一统天下。而是纵向的中央政府与邦政府分权管理与横向层面的各种行政机构与学术机构分权管理相结合。这种分权式民主管理体制赋予工程技术教育机构最大独立自治权，从体制上保障了工程技术教育的发展与进步。

（一）政治体制的民主分权性

印度在独立后坚持议会政治原则，在新兴国家中确是独一无二。印度领导人将其在民主社会主义中制订计划的方式称为亚洲与非洲发展新样板。尼赫鲁曾对印度体制做出如此评价：印度是资本主义和共产主义两种相对立意识形态没有矛盾的地方。它从一切现存制度中吸取精华，走出第三条路。

它寻求和创造某种适于本国历史和哲学的东西。①

印度在现代意义上作为一个政治统一的国家是在殖民地时期逐渐形成的。殖民地时期，由于实行新的司法与行政原则，如宣称法律面前人人平等，及对英语教学的学校和享有威信的印度文官系统中某些职位的按才录用，整个以种姓制度为基础的社会等级体系发生空前变化。英政府致力于将英式议会制度引入印度，此过程始于 20 世纪初，之前采取相关改革措施与议会制度的含义毫不相干。可以说，在殖民地时期，它所实行的确是英国式议会制度，但却是一种变化了的形态。首先，英国的议会制度是资产阶级革命后确立的，其内容是，国会为国家最高立法机构，由两院组成，上院由王室后裔、世袭贵族和教会上层人士组成，上院权力有限；下院由各选区每 5 年一次选举直接产生，由多数党领袖出任首相，组织内阁，首相与内阁共同对国会负责。如果下院不支持政府施政方针，内阁应辞职或解散下院重新选举。实行政党制度，议会多数党为执政党。② 当英国将这一制度移植到印度时，鉴于殖民统治需要及印度既有基础，此制度实际上已经异化。首先，表现在印度殖民时期的 190 多年中，不曾有全国统一的政府，也不曾有经民选的全国议会；其次，封建土邦除外的英属印度确曾有个由总督及其行政参事会组成的中央政权。但此政府并不对中央立法机构负责，而是对英国国会和英政府负责；最后，印度议会议员的选举并不采用分区原则，而是按教派分区及单独代表权进行，且选民资格有严格限制。在 1937 年大选时，选民只占总人数约 11%。但即使是一种被扭曲和异化的议会制度，它却对独立后的印度政体产生深刻影响。诚如印度学者杜德所言："印度宪法作者几乎原封不动地接受英国议会制度，相反独立运动期间提出的各种选择全被放弃。"③ 因此可说，议会制是英国留给印度的一项影响深远的遗产。

印度现行政治制度与英国殖民者的统治不可分。英国人将宪政带入印

① ［美］弗朗辛 · R. 弗兰克尔：《印度独立后政治经济发展史》，孙培钧等译，中国社会科学出版社 1989 年版，第 1 页。

② 林良光：《印度整治制度研究》，北京大学出版社 1995 年版，第 37 页。

③ 杜德：《今日印度》（下册），世界知识出版社 1953 年版，第 215—216 页。

度，推翻其封建专制政体统治地位并培养印度人的宪政观念。印度人民制定本国宪法的要求早在1928年便已提出。在1934年5月，国大党通过建立制宪会议方案。宪法的制定始于1946年，1948年起草完毕，随后对草案进行为期8个月全国范围大讨论。并于1949年11月26日最后定稿由制宪会议通过。1950年1月24日，在制宪会议第12次会议上，全体成员在宪法文本上签字，1月26日宪法正式生效。宪法诞生标志着印度人民摆脱殖民统治，实现自由独立。其后，印度对于政体选择曾发生激烈争论，最终确立议会民主制。其政体为议会共和制，国家结构为联邦制。印度宪法中写到，将印度建设成主权的社会主义的世俗的民主共和国。并在宪法第一条第一款规定印度为联邦制结构。但印度联邦是仿效加拿大模式，极具单一制特征。在其宪法中也并未使用联邦（Federation）一词，而是“联盟”（Union）。类似于合作型联邦，联邦中央和各邦政府在行政管理上互相合作，相得益彰。

印度独立后，种姓仍与地位、收入和权力上的不平等紧密相连。种种不平等使新生的民主共和国大多数公民不可能有效参与政治与经济发展进程。这一问题的解决是印度历届领导人所致力追求的。国大党第一代领导人圣雄甘地曾将衡量民主政治的标准定义为群众调控力。他认为在真正民主制度下，甚至无须西方意义的政党或是选举，相反每个个人及集团都会自动将公共福利放在自身利益之上。甘地的思想尤其是他对印度教传统准则的新解释与马克思理论的“现代”道德说教显现出一定巧合，这为国大党中信奉宗教的甘地主义派和具有世俗思想的现代主义知识分子进行合作提供良好基础。在两者见解趋于一致时，现代主义者队伍中开始出现知识分子与新兴资产阶级间的分裂。即知识分子主张工业发展和社会主义改造，新兴资产阶级主张资本主义方法不支持平等主义。民族主义运动的力量组合最终对印度独立后制订计划产生决定性影响。可以说，尼赫鲁时代的发展战略便是甘地主义者和社会主义者进行合作的直接结果。1947年11月，国大党全国委员会发表独立后印度的政治目标及经济纲领：

我们的目的应是逐渐形成一种使行政效率及个人自由相结合的政治制度，逐渐形成一个实行最大限度生产而不发生私人垄断资本集中和财富集中，使城乡经济保持适当平衡的经济结构。这样的社会结构可以代替唯利是图的资本主义私有制经济和集权国家的严密控制。[①]

这是主张走第三条道路的印度领导人发表的第一个正式声明。这种特殊政体的选择是由印度的现实国情决定的。在印度独立前，土邦与英属印度不统一。土邦由英王统治，英属印度由英印总督管辖。独立之际，许多土邦因不甘舍弃特权而不愿国家统一。同时，好多民族、部族、教派提出建立独立国家的要求。内部的不统一使印度不得不实行联邦制，又进而不得不加强中央权力。其次，印度社会一大特点便是多元且凝聚力差。由于历史上遭受异族频繁入侵与征服，因而形成多人种、多民族、多语言、多宗教、多种性等混乱局面，缺乏统一的力量。而强势的国大党历来掌控着全国政局，他们深知要使国家安定团结，必然要求建立强有力的中央集权体制。

印度号称“世界上人口最多的民主国家”和“发展中国家中最民主的国家”。仅从形式上看，的确如此。印度法律制度、行政制度、政党制度及选举制度等的完备程度并不亚于欧美国家。但在其内容上，仍有相当偏差。毕竟在外来的西方式政治制度与印度自身文化传统和社会制度发生激烈冲突后，这一制度本身不能不作出相应改变以适应本地社会文化。政治制度与种姓、教派以及种族问题的结合，仍旧是当代印度政治最突出的特点。

正因政体的民主分权性特征，才给予工程技术教育在管理体制上的民主性，从而确保其办学自主权和学术独立性。

（二）工程技术教育的独特管理体制

在印度工程技术教育体系中，虽不同类型教育机构在管理体制方面均存有一定差别，但整个教育体系管理体制总体呈独立和自治特性。这与印度政体性质是密不可分的，只有在民主分权的政治体制基础上，才能相应地使高等教育发展与管理中的自治与独立具有可行性。印度宪法规定，高

---

① ［美］弗朗辛·R. 弗兰克尔：《印度独立后政治经济发展史》，孙培钧等译，中国社会科学出版社 1989 年版，第 19 页。

等教育由中央政府和邦政府合作管理。中央政府负责全国高等教育政策与规划；向UGC提供拨款，通过UGC对大学发展进行监督；批准、建立并管理中央大学、国家重点学院；推动大学和校际间科研协作、促进国内外大学与学院合作交流等。[①]中央政府对高等教育管理通过人力资源开发部实施。该部下设高等教育司具体负责高等教育发展。高教司由六个局组成，分别是大学与高等教育、少数民族教育、教材专著推广与专利局；技术教育局；高等教育规划局；远程教育与奖学金局；联合国等国际组织的合作、管理、协调、统计与语言教育局；综合财政局。印度高等教育一大特色就是大学与高等教育和技术教育由不同局管辖。大学与高等教育局下设大学拨款委员会、印度社科研究委员会、印度历史研究委员会、印度哲学研究委员会、23所中央大学、印度高级研究机构。技术教育局下设全印技术教育委员会（AICTE），16所印度理工学院，3所印度科学学院、6所印度管理学院、30所国立技术学院、4所印度信息技术学院、4所国家技术教育教师培训与研究院和4个地区性实训管理委员会。在邦一级的高等教育管理中，各邦主管教育事务的机构为邦教育部（或称文化教育部）。设有相关专门管理高等教育的机构。

总体上，印度高等教育管理体制呈纵向民主与分权特性及横向协调与合作特性。下文将从印度工程技术教育外部中介组织和四类不同工程技术教育机构内部管理体制入手，对其管理体制特性进行分析研究。

1.工程技术教育体系中的中介组织

印度高等教育以英国为母本而建，但在实践中并不完全具备英国大学自治传统。印度高等教育与政府关系密切，宪法规定高等教育由中央政府与邦政府共同管理，实行中央集权与地方分权相结合的管理体制。与我国不同的是，在政府实现其对高等教育监管时，并非直接作用，而采用间接方式，以各类中介组织作为缓冲机制实现政府管理。印度有大量中介组织存在，对工程技术教育而言，相关的有隶属于印联邦政府人力资源开发部的大学拨款委员会和全印技术教育委员会及各邦政府的高等教育委员会及

---

① 马加力：《当今印度教育概览》，河南教育出版社1994年版，第102页。

技术教育委员会。

（1）大学拨款委员会

印度大学拨款委员会（University Grants Commission，UGC）是联邦政府行使宪法赋予其管理高等教育的权力机构。旨在协调、决定并维护高等教育的标准和质量。对印度大学进行认证，对政府认可的大学与学院进行经费支持。UGC 总部在新德里，有六个地区性分部，位于浦那、博帕尔、加尔各答、海德拉巴、古瓦哈蒂和班加罗尔。

UGC 的历史可追溯至 1945 年，彼时殖民政府在印设立 UGC 以管理仅有的三所中央大学。在 1948—1949 年间，UGC 的职能被大学教育委员会取代。1953 年末，临时性的 UGC 在各方激烈呼吁下宣告成立。但直到 1956 年，关于 UGC 成立的正式法案方在议会获得通过，使其具备作为一个法定实体的基础。UGC 法案对本委员会的组建、人员构成、功能与使命、权力与地位等做了具体阐述规定。①

UGC 所有成员均由人力资源开发部任命，成员由 1 名主席、1 名副主席和 10 名委员组成。其中主席和副主席必须从中央政府和任何邦政府的官员之外选择，10 名委员必须有两名代表印度联邦政府的官员（一般情况下，人力资源开发部与财政部的国务部长是当然的委员），另有至少 4 名委员必须为大学教师，其余委员可来自具有农业、商业、工业或林业领域知识与经验的专家，工程、法律或医学界有识之士，具有教育威望和深厚学术造诣的大学副校长。主席任期 5 年，副主席和其余委员为 3 年。此外，UGC 有常设秘书处。秘书处包括 113 名高级官员，115 名低级官员，约 400 名行政性职员和 100 名雇工。

据法案规定，UGC 作为行使中央政府对高等教育管理权的中介组织，每月进行一次工作会议，每次会议大致讨论 100 个左右的议题。议题多为申请建立新系、开设新课程及要求追加拨款等。UGC 主要工作包括：制订五年计划期间对高校进行资助的方案。制订方案前会征询各高校五年间的

① *The University Grants Commisson Act,1956*，New Dehli: University Grants Commisson,2002.

发展计划，同时告知UGC在五年计划间发展趋势。各大学据此兼顾自身发展与UGC工作重点制订本校计划。之后，UGC将考虑国家计划委员会通过教育司可能下拨的经费总额，对各高校五年计划进行初审，提出相关修改计划并派出视察小组去各校指导。UGC根据视察小组报告，在总经费额度内对每所高校进行经费分配；有权通过与各大学及其他相关机构协商后，采取适当措施促进和协调高等教育发展及确定和维持大学教学、研究及考试标准；UGC还可调查各大学实际经费需求，分配发放各大学拨款，建立和维持资源共享机制，提出改善高等教育的措施；在新高校建立及经费分配等方面提出建议等；建议中央政府或邦政府对相关高校进行一般意义和特殊目的拨款资助；关注印度及世界各国高等教育发展相关问题以此促进本国高等教育发展；组织各种研讨会，就高等教育发展相关问题听取各方面专家意见和建议。此外，UGC还有权确定高校教学人员任职资格、授予各级学位最低授课标准以及维持高校标准等。

据印宪法规定，各邦政府有权在本邦内建立各类高等教育机构。目前各邦政府基于升学压力，积极新建高教机构，很少考虑新建高校质量是否有保障。印政府虽明确要求要将高等教育发展重点放在提高质量上，要求UGC在新建大学中发挥积极制约作用，但通常的情况是各邦政府对此置之不理，往往在并没通过UGC同意情况下便建立新高校。这些高校普遍缺乏有效经费及制度保障，教学质量无从保证。导致高等教育总体水平无法提升。UGC法案第13条和第14条规定，UGC有权对全国大学进行审查，可在审查后对其认为不合格的大学停止拨款。社会各界据此对UGC提出批评，认为UGC没能行使法律赋予其的权利。而UGC为最大程度保护高校独立与学术自治的自由氛围，往往很少对这些大学采取诸如审查，停止拨款等极端手段。

可见，UGC旨在对中央政府、各邦政府与高校进行有效联结，推动与促进印度高等教育良好发展。UGC确在印度高等教育管理与发展中扮演着重要角色，在协调与引导高等教育发展，维持高等教育质量，改善高校办学条件，保障高校办学自主权等许多方面都有重要影响，并在实践中取得很大成就。但UGC在对高等教育进行指导中也表现出相当多的问题，诸如在规模发展上的失控，在提高与推动教育质量方面劳而无功等。当然，这些问题也与印度复杂社会现实状况不无关系。总体来讲，作为政府与高校间的缓冲机制，UGC 在极力平衡各方关系中推动高等教育发展，同时致力于保证高教管理的民主特性，给予高校最大程度自治与独立权。在我国高等教育大众化的当下，UGC 的发展对我国政府与高校间关系及高等教育管理体制改革都有必要和现实的借鉴意义。

（2）全印技术教育委员会

全印技术教育委员会（All Indian Council for Technical Education，AICTE）最早是作为中央政府教育部的一个咨询机构而建，成立于 1945 年，旨在对国家技术教育设备与资源进行调查，促进技术教育体系以综合性和协调性方式发展。印度议会于 1987 年通过相关法案，赋予其在工程技术教育领域管理机构的法定权威地位，使其可通过评审手段、对重要领域的优先资助、监测和评价、维护公正的认证和奖励制度等以确保国家技术教育发展和管理走向综合与协调。AICTE 在该法案规定的管辖范围内有权制定各种规章制度。该委员会下设 6 个地区性委员会，分别位于坎普尔、钦奈、班加罗尔、孟买、加尔各答、博帕尔和昌迪加尔。

AICTE 成员包括主席副主席各一名，均由印度中央政府任命；代表中央政府的秘书一名；教育顾问数名；四个地方委员会主席；全印职业教育委员会主席；印度技术教育委员会主席；全印工程学与技术学本科生教育委员会主席；全印工程学与技术学研究生教育与研究委员会主席；全印管理学委员会主席；中央政府任命的代表财务部与内政部的委员一名；中央政府任命的代表科学技术部的委员一名；四名由中央政府任命代表中央内务与发展部的委员；来自议会的两名委员；八名由中央政府任命代表邦政府及联盟领土的委员；四名由中央政府任命的代表工商界的委员；七名由中央政府任命分别代表中央教育咨询委员会，印度大学联合会，印度技术教育联合会和印度建筑教育联合会等部门的委员。

AICTE 法案对本委员会主要职责的界定是：对印度技术教育（包括工程学、技术学、建筑学、城市规划学、管理学、药学教育，酒店管理等专业）进行不同层次的训练和研究，保证各层次技术教育机构数量合理增长并提高其质量，为技术教育系统制定规章，维持各项规范与标准。有权颁布技术教育领域中文凭证书和学位的授予标准，及硕士学位课程和博士学位课程的设置标准。该委员会还颁布了批准设立技术教育机构和技术教育专业的规章。AICTE 还设立几个由其直辖的“全印技术教育理事会”，一同负责协调与维持全国技术教育标准。

总而言之，AICTE 作为中央政府与工程技术教育机构间的中介组织，对二者进行协调与促进。使印度工程技术教育在中央政府调控下，维持并不断提高其教育教学与研究质量和标准，为国家社会经济发展培养更多工程技术人才。

UGC 和 AICTE 是印度中央政府对高等教育进行宏观管理最为著名的两个中介组织，前者更多地对印度大学及高等教育进行服务，后者侧重于对印度技术教育发展进行服务。两者均是政府与高等教育间的缓冲机制，确保中央政府对教育的管理及高等教育的独立与自治。实现行政权与学术权的适度平衡。

（3）邦政府下属的高等教育委员会和技术教育委员会

由于印度独特的高等教育附属制，邦立大学及其附属学院成为高等教育主体，约为整个高等教育体系的 80% 多。宪法规定，高等教育由中央政府和邦政府进行合作管理。实际上，中央政府对高等教育管理更多侧重于国家重点院校及中央大学。而占印度高等教育主体部分的邦立大学与学院的管理权实际上落到邦政府头上。宪法赋予各邦政府创建与管理大学和学院权利，并承担为其提供发展性拨款及维持性拨款的义务。

印度各邦政府高等教育主管部门与中央政府对高等教育的管理体制相同，也分设高等教育委员会与技术教育委员会。分别对本邦大学与高等教育和技术教育进行管理。各邦立大学校长一般由邦长兼任。

中央政府与邦政府间的协作由中央教育顾问委员会实现。总体上，其高等教育管理呈纵向分权性与横向协调性。分权性与协调性分别赋予这一管理体制民主特性与兼容特性，有效地从体制层面保证高等教育发展。在实际中，由于中央政府与邦政府同类委员会间会有部分职能重叠，而且横向上不同委员会间也会有职能重叠现象，这易导致高等教育系统管理体制的混乱状况。

2.印度理工学院的管理体制

IITs的每所学院都是拥有独立法人地位和办学自主权的大学个体。16所高校由理事会（IIT Council）进行联结和集中管理，采用相同入学标准，进行统一入学考试。每所学院都采用相同管理模式，但又都各具特色。IITs管理体制与我国高校有巨大差异，甚至与印度国内其他高校相比，也有明显差异。IITs管理体制从纵向层级上可分为五级，分别是视察员（Visitor）、理事会（IIT Council）、管理委员会（Board of Governors）、议事会（Senate）和院长（Deans，或者相当于院长的其他学校内部管理职位）。

五级管理机构的管理体制是由印度理工学院法案规定的。印度总统是五级管理体制中的最高权力者。印度理工学院法案规定，第一级的视察员（visitor）是管理体制最高层，由印度现任总统担任。视察员可委派一人或几人对各学院教学科研工作及其进展进行审查，找出现存问题，最终向视察员提交视察报告。视察员根据报告对各校提出相应指示。[①] 各校按照视察员反馈进行相关调整与整改，确保国家对IITs办学大方向的监督。视察员在实际管理中，有权对各校一切事务进行审查，也可对学校行政管理及财务工作进行过问。但需指出，担任IITs及所有中央大学的印度总统无法对这些大学所有事务进行审查、决策和监督，因而视察员从实质上讲，属于一种荣誉性管理职位。这种安排正是印度大学管理体制一大特色，荣誉性视察员赋予IITs自治权力，也使印度理工学院法案中的“自治与独立”得以实现。

第二级管理机构是理事会（IIT Council），其成员由中央政府各相关部门代表及国会议员组成。强大的政府背景从宏观层面保证对IITs正向调控。理事会成员主要包括主席一名，经中央政府任命由人力资源开发与发展部部长担任。秘书一名，经中央政府任命由AICTE成员担任。理事包括所有IITs校长，政府任命代表教育部、财政部和其他部门的三名委员，国会

---

① "The Institutes of Technology Act, 1961" (PDF)［EB/OL］.Indian Institute of Technology, Bombay. 2005-05-24.

议员，印度大学准入委员会主席，印度班加罗尔科技学院管理委员会主席，在教育领域及科技领域和工业界有特殊知识的委员3—5名。理事会重在对各学院工作进行协调督察，即宏观层面调控，并不具体干涉各校内部行政与学术事务。理事会工作职责主要是对各学院发展计划、年度预算、财政拨款管理，学制、学位、入学标准及考试制度的管理，师资队伍的评聘管理等。

视察员和理事会都是宏观层面的管理，以确保各学院办学方向不偏离政府所需。第一级和第二级的管理使IITs保有大学组织特性，确保松散化管理。管理重心层是接下来的各校管理委员会和议事会。它们具体分管各校行政与学术等内部事务。

第三级管理委员会成立及其权力是由理工学院法案规定的，其成员包括主席一名，由视察员任命。校长（Director）一名。学校所在地政府任命的颇具声望的企业家或者技术专家一名。由理事会任命的在教育领域或工程与自然科学领域同时兼具特殊知识与实践经验的人士4名。由议事会任命的本校知名教授2名。各校管理委员会负责对学校办学方向及定位进行确定。主要对学校行政与学术事务等一般事务进行管理，负责制定学校各项规章律例制度，有权对学校议事会制定的各项制度进行审查。包括对学校相关管理政策中的问题进行决议，对各校课程设置进行管理，制定相关章程，对学校学术职位及其他职位人员进行任命，审议和调整或者取消相关法规制度，决议和通过每年年度报告，年度账务和下一年度财政预决算及发展计划，行使印度理工学院法案规定的或未规定的但实际需要的其他权力和履行其他义务。可以看出，各校管理委员会中许多成员并非本校人员，其职能更多侧重于协商，这在很大程度上保证了本校学者根据自身实际情况做出各项决策，以此矫正和对抗行政权力对学术权力过度干预。且管理委员会主席并非由各校校长担任，这一点将IITs与国内其余大学区别开来。但校长的权力并不会因不是主席而受削弱与约束，在本校教职员工与管理委员会相关决策间有冲突时，校长便成为两者间最好的沟通协调者，利于学校稳定与发展。

管理委员会之下是各校议事会，这也是学校的重要权力机构。议事会成员包括主席一名，由各校校长担任，副校长对主席各项工作进行协助；各校从事教学的教授数名；由管理委员会和各校校长联合任命的在自然科学、工程学或人文社科领域拥有强大声望的学者三名；各校规章中规定的其他人员数名。议事会可下设相关分委员会，协助其进行各项管理确保学校的发展。各校议事会主要职责是对学校常规运行进行控制，对教学、考试的标准与质量进行维护与提升及对各校章程中规定的其他事务进行干预。具体包括各校教学与学术活动的方针及政策制定，课程计划及培养方案制定与实施，考试质量与结果监控，对各教学单位教学、科研和实训活动进行考察与评估，并对教学单位存在问题与不足进行改革，对学校有关争议和问题进行审定裁决等。

各校议事会主要成员由教授和学者组成。确保各校独立行使学术管理权，也确保各校依据各自情况制定相应制度。议事会的学术本位导向将学术自治和教授治校加以践行，这点值得国内高校借鉴。

五级管理体制最后一级是各校第三级管理层，即具体负责各校日常行政与学术事务的中层管理者。包括学校各院院长、各学系主任，学生注册中心主任、分管学生事务的主任、监护委员会主席、图书馆馆长、学校规划处主任等。这些管理者身处学校第三级管理岗位，各司其职，保证学校正常运行与组织和管理不断优化。也保证学校大学独立与学术自治，是各校保有学术性组织机构的固有内在特质。

IITs 管理体制图如下：

由上图可知，五级管理体制中，第一级视察员与第二级理事会实质上只是处于协调地位，作用在于行使国家宏观调控权以确保 IITs 办学大方向。他们与各学院间绝非我国现行的上下级行政领导关系，并不干预各校内部具体决策。第三、第四级的各校管理委员会与议事会是各校内部的宏观管理层，是整个管理体制的中观层级，对各校教学与科研，学术与行政进行总体规划管理。其成员大多是内行教授与学者，可以确保各校学术独立与学术自治。第五级的院长们充当学校各项决策的具体实施者，确保学校正常高效运行。这种独特的五级管理体制内核便是确保 IITs 自治权，营造学术独立与教授治校学术自由氛围，使教师与学生的活力最大程度发挥，最

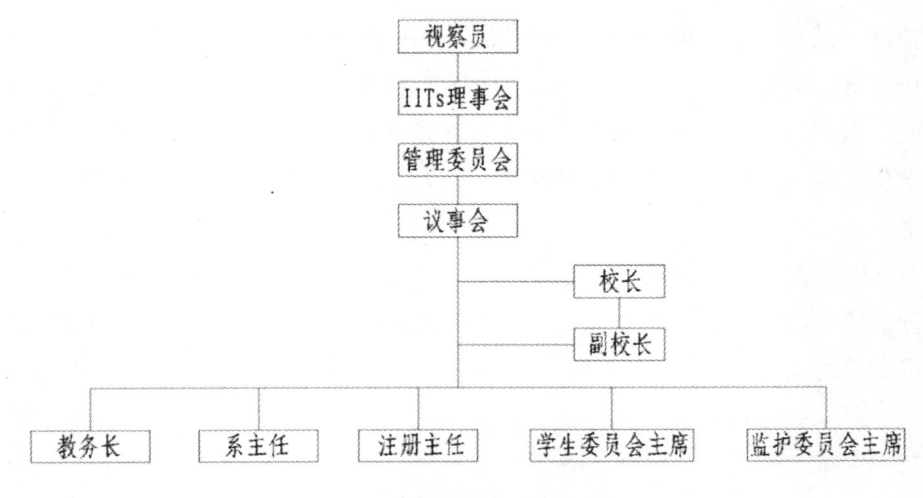

图 2—1　印度理工学院管理体制结构图

大限度挖掘各校学术潜力。

3.国立技术学院的管理体制

NITs 是印度工程技术教育的第二梯队。国立技术学院法案规定，30 所学院由人力资源发展部进行直接管理。与 IITs 管理体制相同，也是五级管理机制。分别是第一级视察员、第二级理事会、第三级各学院管理委员会、第四级议事会、第五级处长、教务处和系主任等。同为五级管理体制，但 NITs 在各具体管理层人员组成上不同于 IITs。

NITs 由国立技术学院理事会进行连接与集中管理，处在五级管理体制第一级的仍是由印度现任总统任职的视察员。因 NITs 同为印度工程技术教育精英机构，并承担多元文化发展重任，因此，中央政府无疑要确保其办学大方向与国家社会经济发展趋同。视察员可任命相应视察小组对各学院办学情况进行实地考察，找出其现存不足与问题。这些问题经由视察员反馈于各校进行整改。视察员仍是荣誉性管理职位，并不在实质上干扰各校行政与学术事务。

第二级管理机构是国立技术学院理事会。理事会成员包括主席一名，由总统任命。理事会其余成员由中央政府任命，包括印度技术教育部部长、印度大学拨款委员会（UGC）主席、印度科学与工业研究理事会（CSIR）主席、其他中央机构主席、国会议员、中央政府指定的其他人员，AICTE成员等。理事会成员的多元性及政府背景同时确保第二级管理体制的民主性与国家特性。NITs理事会主要对各学院发展规划、年度预算、财政拨款，学位、考试制度的管理等。侧重于宏观层面调控，不具体干涉各学院内部事务。

一二两级管理机构是NITs外部管理层，旨在确保中央政府的监管。这种监管重在“监”而非“管”，即高等教育机构并非作为国家行政下属部门接受其约束。在NITs管理体制中，真正行使管理权的是其内部管理层。

第三级管理机构是各学院管理委员会。管理委员会主席由一位杰出的技术家或工程师、实业家和教育学者担任。秘书由各学院院长担任。成员包括人力资源发展部提名的候选人，各邦教育部门提名的候选人，本邦其他技术教育机构主席及有名望的工程师和实业家。管理委员会对学校学术与行政等事务进行统一管理。从管理委员会成员构成可看出，对学校进行整体管理的人员并非全来自本校，实际上除秘书外，管理委员会成员几乎都来自校外。这种设计可使学校各项决策更民主，与社会外界联结更顺畅可行。既可内矫学校行政偏差，也可抵御社会各界的冲击与不满，发挥防火墙效用。

第四级管理体制是各学院议事会，各学院与学术相关的政策由议事会统一决定。议事会主席由各校校长担任，副校长对校长工作进行辅助。议事会成员由各学院教授及其代表组成。除决议学术政策外，议事会还主管课程设置、学生考试、教师评聘、师资培训、各学系学术活动等。侧重于维护学校内部学术标准。

第五级管理层是学校内部各处长、系主任、学生注册主任、学生委员会主席、监护委员会主席等。这是学校内部中观管理阶层，也是各学校学术与行政事务具体负责人，在学校发展中起基础作用。

五级管理体制从制度上保证NITs的良好发展。在各管理层级纵向与横向设计上，兼顾管理民主性与分权性，致力于使行政权与学术权分离，最大限度保证各学院学术独立与学术自治。

4.邦立工程技术学院的管理体制

印度大量邦立工程技术学院在管理体制上也极力仿效 IITs 和 NITs。但邦一级学院基本上只有三级管理机构，分别为各学院管理委员会（Board of Governors），校长（Director）及各管理部门主任和系主任等（Deans and the heads of Departments）。

在第一级管理委员会中，一般有主席和副主席各一名，主席与副主席由邦政府任命，来自各邦政府相关教育部门。各委员均为来自教育界，工商企业界有识之士，各校校长也是委员会委员，这是来自各校代表最低人数保证。管理委员会对各校行政与学术事务进行统一管理，包括各校发展规划、年度预算、经费分配、人事变动、课程设置、考试标准等。从管理委员会人员构成可看出，基本是代表邦政府、工商企业界和各校自身。他们分别代表着国家发展因素、市场发展因素及工程技术教育发展因素。三足鼎立的格局，能有效平衡各方面的偏差，使邦立工程技术学院的发展置身于上述三因素内，均衡发展。

第二级是各校校长及副校长。这是管理委员会与各校进行对话与沟通的主通道。校长与副校长行使着上下衔接的作用，确保管理委员会的各项决策适宜于各校自身发展，同时确保各校发展进程中的各种问题与困境能得到管理委员会的重视与解决。同时，校长对本校行政与学术拥有完全的监管权。

第三级是学校内部各相关管理部门的主任和各学系的主任。他们处于学校内部管理的微观层面，具体实施学校各项规章管理制度，有效促进学校教学与科研的发展。

邦立工程技术学院的三级管理体制也极力最大限度地给予各校相对办学自主权。管理委员会人员构成的多元化使各校发展能兼顾各方发展要求。校长与副校长的实际管理权限又确保各校发展相对独立完整性。学校内部各行政与教学单位的主任使管理委员会与校长的各种规章制度与决策得以贯彻落实。这样的管理体制也有别于国内，在行政权大过学术权的我国高校内部，应借鉴印度多元民主的管理体制，将行政权与学术权加以区分与隔离，确保高校办学大方向在政府引导的同时，使高校具有办学自主权与学术独立权。这是我国高等教育改革的一个重要方向与问题。

5.私立工程技术学院的管理体制

私立工程技术院校是印度工程技术教育的主体部分，也是其高等教育主体部分，承担着高等教育大众化的历史重任。对私立工程技术学院管理体制的研究不仅有助于了解印度工程技术教育主体组织的内部结构，也是对印度大众化高等教育体系内部结构的了解。

印度私立工程技术学院内部管理体制各异但差别不大，本文选取麦力普技术学院和杜瑞巴阿巴尼信息及通讯科技学院两个学校加以说明。

麦力普技术学院是印度最著名的私立工程技术学院之一，其办学理念是通过创新与团队合作追求卓越技术教育。学院成立于1957年（最先命名为麦力普工学院），是印度第一所自筹经费学院。成立之初附属于卡拉塔卡大学，1965年开始附属于迈索尔大学，1974年麦力普工学院更名为麦力普技术学院，1980年开始附属于芒格洛尔大学，1998年开始附属于Visvesvaraya Technological University（VTU），2000年成为麦力普大学的一个下属学院。麦力普技术学院目前可提供16个专业本科教育和21个方向的研究生教育，共有6500名学生。

麦力普技术学院管理体制为三级管理体制（见图2.2）。第一级为校长（director），第二级为副校长（joint director），第三级分为六位校长助理（Assoc. Directors），教学及学术单位及教学辅助单位三个方面。校长是学校行政事务与学术事务首要负责人，有权对学校发展规划、总体发展目标、年度计划、师资队伍建设、教学中的课程设置与考试等所有问题进行监管和做出决策。第二级的副校长则全权处理，负责与落实学校各项规章制度，及经校长同意后的相关行政与学术举措等以维持学校持续、良好发展。第三级的六位校长助理分别对学校学术事务、校友会事务、创新事务、工商企业界的合作事务、实训基地与公共关系事务、研发事务与学生资助事务负责。教学及学术单位分别包括学校的各教学单位和中央设备处。其中教学单位是其18个教学系，设备处是包括计算机中心、学术中心与图书馆等在内的5个部门。教学辅助单位则包括人事管理处、经费管理处与住宿管理处等在内的7个部门。其管理体制结构图如下：

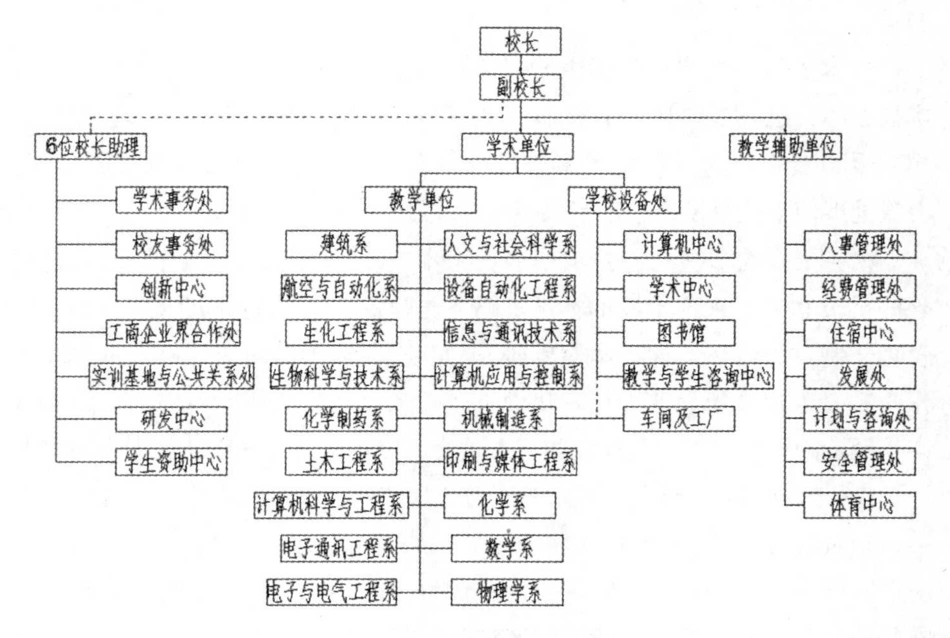

图 2—2　麦力普技术学院管理结构图

杜瑞巴阿巴尼信息及通讯科技学院（DA-IICT）成立于 2001 年，以其创始人杜瑞巴阿巴尼的名字命名。2003 年古吉拉特邦政府通过邦立法案对该学校的成立给予认可。2004 年 11 月 30 日，大学拨款委员会对该学校作为私立工程技术学院的身份给予确认。2009 年 DA-IICT 加入印度大学联合会。该学校是非附属的单一制大学，没有接受来自中央政府及邦政府任何财政资助及其他资助。目前学校可提供本科教育，研究生教育和博士教育，是印度著名的私立工程技术院校。

DA-IICT 与麦力普技术学院同为著名的私立工程技术学院，但两者在内部管理体制上相异。DA-IICT 在管理体制选择上更倾向于与 IITs 和 NITs 同步。学院亦设有管理委员会、学术委员会和财务委员会。

管理委员会成员包括主席一名，现任主席为孟买信实集团（reliance group）主席。委员来源非常多元，有来自邦政府的行政人员，孟买信息与技术联合会的成员，AICTE 成员，钦奈印度理工学院教师及本校教师。委员们的多元背景保证了学校发展全面性，可统筹兼顾政府，市场与学校的利益。

学术委员会的成员包括主席一名，由本校校长担任。其余成员大多为本校教师，也有IITs和NITs的校长或教师，同时兼有社会各界的名望之士。学术委员会旨在对学校学术事务进行全面管理。行政权与学术权的分离，有效地促使学院在发展中不断取得良好成绩。

财务委员会成员包括主席一名，由本校校长担任。此外有两名来自校外的委员和两名来自本校的委员。财务与学术和行政的分开管理，是该校管理体制一大特色。这在本文所研究的几类高校中尚属第一例。也许因为作为私立工程技术学院，且不从中央政府和邦政府获取经费资助，因而对本校经费的管理可以专门成立相应委员会，以更好统筹分配本校办学经费。

DA-IICT的管理体制可以“三权分立”概括，行政、学术、财务各行其是，相对独立，但由本校校长将三个部门加以联结，整体进行松散化管理。

印度工程技术教育的管理体制总体可以民主性与独立性进行总结。纵向的分权化与横向的民主化，使各校具有最大限度办学自主权和学术自治权。在微观层面，四类工程技术机构中，每一类教育机构管理体制都是从自身在高等教育中所处的位置出发，各具特色，旨在探索与建立最为适合的管理制度，促进工程技术教育的发展。独特的管理体制是印度工程技术教育之所以卓越的原因与基本保障，也是其一大特征。

四　人才培养体系的独特性

人才培养体系涵盖教育内部活动大部分内容，是教育目标得以实现的基本保障。独特的人才培养体系是印度工程技术教育之所以卓越的内部动力，它与外部制度保障及经费保障相得益彰，共同作用于教育活动，其合力促进工程技术教育优异育人功能的发挥。下文将分别从招生选拔制度，专业设置及课程体系，国际化办学目标几个方面进行分析。

（一）严苛的招生选拔制度

印度工程技术类院校招生选拔考试与其他类别高等教育入学考试不同，有自身单独考试体系及类型，这与我国有很大差异。且不同层级的院校采用不同考试制度。探讨工程技术教育招生选拔考试须先对印度学制及高考制度进行简单介绍。

1.印度学制概况

印度学制发端于殖民地时期，由《伍德教育急件》促生。《伍德教育急件》提出的官办学制为：小学五年，中间学校三年，中学三年，中间学院两年，大学两年，总年限为十五年。该学制的特点是培养为殖民政府服务的低级官吏和具体办事人员。这是印度历史上首次以立法形式对学制进行的规定。此学制一直沿用到独立后的50年代。但因印度各邦具体情况大为不同，加之民族、种族和宗教差异，这一官办学制在各邦实践中仍有相当大的差异。各邦均依据自身实际情况，在各教育阶段的内容、年限及学制总年限上有所调整。

1947年印度取得独立，其政治上的独立要求经济发展与进步来做出有效支持与回应，而政治独立和经济发展都要求教育的改革来培养并造就适合新形势的人才。学制作为整个教育体系的“基石”，成为首要改革目标。印联邦政府应此要求，于50年代开始对学制进行改革，却因考虑不周及冒进而以失败告终。70年代接着开始第二次学制改革，旨在统一全国学制，祛除殖民痕迹并呼应政治经济发展新要求。第二次学制改革最终在全国建立了“十二三”学制统一模式，即10年普通教育阶段，包括初等教育8年（初等教育为义务教育阶段，分为初小一到五年级和高小六到八年级），初级中等教育2年；2年高中教育（高中教育阶段开始实行中等教育职业化）；3年为高等教育第一级学位阶段，即本科阶段。但这一年限在各学科领域有所不同，工程技术、医学等领域修业年限要长一些，为4年。

2.印度高考制度

在学生接受完10年普通教育和2年高中教育后，便面临高考选拔。印度没有国家统一组织的高考制度，亦无我国“一考定终身”的情况。印度有全国性考试，地方性考试，也有各高校单独组织的入学考试等。其高考制度层次与形式都非常多元化。

印度高校在校学生中，约有 80% 就读于邦立及私立高校，仅有 20% 左右就读于中央直属高校。这意味着，印度大部分学生在高考时，参加的是邦一级政府举办的地方性考试。此外，顶级国家重点高校，如 IITs 等有自主招生考试权，这些院校学生入学时只需参加本校招生考试。印度高等教育的现行状况是，极少数公立学院学费低廉，具有一定福利性质且教学质量高。而作为高等教育主体部分的私立学院学费高昂且教学质量没有保障。因而，公立学院入学考试竞争相当激烈。此外高校入学考试类别也不尽相同，文、理和商科等普通高等教育与工程技术、医学、管理等专业高等教育的考试科目并不相同。

印度公立学院及大部分高校招生是依据中央中等教育理事会（Central Board of Secondary Education，简称 CBSE）和印度学校证书考试委员会（Council of Indian School Certificate Examination，简称 CISCE）举办的四种全国性考试成绩。这两个机构都是民间社团性质的中介组织，没有任何政府拨款。其举办的考试得到政府认可。CBSE 举办的高校入学考试共 3 种，分别是：高中证书考试或 12 年级考试（Class Ⅻ Examination），医学校入学考试（All Indian Pre-Medical Dental Entrance Examination）和与本文有关的工程技术教育入学考试（All Indian Engineering Entrance Examination）。CISCE 举办的考试为印度学校证书考试（Indian School Certificate Examination）。印度各种类别与层次的高校入学考试长达 4 个月，学生可以依据自身情况同时参加各种不同入学考试。

3.印度工程技术教育的招生考试

印度高等工程技术教育机构入学考试主要有两种，分别是 JEE 和 AIEEE。前者是 IITs 等精英机构的入学考试，后者是 NITs 等教育机构的入学考试。两者在时间上并无冲突，考生可在其间进行自由选择。

（1）JEE

IITs 大学系统招生选拔考试采用的是 JEE（The Indian Institute of Technology Joint Entrance Examination），这是 IITs 的年度性考试，也是其唯

一的本科生入学考试。JEE 的试题由每所理工学院轮流出题，每年的试题都要经过印度理工学院理事会审核。JEE 以其低通过率闻名于世，其每年通过比率约为 1:45，即通过率为 2% 左右。JEE 吸引着全国各地优秀学子的参与。能通过 JEE 的选拔便意味着已登上科学顶峰，成为准社会精英人才。据相关研究数据表明，在 2010 年，共有 456000 人参加 4 月 11 日的 JEE，其中有 13104 人通过初试，初试通过率为 1:35，但同年度 IITs（包括 Indian School of Mines，ISM）的实际招生人数仅为 9509 人，通过比率为 1:48。而在 IITs 大学系统中的通过率仅为 1:61。在 2011 年，有 485000 人参加考试，比 2010 年多 3 万人。考试在印度境内 131 个城市的 1051 个考试中心举行，最终录取 9618 人，通过率仅为 1.9%。这些数据可以看出 JEE 的严苛性。极低的通过率保证了 IITs 的高质量生源，确保其精英高等教育得以实现。

从 2007 年起，JEE 对考生年龄做了新规定：参加考试的学生，年龄不能超过 25 岁（而参加 IITs 硕士及博士考试的 SC 和 ST 的考生年龄不能超过 30 岁）。并且，每个考生只能参加两次考试。这些举措旨在减轻学生压力。目前，随着中央政府对 IITs 数量的扩增，其招生人数也进一步增加，此举有效缓和了国内高考紧张氛围。2008 年 6 所新理工学院建成，增加了 120 个入学机会，使录取总人数达到 7000 人。2009 年，达到 8300 人。到了 2011 年，16 所新老理工学院一起，招生人数上升为 9600 人。呈逐年递增趋势。通过 JEE 进入印度理工学院的学生人数见下表。

表 2—1　印度理工学院 2003—2011 年招生人数分布情况　（单位：人）

学院名称	招生人数 (2003)	招生人数 (2007)	招生人数 (2008)	招生人数 (2009)	招生人数 (2010)	招生人数 (2011)
IIT Bombay	600	574	648	746	880	880
IIT Delhi	552	553	626	721	851	851
IIT Guwahati	350	365	435	498	588	615
IIT Kanpur	456	541	608	702	827	827
IIT Kharagpur	659	874	988	1138	1341	1341
IIT Madras	554	540	612	713	838	838
IIT Roorkee	546	746	884	1013	1155	1155

续表

IIT Bhubaneshwar			120	120	120	120
IIT Gandhinagar			120	120	120	120
IIT Hyderabad			120	120	120	140
IIT Patna			120	120	120	120
IIT Rajasthan			120	120	120	160
IIT Ropar			120	120	120	120
IIT Indore				120	120	120
IIT Mandi				120	120	120
IT-BHU (Varanasi)	568	686	766	881	1057	1057
ISM Dhanbad	444	658	705	923	1012	1034
Total	4583	5537	6992	8295	9509	9618

JEE 由 16 所学院轮流承办，考试大纲遵从 CBSE，AISSCE 和 ISC 等考试委员会规定。考试科目有四门，分别是物理、化学和数学及一个能力性向测试（徒手画，几何绘图，三维空间认知，想象力和审美的敏感性，建筑认知）。前三门考试试题均为客观题，重点在考察考生理解分析能力，使用英语答卷。JEE 通常要求考生分数至少达到初试总分的 60% 以上，对于特殊群体（表列种姓，表列部落及残疾者）考生的分数可稍微降低，达到 55% 以上。在 2000 年到 2005 年，JEE 还加试了一个筛选性质的考试，旨在使最为顶尖的人才能脱颖而出。通过 JEE 选拔的学生可申请攻读工程学、技术学、建筑学及设计学学士学位，本硕连读综合型技术学学位等。也可申请就读于印度科学院及印度理学院等顶尖高校。

作为精英高等教育选拔人才的 JEE，因其过高淘汰率，因而印度国内对其有着褒贬不一的看法。2008 年，马德拉斯理工学院的校长曾提出应对 JEE 进行改革。因为在印度存在着大量旨在提高 JEE 成绩的辅导机构，这使得 JEE 最终选拔的学生有可能并不是最好的，而且将众多女生排除在 IITs 大门之外。基于 JEE 自身的各种弊端，印度人力资源发展部部长凯皮尔·斯柏（Kapil Sibal）主张从 2013 年起取消 JEE，对专业高等教育采取普通入学考试的方法，即对工程类、医学类等专业教育分类采取统一考试。[①]这意味着对 IITs 系统而言，其招生将与全国工程类院校采用相同考试。而通过这种考试方式，其中最好的学生可以选择进入 IITs 学习，其次可以选择进入 NITs 学习，以此类推。

印度国内能否真正取消 JEE 而代之以普通考试，尚有待验证。但分大类统一考试的确能有效地促进高等教育公平，实现其在十一五教育规划中提出的高等教育规模发展及全纳性。

（2）AIEEE

印度工程技术类专业教育入学考试除著名的 JEE 外，便是由 CBSE 举办的全印工程技术类入学考试（All India Engineering Entrance，简称 AIEEE）。AIEEE 是由隶属于人力资源部的中等及高等教育司举办。承认并以 AIEEE 作为生源选拔的高校范围极广，其中包括 30 所 NITs、印度信息技术学院（国际信息技术学院［（IIITs）、印度信息技术与管理学院（IIITM）和印度信息技术与设计制造学院（IIITDM）等］、中央大学、中央政府资助的其他院校、准大学、邦立大学及大量的自筹经费的私立学院等。

虽名为全印工程类入学考试，实际上 AIEEE 不只是工程类教育入学考试，同时包括建筑、规划、医药类专业。AIEEE 是在 1986 年国家教育政策（National Policy on Education，NPE）基础上的 1992 年行动计划（Programme of Action，PoA）设想进行的一个全国范围内的普通专业级技术教育考试，以此进行高等工程、建筑、设计等专业的人才选拔。[②]中央政府于 2001 年开始实行三考试计划（国家层面的 JEE，ATEEE 及邦水平的工程技术类入学考试 SLEEE），这一计划通盘考虑了不同学生能力素质水平，保证国内专业教育水准。同时也解决了考试重复性问题，减轻多重入学考试对学生及其父母的负担。

AIEEE 由两部分组成，第一部分是权重比例相等的物理、化学、数学

---

① 印度 JEE 考试 2013 年将被取消（EB/OL]http://www.sify.com/news/iit-jee-likely-to-be-abolished-by-2013-news-education-kcqtkdjiggf.html）。

② AIEEE 官网（http://aieee.nic.in/aieee2011/aieee/welcome.html.）

在内的客观性试题，针对技术学和工程学方向本科生。第二部分是数学空间、绘图和能力性向测试，针对建筑学和设计学等本科学生，能力性向测试更多侧重于评估考生感知力、想象力、观察力、创造力和建筑空间意识。

2010 年 AIEEE 于 4 月 25 日举行，有 1065100 名考生参加考试，成为世界最大规模考试之一，考试在全国范围内 86 个城市 1623 个考试点进行。拟录取 26816 名技术学本科生和 936 名建筑或设计学本科生，总录取比例为 2.6%。其通过率几与 JEE 持平。

目前，鉴于使由不同学校提供的 10+2 级多种科目学习水平保持一致，AIEEE 将探索各科目联合考试方式。

正因为在入学时 JEE 和 AIEEE 的“严进”，保证了印度工程技术教育的优质生源。这是其在整个高等教育体系中质量不断提升的基本保障，同时也是印度工程技术教育独特育人体系的首要表征。事实上，虽无国内“千军万马共过独木桥”的壮观局面，无统一的全国性高考制度，但因其考试选拔的严苛性，每年高考后，印度落榜生自杀率极高。这也正是印政府计划改变 JEE 和 AIEEE 的初衷所在。

（二）多元的专业与课程体系设置

专业与课程设置是一所高校进行教育教学的基础，也是贯彻其办学理念与实现办学目标的具化过程。独特的专业与课程设置会给予一所高校强大发展潜力。印度工程技术教育的一大特点便是其多元化的专业与课程体系，这在各层级教育机构中均有所体现。

1.IITs多元化的专业及课程体系

自创建起 IITs 便将为印度及世界科技发展提供优质人才作为主旨，并致力于将技术迅速转化为生产力以服务于印度经济发展。因而 IITs 主动将适应社会经济发展与引导市场变革作为使命，将提高学生研究能力和从业能力作为办学目标。在此基础上，设置多元化的专业与课程体系。

（1）专业设置

高校专业设置须兼顾国家发展、社会经济发展，及个人发展三方利益。同时应有效促进高等教育规模、结构、质量和效益协调发展。专业设置是一所高校在高等教育系统中的地位标签，但凡世界著名高校，大抵皆以其最为优势的专业而著称。IITs 的专业设置同时兼顾上述三方面发展需求，致力于打造名牌化优势专业。

IITs 的专业设置紧密贴合社会经济发展需要，与国计民生息息相关，并能随社会宏观背景变化而不断修正。其中每所学院的专业设置都各有自己的侧重与优势，如德里理工学院的主要专业有应用工程、土木工程、计算机科学与工程、生物工程与生物技术、化工、机械工程、管理研究、物理、纺织技术等；孟买理工学院的主要优势领域为航空工程、化学工程、化学、土木工程、计算科学与工程、地球科学、电子工程、能源科学与工程、人力资源与社会科学、工业设计、数学、数学工程、化学；坎普尔理工学院有航空工程、生物科学与工程、化学工程、计算机科学与工程、工业与管理工程、材料与冶金工程以及机械工程；卡哈拉格普尔理工学院的优势领域有航空工程、化学工程、化学、土木工程、地球科学、计算科学与工程、电子工程、机械工程、人类与社会科学、数学、工业设计中心、冶金与材料工程和物理学；马德拉斯理工学院主要优势领域有：航空工程、应用数学、生物技术、化学工程、化学、土木工程、计算科学与工程、电子工程、机械工程、人类与社会科学、数学、冶金与材料工程、海洋工程和物理学。

其特点是，首先专业设置涵盖工程学与技术学几乎全部专业，即提供全面的专业教育，保证专业教育多样性，并给予学生最大选择空间。其次，在教学实践过程中，会选择一些专业方向作为重点发展目标，即，集中资源优势发展一些最具潜力的专业，使其成为学校招牌与象征。最后，注重专业结构完整性。在工程技术类专业设置的同时，开设相关人文与社会科学专业，使学生知识结构趋向完整与广博。这也是大学之所谓大学与一般技术学院等高校的最大区别所在。

（2）课程设置

课程与专业一起，同为学校教育内容载体。好的专业设置还须完备优质的课程体系来支撑，课程是教学活动的介质，课程体系的设置是教育教学质量的关键所在。两者的合力方能促成优质人才的培养。

IITs 的课程体系严格按照 AICTE 标准设置。AICTE 规定工程院系课程结构是第一年主要为人文社科类（HU）通识课学习；第二年主要学习基础科学（Basic Science，BS）相关课程，包括数学、物理和化学等；第三年主要是工程科学及艺术课程（Engineering Art and Science，EAS）的学习；第四年是与学科紧密相关的系核心专业课（Departmental Core，DC）的学习。这四部分在课程体系中的权重分别为5%—10%，15%—25%，15%—25%，55%—65%。而这四类课程都属于本科生核心课程（Undergraduate Core，UC）。此外本科生还须进行选修课程（Undergraduate Elective，UE）的学习，选修课程由三部分组成，分别是与主干课程相关的本系选修课（Departmental Elective，DE），人文社科及管理科学类选修课（Humanities and Social Science，and Management，HM）及拓展类课程（Open Category，OC）。

IITs创建之初，筹建委员会便分外注重学习麻省理工学院的人才培养模式，即基础学科与人文科学和工程技术学的综合及在前两年综合学习基础上，在后两年让学生选择一门专业进行深入学习的模式。IITs发展过程中，始终对这两点给予相当重视。目前，IITs的课程设置如下图。

每所理工学院都在各自教学中按照AICTE对四年制工程本科生课程设置结构要求酌情安排课程体系。在分析IITs课程设置时，本文以孟买印度

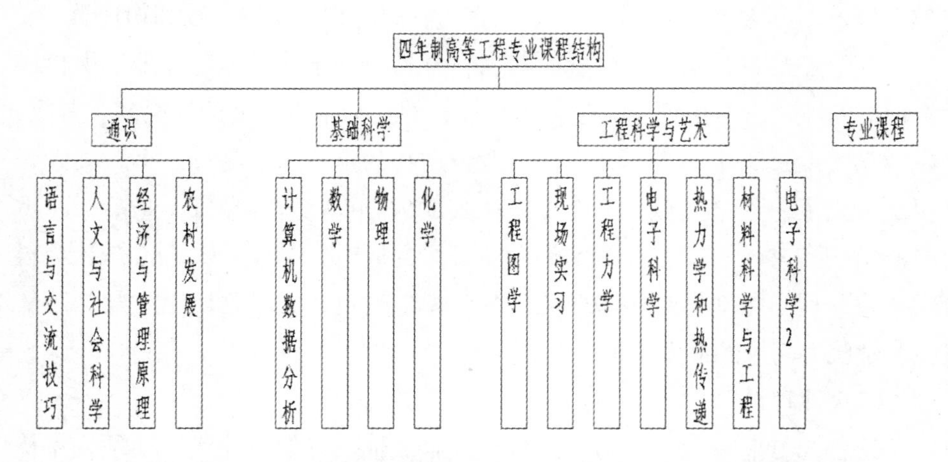

图2—3　全印技术教育委员会规定的四年制高等工程专业课程结构图

理工学院计算机科学与工程专业课程设置，IIT Kanpur生物科学与工程专业课程设置情况和IIT Delhi本科生学分要求分配情况加以详细探讨。

孟买印度理工学院计算机科学与工程专业课程设置见表2—2。

表2—2　　IIT Bombay计算机科学与工程专业课程设置一览表

课程代码	课程名称	理论课（L）	指导课（T）	实践课（P）	学分
第一学期					
CH 103	化学1	2.00	1.00	0.00	6.00
CH 117	化学实验	0.00	0.00	3.00	3.00
CS 101	计算机编程与运用	2.00	0.00	2.00	6.00
HS 101	经济学	3.00	0.00	0.00	6.00
MA 105	微积分	3.00	1.00	0.00	8.00
ME 113	车间实践	0.50	0.00	3.00	4.00
NC 101	国家学生军训营				0.00
NO 101	国家体育运动组织				0.00
NS 101	国家社会服务组织				0.00
				总计	33.0
第二学期					
MA106+MA 108	线性代数和普通微分方程	3.00	1.00	0.00	8.00
PH 105	现代物理学	2.00	1.00	0.00	6.00
IC 102	数据分析和翻译	2.00	1.00	0.00	6.00
CS 152	抽象和范式程序设计	3.00	0.00	0.00	6.00
PH 117	物理学实验	0.00	0.00	3.00	3.00
CS 154	抽象和范式程序设计实验	0.00	0.00	3.00	3.00
ME 119	工程制图	0.50	1.00	3.00	5.00
NC 102	国家学生军训营				PP/NP
NO 102	国家体育运动组织				PP/NP
NS 102	国家社会服务组织				PP/NP
				总计	37
第三学期					
CS 207	离散结构	3.00	0.00	0.00	6.00
CS 213	数据结构和算法	3.00	0.00	0.00	6.00

续表

EE 101	电气和电子线路的介绍	3.00	1.00	0.00	8.00
ES 200	环境研究	0.00	0.00	0.00	3.00
HS 200	环境研究：科学与工程	0.00	0.00	0.00	3.00
IC 211	实验室实验和测量	0.00	0.50	3.00	4.00
CS 293	实验室的数据结构和算法	0.00	0.00	3.00	3.00
				总计	33.0
		第四学期			
MA 214	数值分析	3.00	1.00	0.00	8.00
CS 208	自动机理论和逻辑	3.00	0.00	0.00	6.00
CS 210	设计逻辑	3.00	0.00	0.00	6.00
CS 218	设计和分析与算法	3.00	0.00	0.00	6.00
CS 288	逻辑设计实验	0.00	0.00	3.00	3.00
CS 296	软件系统实验 1	2.00	0.00	2.00	6.00
				总计	35.0
		第五学期			
HS 301	文学/哲学/心理学/社会性	3.00	0.00	0.00	6.00
CS 305	计算机体系结构	3.00	0.00	0.00	6.00
CS 347	操作系统	3.00	0.00	0.00	6.00
CS 317	数据库和信息系统	3.00	0.00	0.00	6.00
CS 341	计算机体系结构实验	0.00	0.00	3.00	3.00
CS 377	操作系统实验	0.00	0.00	3.00	3.00
CS 387	数据库和信息系统实验	0.00	0.00	3.00	3.00
CS 397	工厂参观 PP/NP	3.00	0.00	0.00	6.00
				总计	33.0
		第六学期			
CS 302	编程语言实施	3.00	1.00	0.00	8.00
CS 344	人工智能	3.00	0.00	0.00	6.00
CS 348	计算机网络	3.00	0.00	0.00	6.00
CS 378	计算机网络实验	0.00	0.00	3.00	3.00
CS 386	人工智能实验	0.00	0.00	3.00	3.00

续表

CS 306	编程语言实施实验	0.00	0.00	3.00	3.00
CS 308	嵌入式系统实验室	0.00	0.00	4.00	4.00
CS 396	研讨会	0.00	0.00	3.00	3.00
				总计	36.0
第七学期					
	选修课 1	3.00	0.00	0.00	6.00
	选修课 2	3.00	0.00	0.00	6.00
	选修课 3	3.00	0.00	0.00	6.00
	校选修课 1	3.00	0.00	0.00	6.00
CS 497	批传送程序				5.00
CS 388	实训				PP/NP
				总计	29.0
第八学期					
	选修课 4	3.00	0.00	0.00	6.00
	选修课 5	3.00	0.00	0.00	6.00
	选修课 6	3.00	0.00	0.00	6.00
	校选修课 1	3.00	0.00	0.00	6.00
CS 498	技术学学士项目 2				15.00
				总计	39.0
选修课 2,3,4					
CS 451	分布式系统				
CS 407</A<td>	数字信号处理				
CS 462</A<td>	分析模型计算系统				
CS 467	功能和逻辑编程				
CS 449	人工智能项目研讨				
选修课 1,5,6,7					
CS 475	计算机图形学				
CS 415	数值计算				
CS 444	数据库管理系统				
CS 460	自然语言处理				

续表

CS 468</A< td>	模式识别和学习的计算模式
CS 470	建模与仿真
CS 474	认知心理学
EE 448	信息理论与编码
ME 446	生产管理
ME 462	适用技术

资料来源：IIT Bombay 网站

孟买理工学院每门课程都有唯一对应课程代码，由 5 个符号组成，前两位是英文字母，后三位是数字。英文字母是开课单位标示码，三位阿拉伯数字标示所开设课程层次。一般课程有四个层次，分别是 100—400 层次、500 层次、600 层次和 700—800 层次。100—400 层次课程是为本科生开设的核心课和选修课，500 层次课程是为理学硕士研究生开设的课程，600 层次的课程是为工学硕士研究生所开设的预备性课程，700—800 层次是为工学硕士研究生、工程设计方向硕士研究生、MBA、从事研究的理学硕士研究生及博士研究生开设的课程，800 层次是为博士研究生开设的高级课程。如“数据库和信息系统”的课程代码是 CS 317，其中 CS 标示是计算机科学工程系，317 是为本科生所开设课程。课程学分结构根据教师理论讲授、指导及实践分配的不同，形成理论讲授（Lecture），指导（Tutorial）和实践（Practical）三结构（L–T–P）。如某 3 学分课程 L–T–P 结构为 3–0–0，表示该课程每周理论讲授三课时，指导和实践时数为零；某 5 学分的课程 L–T–P 结构为 3–1–2，表示该课程每周理论讲授时数 3 课时，指导时数 1 课时，实践 / 实验时数 2 课时（讲授及指导每周每一课时计 2 学分，实践课及实验课每周每一课时计 1 学分）。其通识化的“厚基础”是工程技术教育课程设置的亮点所在。在工程技术教育领域，除专业课外，首先强调的是数学、物理、化学等基础学科，及对人文学科和社会科学的重视。旨在培养学生综合广博能力基础上的专业能力。

IIT Kanpur 生物科学与工程专业课程设置为，第一学期通识课程学习；第二学期是生物科学与生物工程的基础知识介绍与学习；第三学期是器官与生物细胞学的学习；第四学期是生物系统中信息处理，生物的进化，分子的生命，生物分子实验等的学习；第五学期进行蛋白质结构与工程，生化工程，生物化学和生物工程实验的学习；第六学期为生物材料，计算生物学和生物信息学，组织工程学，结构生物学和生物信息学相关实验的学习；第七学期是生物力学，项目 1，DE1，生物力学和生物材料实验的学习；第八学期是工程 2，本系 DE2，DE3，DE4 的学习。后两年的专业课是本专业核心课程，在所有专业课中，又会有一部分选修课，并且还有一些没有学分的旁听课供学生进行选择。而且实验类课程在总学分中会占很大比例，实验内容会每年不断更新。此外在课程学习和实验及作业各环节中都有相应评价体系介入。第一年生物科学与工程专业的学生必须进行其他分支科学与工程学等的学习。在第二年，学生将进行生物科学与生物工程方面基础课程和选修课程的学习，以此发展和激励学生对生物实验和生物新发现的兴趣。生物学概念能够清晰迅速地为学生提供一个整体性的视角，以利于同物理学、化学、数学和工程学方面的基本原则进行联结。最后两年课程重在从广泛角度发展学生职业竞争力，最后一学期重点在研究和发展从业及创业技能的提高。

印度理工学院规定，学士学位获得必须完成一定学分（各学院稍有出入），包括核心课程学分和选修课程学分。以 IIT Delhi 为例，本科生须完成 180 学分，其中核心课程学分为 111，选修课程学分 69。且在总分达到要求的同时各具体课程学分也须至少达到下限，具体情况如表 2—3。

表 2—3　　IIT Delhi 本科生学分要求分配情况

课程类型	学分要求	课程结构	学分要求
核心课程	111	人文社会科学（HU）	1
		基础科学（BS）	>=20
		工程艺术与科学（EAS）	>=20
		系核心课程（DC）	>60

续表

选修课程	69	系选修课（DE）	>=20
		人文社科及管理（HM）	>=14
		拓展类（OC）	>30

资料来源：夏仕武、张松正：《印度理工学院德里分校的课程设置特征及其启示》，《高教探索》2010 年第 5 期，第 38 页。

从 IITs 课程设置情况可看出其对人文科学与基础科学和一般工程学间相互联结的重视，并非只注重工程技术领域训练，是坚持以科学技术教育为基础同时注重学生人文素养的提高和领导才能的培养，冀望以此培养具有开阔思想和卓越创造性的工程师及领导人才。在课程体系中，IITs 注重产学研结合的课程设置，使学生及早树立产业界，学习与科研密切相关的意识。同时在课程教学中注重以国际化方式拓宽学生视野，提升其作为高素质优秀工程技术人才的内涵。

IITs 人才培养体系中系列特色互动课堂活动（Co-curricular Activities）是其课程计划的一部分，也是构成独特教育体系的重要组成部分。这些活动都旨在提高学生综合素质。互动课堂活动分别包括国家学生军训营（National Cadet Corps，NCC），旨在培养学生领导、协作能力及利他精神；国家体育运动组织（National Sports Organisation，NSO），旨在培养学生运动及团队协作意识和能力；国家社会服务组织（National Service Scheme，NSS），旨在通过学生组织和参与社区服务来增强社会责任感和树立正确的世界观、人生观与价值观。

2.国立技术学院多元化的专业设置及课程体系

NITs 的成立和发展旨在促进地区多样性和多元文化发展。基于这一办学理念，IITs 在专业与课程设置上亦有自己独特的取向。本文仅选取萨达尔瓦拉汗国立技术学院（Sardar Vallabhbhai National Institute Of Technology，SVNIT）作为样本加以分析。SVNIT 位于印度古吉拉特邦的苏拉特市，其前身是创建于 1961 年 6 月的地方工程技术学院之一，建校之初只进行土木工程、电气与机械工程的教学。发展至今，SVNIT 有学生 426 人，其中一半学生来自古吉拉特邦，其余来自印度各邦。还有 20 多名国外学生。目前 SVNIT 已拥有 10 个教学系，可进行 10 余个专业的本科及研究生学位学习。

下文将分别从专业设置与课程设置两方面对其进行分析。

（1）专业设置

古吉拉特邦位于印度西北部，是印度河流域古文明发祥地。作为印度经济发展最为迅速的邦，古吉拉特邦在印度经济发展史上一直发挥着巨大影响作用。它也是印度工业化程度最高的邦之一，人均 GDP 是全国平均水平的近两倍。[①]古吉拉特邦对印度经济发展可从以下数据得知：35% 的石油化工生产，23% 的原油生产，41% 的化学产品，27% 的花生产品，11% 的棉制品，30% 的天然气，18% 的矿物产品，25% 的纺织产品，26% 的医药产品。[②]基于古吉拉特邦在印度经济发展中的重要作用，因而中央政府在此地创建国立技术学院，旨在以工程技术教育进一步推动本地的经济发展水平。

SVNIT 在专业设置上，依据本邦社会经济发展状况规划。目前该校有 10 个系，分别是应用机械系，应用化学系，应用数学及人力资源系，应用物理系，土木工程系，化学工程系，计算机工程系，电子工程系，电气工程系和机械工程系。10 个系开设有应用机械，应用化学，应用数学和土木工程等 10 余个相关专业。由前文可知，古吉拉特邦的化学产品在印度国内占到 41%，这与 SVNIT 应用化学专业的贡献分不开。即国立技术学院在专业设置上会通盘考虑所在邦工业及经济发展趋势，旨在为本邦经济发展提供更多人力资源。SVNIT 10 余个专业涉及面较广，对与民生相关的基本工程技术领域均有涉及。这便是 NITs 专业设置的特点——全面涉及基本工程技术领域的各相关专业，又立足于本邦社会经济发展需要，努力发挥教育对本地经济发展的促进作用。

（2）课程设置

在对 NITs 课程设置进行分析时，以 SVNIT 机械工程专业的课程体系为例进行研究。其课程体系见下表 2—4。

---

① "The Hindu Business Line : Gujarat goes big on urban development". Blonnet.com. 25 January 2009. Retrieved 16 July 2010.

② http://en.wikipedia.org/wiki/Gujarat#Industrial_growth.

表 2—4　　SVNIT 机械工程专业课程设置一览表

课程代码	课程名称	理论课时（L）	指导课时（T）	实践课时（P）	（C）/学分
第一学年					
CIME105 CIME205	工程制图	2	0	4	4
MED110 MED210	基础机械系统	3	0	2	4
MED112 MED212	实训	0	0	4	2
第三学期					
ME201	机械理论	3	1	2	5
ME203	机械制图	1	1	2	3
ME205	生产技术	3	1	2	5
ME207	测量系统（IS1）	4	0	2	5
AM205	固体力学（IS2）	3	0	2	4
	总计	14	3	10	22
第四学期					
ME202	材料科学与冶金	3	1	2	5
MH210	工程数学 III（IS3）	4	1	0	5
ME204	机电一体化（IS4）	3	1	0	4
ME206	热力学	3	1	2	5
ME208	流体力学	3	1	2	5
	总计	16	5	6	24
第五学期					
ME301	机器动力学	3	1	2	5
ME303	传热传质	3	1	2	5
ME305	流体机械	3	1	2	5
PR301	加工工艺	3	1	2	5
	学院选修课-I	3	0	0	3
	总计	15	4	8	23

续表

第六学期					
ME301	机器动力学	3	1	2	5
PR301	加工工艺	3	1	2	5
PR303	工业仪表与控制	3	1	0	4
PR305	工业工程学与工效	3	1	2	5
	学院选修课 - I	3	0	0	3
	总计	15	4	6	22
学院选修课 - I					
ME309	应用热力学				
ME311	实验压力分析				
PR307	工业摩擦学和振动				
ME313	塑料与陶瓷				
ME315	弹性原理				
第七学期					
ME401	机械设计 - II	3	1	2	5
ME403	动力系统	3	0	0	3
ME405	生产技术 - I	3	0	2	4
ME407	CAD - CAM	3	0	2	4
ME409	项目预算	0	0	4	2
ME411	研讨会	0	0	2	1
	系选修课 - I	3	0	0	3
	总计	15	1	12	22
第八学期					
PR401	工具设计	3	0	2	4
PR403	金属成型技术	3	0	2	4
PR405	机械工具设计元素	3	0	2	4
PR407	生产管理中的定量技术	3	1	0	4
PR409	项目预算	0	0	4	2
PR411	研讨会	0	0	2	1
PR413	工业训练报告	0	0	0	0
	系选修课 - I	3	0	0	3

续表

	总计	15	1	12	22
系选修课 - I					
ME413	摩擦学				
ME415	制冷与空调				
ME417	太阳能分析系统				
ME419	生产管理				
ME420	企业规划与管理				
ME421	替代能源系统的设计				
ME423	流体流动与传热计算				
ME425	分析和综合机制				
ME427	生产工具设计				
ME429	生化工程				
ME430	优化技术				
ME431	自动化工程				

从机械工程系课程设置来看，第一学年使学生进入实践环节，这与其他三类教育机构大为不同。第八学期的课程除本系选修课外，全为外系开设指向实践的课程，即在学生入学最初与最后时期，都分外重视实践动手能力的训练与培养。在整个课程体系设计中，没能凸显基础知识与能力要求，也无相关人文社科类知识的渗透与融合，这是 NITs 课程体系设置的欠缺之处。

3.邦立工程技术学院的专业设置及课程体系

印度大部分邦立工程学院办学目标均指向为本邦工业及经济发展培养优质工程技术人才。在专业与课程设置中，更多考虑本邦因素，同时较倾向于应用型研究。本文在分析邦立工程技术学院的专业与课程时，仅以浦那工学院为例进行研究。

浦那工学院建校极早，前身是浦那工程与技术学校，可追溯至殖民地时期的 1854 年。建校目的是为公共工程部培养合适的下层管理人员。经过一百年多年发展，浦那工学院于 2003 年取得自治学院地位，有权设置本校课程并拥有独立财政预决算权力。目前浦那工学院可同时进行优质本科生

与研究生教育，且致力于成为印度工程院校的领导者，以不断地追求卓越来提供世界一流的教育与价值观，

（1）专业设置

浦那工学院在专业设置上紧密贴合本邦发展实际需要，以此为本地工业与经济发展提供强大人才动力。该院位于印度马哈拉斯特拉邦（Maharashtra，在印地语中为伟大民族之意），该邦是印度第三大邦，也是印度最富有的邦。在2005—2006年度，马哈拉斯特拉邦的工业产值为国内15%，生产总值占国内生产总值13.2%。[①] 到2010年，马哈拉斯特拉邦已占印度国家财政收入40%以上。[②] 该邦最主要工业领域包括化学及其相关制品，电气和机械，纺织品，石油及其相关制品。其他重要工业领域有金属制品，药品，工程产品，机床，钢铁铸件和塑料制品等。而浦那工学院所在的城市浦那已成为印度重要的IT产业枢纽。

浦那工学院的发展与浦那及马哈拉斯特拉邦的发展息息相关。即高等教育的发展不能脱离社会大背景，必然受制于相应社会生产力与生产关系的制约，且须依靠所处地经济发展支撑。同时又为本地经济发展提供人力资源，促进所在地进而影响社会生产力发展。浦那工学院在专业设置上通盘考虑本邦工业发展优势与趋势，对举办的专业不断进行调整与完善，以实现与社会外部环境共存。

浦那工学院目前有12个教学系，进行如下专业教学与研究——应用科学，创新与创业精神和领导力，土木工程，计算机工程与信息技术，电气工程，电子与通信工程，仪表与控制工程，数学，机械工程，冶金与材料科学，生产工程，物理。专业设置本着多元化与重点发展原则，致力于为本邦和印度工业及经济发展做出卓越的贡献。

（3）课程设置

邦立工程技术学院的课程设置虽不及前两个层级教育机构在课程深度

---

① http://mospi.nic.in/6_gsdp_cur_9394ser.htm.

② Shubhangi Khapre. Maharashtra bifurcation will fetch additional Rs30,000 crore annually[EB/OL]（http://www.dnaindia.com/mumbai/report_maharashtra-bifurcation-will-fetch-additional-rs30000-crore-annually_1338556.）

与广度上的优越性，但仍独具特色。在探讨邦立工程技术学院课程设置时本文以浦那工学院的机械工程专业课程设置为样本进行分析。

浦那工学院机械工程系成立于1912年，目前该系提供本科，硕士和博士学位三阶段课程。在培养知名的生产专业人员，研究人员，企业家和杰出工程师方面该系有很高的声望。机械工程系的校友很多在印度及国际工业产业界居于重要职位，且该系与许多知名企业有合作关系。机械工程系的课程设置如下表2—5：

表2—5　　浦那工学院机械工程系课程设置一览表

课程代码	课程名称	理论课（L）	指导课（T）	实践课（P）	学分
第一学期					
	工程制图	2课时／周			
	工程制图实践			2课时／周	
	工程力学	3课时／周			
	计算机程序基础	3课时／周		3课时／周	
PE 101	实习			3课时／周	
MA-101	工程数学 I	3课时／周	1课时／周		
AS101	物理 I	3课时／周			
	职业伦理与人类价值				
第三学期					
MA 201	工程数学 III	3.00	1.00	0.00	4.00
ME 201	工程热力学	3.00	0.00	0.00	3.00
ME 202	机械制图与计算机图形学	2.00	0.00	0.00	2.00
CE 203	材料力学	3.00	0.00	0.00	3.00
ILE 201	学院选修课	3.00	0.00	0.00	3.00
PE 206	工程进展	3.00	0.00	0.00	3.00
ME 203	工程热力学实验	0.00	0.00	2.00	1.00
ME 204	机械制图与计算机图形学实验	0.00	0.00	4.00	2.00
PE 207	工程进展	0.00	0.00	2.00	1.00
	合计	17	1	8	22
	合计	26			22

续表

第四学期					
AS 201	心理学导论	1.00	1.00	0.00	2.00
ME 205	机械理论	3.00	0.00	0.00	3.00
MA 227	工程数学	3.00	1.00	0.00	4.00
ME 206	流体力学	3.00	0.00	0.00	3.00
MT 213	材料科学与技术	3.00	0.00	0.00	3.00
PE 208	计量和机械测量	3.00	0.00	0.00	3.00
ME 207	机械理论 -I	0.00	0.00	2.00	1.00
ME 208	流体力学实验	0.00	0.00	2.00	1.00
MT 214	材料科学与技术实验	0.00	0.00	2.00	1.00
PE 209	计量和机械测量	0.00	0.00	2.00	1.00
	总计	16	2	8	22
	总计	26			22
第五学期					
ME 301	机械设计 -I	3.00	0.00	0.00	3.00
ME 302	流体机械及流体动力	4.00	0.00	0.00	4.00
ME 303	传热学	4.00	0.00	0.00	4.00
ME 304	继续学理论 - II	3.00	0.00	0.00	3.00
ME 305	制造工程 - II	3.00	0.00	0.00	3.00
ME 306	机械设计 -I	0.00	0.00	2.00	1.00
ME 307	流体机械与流体力学实验	0.00	0.00	2.00	1.00
ME 308	传热学实验	0.00	0.00	2.00	1.00
ME 309	机械理论 - II 实验	0.00	0.00	2.00	1.00
ME 310	工程制造 - II	0.00	0.00	2.00	1.00
	总计	17		10	22
	总计	27			22
第六学期					
AS 302	企业发展与沟通技巧	2.00	0.00	0.00	2.00
ME 311	机械设计 - II	4.00	0.00	0.00	4.00
ME 312	I. C. 工程	3.00	0.00	0.00	3.00
ME 313	节能	3.00	0.00	0.00	3.00

续表

ME 314	本系选修课 -I （ TH ）	3.00	0.00	0.00	3.00
ME 315	本系选修课 -I （ LAB ）	0.00	0.00	2.00	1.00
ILE 301	本院选修课 -II 机器人	3.00	0.00	0.00	3.00
ME 316	机械设计 - II （设计与制图）	0.00	0.00	2.00	1.00
ME 317	I. C. 工程实验	0.00	0.00	2.00	1.00
ME 318	能量转换实验	0.00	0.00	2.00	1.00
	总计	18		8	22
	总计		26		22
			本系选修课 - I		
ME 314 - 1	ME 315 - 1	分析和合成机制			
ME 314 - 2	ME 315 - 2	摩擦学			
ME 314 - 3	ME 315 - 3	制冷与空调			
ME 314 - 4	ME 315 - 4	非传统能源			
ME 314 - 5	ME 315 -5	运筹学			
ME 314 -6	ME 315 - 6	有限元方法			
ME 314 -7	ME 315 - 7	先进制造技术			
ME 314 -8	ME 315 - 8	数值流体与传热			
			第七学期		
ME401	先进机械设计	3.00	0.00	0.00	3.00
ME402	CAD/CAM	4.00	0.00	0.00	4.00
ME403	节能管理	3.00	0.00	0.00	3.00
ME404	自动控制	3.00	0.00	0.00	3.00
ME405	本系选修课 - II （ TH ）	3.00	0.00	0.00	3.00
ME406	本系选修课 - II （ LAB ）	0.00	0.00	2.00	1.00
ME407	高级机械设计实验室	0.00	0.00	2.00	1.00
ME408	CAD/CAM 实验	0.00	0.00	2.00	1.00
ME409	节能管理实验	0.00	0.00	2.00	1.00
	总计	16		8	20
	总计				
			第八学期		
ME 410	优质的工程和工业管理	3.00	1.00	0.00	4.00

续表

ME 411	研讨会	0.00	0.00	0.00	2.00
ME 412	项目	0.00	0.00	0.00	14
	总计	3	1		20
本系选修课 -II					
ME 405 - 1	ME 406 - 1	机器人			
ME 405 - 2	ME 406 - 2	精密机械及专用机床设计			
ME 405 - 3	ME 406 - 3	汽车工程			
ME 405 - 4	ME 406 - 4	能源系统			
ME 405 - 5	ME 406 - 5	生产与运作管理			
ME 405 - 6	ME 406 - 6	先进数值模拟与仿真			
ME 405 -7	ME 406 - 7	低成本自动化			
ME 405 - 8	ME 406 - 8	机电一体化			
ME 405 - 9	ME 406 - 9	工程产品设计与先进材料			

浦那工学院课程代码也由 5 位组成，两位英文字母为开课单位标识码，第一位数字代码是学位级别和学年的标示码，1-4 为本科生阶段课程，后两位为序列标识码。例如 AS101 则指由应用科学系开设的面向本科生第一学年课程。在本科阶段第一年，所有开设课程均是其教学大纲上严格规定的，与之后三年有所不同。第一年学习重在基础性知识掌握，即对工程制图，数学，物理等相关基础性专业知识学习。同时学习与了解职业伦理与人类价值相关知识，旨在专业知识学习之前，让学生对工程伦理和人类价值有所认识，同时了解作为一个工程师的社会责任，及将会面对的道德困境和职业生活中所应履行的职责。在二、三、四年级课程设置中，兼顾专业核心课与大量选修课的重要性，为学生提供大量本系及本院选修课，旨在拓展和完善学生知识结构。同时，学生的理论课与实验课交互进行，以增强学生实践动手操作能力。

在邦立工程技术学院课程设置中，虽不似 IITs 等精英教育机构那般强调研究能力与素质，强调高深理论的修习及多元化全面完善的课程体系，但也能兼顾学生全面知识习得，注重工程技术教育与人文社科知识的联结，注重学生专业理论与专业实践能力结合，注重专心核心课与广泛的各方面选修课的互相渗透。

4.私立工程技术学院的专业设置及课程体系

在对印度前三个种类工程技术教育机构的专业与课程设置进行分析后，有必要对占据主体地位的广大私立工程技术教育院校专业与课程设置进行研究。本文选取麦力普技术学院作为样本进行分析。

（1）专业设置

麦力普技术学院位于卡拉塔卡邦，该邦在印度西南部，是印度国内经济状况发展最好的邦之一。在 2008–2009 年度，卡拉塔卡邦的生产总值达 580 多亿美元，最近十年内其国内生产总值和人均生产总值一直保持着最高增长率。[①] 卡拉塔卡邦是印度许多大型国立企业的生产中心，其中包括印度斯坦航空有限公司，巴拉特重型电气有限公司，印度斯坦机床，国家航空航天实验室，印度电话工业，巴拉特推土机有限公司，印度空间研究组织，中央电力研究所，巴拉特电子有限公司的中央食品技术研究学院等。且自 20 世纪 80 年代开始，卡拉塔卡邦便拥有印度 IT 技术领军地位，以 2007 年为例，该邦有 2000 多个 IT 技术相关的公司企业，[②] 印度最大的两家 IT 公司 Infosys 和 Wipro 的总部都在该邦。这些公司在 2006–2007 年度出口总值为 12.5 亿美元，占印度 IT 业出口总值 38%。在强大 IT 产业之外，卡拉塔卡邦也是印度生物技术领导者，是生物科学最大的研发基地，全国 320 家生物技术公司中的 158 家公司在此。

麦力普技术学院成立于 1957 年，在成立之初仅有工程学和土木工程两个专业。发展至今，麦力普技术学院已开设 13 个专业，分别是计算机应用，生物医学工程，生物技术，化学，计算机科学与工程，电器及电子产品，电子与通信工程，信息通信技术，仪表与控制工程，机械与制造工程，航空及汽车工程，印刷和媒体工程。13 个专业与卡拉塔卡邦经济发展趋势紧

---

① "About Karnataka". IBEF. Retrieved 2009-11-01.

② "IT exports from Karnataka cross 50k cr" The Financial Express, dated 2007-05-22. 2007: Indian Express Newspapers (Mumbai) Ltd..

密相连，尤其为该邦在生物技术和IT产业发展及做出巨大贡献。麦力普技术学院的专业设置并没有仅局限于服务本邦发展最快的两大支柱产业，而是在生物技术与IT专业之外广设与市场关联度高的计算机应用，印刷与媒体工程，航空及汽车工程等专业。其专业设置重在推动市场经济发展而较少关注理论研究，这也是印度私立工程技术学院专业设置的一大特点。

（2）课程设置

在私立工程技术学院课程设置分析中仅选取麦力普技术学院土木工程系土木工程本科专业的课程设置情况为样本进行研究。土木工程系是麦力普技术学院建校伊始便开设的系之一，创建于1957年。该系提供工程学学士学位，技术学硕士研究生项目（工程结构及建造工程与管理两个专业）和环境工程学方向的技术学硕士研究生项目。本文选取其工程学本科项目的课程设置进行研究，见表2—6。

表2—6　　麦力普技术学院工程学专业课程设置一览表

课程代码	课程名称	理论课（L）	指导课（T）	实践课（P）	学分（C）
		第三学期			
CIE-201	工程数学-III	4	0	0	4
CIE-201	流体机械 - I	3	1	0	4
CIE-203	结构分析 - I	3	1	0	4
CIE-205	工程材料和混凝土科技	4	0	0	4
CIE-207	测绘 - I	3	1	0	4
CIE-209	工程地质	4	0	0	4
CIE-211	测量实习 - I	0	0	6	2
CIE-213	材质测试实验 - I	0	0	3	1
CIE-215	地质实验	0	0	3	1
	总计	21	3	12	28
		第四学期			
CIE-202	土木工程中的数值方法	3	1	0	4
CIE-204	流体机械 - II	3	1	0	4
CIE-206	结构分析 - II	3	1	0	4
CIE-208	设计结构 - I	3	1	0	4
CIE-210	建筑科学与技术	4	0	0	4
CIE-212	建筑设计与制图	0	0	3	1

续表

CIE-214	流体机械实验	0	0	3	1
CIE-216	计算机实验 - I	0	0	3	1
CIE-218	材料测试实验 - II	0	0	3	1
	总计	16	4	12	24
第五学期					
CIE-301	岩土工程 - I	3	1	0	4
CIE-303	结构设计 - II	3	1	0	4
CIE-305	测量 - II	3	1	0	4
CIE-307	水资源工程 - I	4	0	0	4
CIE-309	环境工程 - I	4	0	0	4
CIE-311	运输工程 - I	4	0	0	4
CIE-313	土壤力学实验	0	0	3	1
CIE-315	测量实习 -II	0	0	3	1
	总计	21	3	6	26
第六学期					
CIE-302	岩土工程 -II	3	1	0	4
CIE-304	抗震结构设计要素	4	0	0	4
CIE-306	选修课 - I	3	0	0	3
CIE-308	水资源工程 -II	4	0	0	4
CIE-310	环境工程 -II	4	0	0	4
CIE-312	运输工程 -II	4	0	0	4
CIE-314	环境工程实验	0	0	3	1
CIE-316	结构设计与制图	2	0	3	3
	总计	24	1	6	27
第七学期					
CIE-401	成本估价与核算	3	1	0	4
CIE-403	建设规划，组织架构及设备	4	0	0	4
CIE-405	结构设计 -III	3	1	0	4
HUM-301/302	选修课 -II	3	0	0	3
CIE-407	选修课 -III	3	0	0	3
CIE-409	计算机实验 -II	0	0	3	1
CIE-411	设计任务	0	0	3	1
	总计	16	2	6	20
第八学期					
CIE-402	实训	0	0	0	1
CIE-404	项目概况	0	0	0	2
CIE-499	项目工作	0	0	0	20
	总计	0	0	0	23

麦力普技术学院的课程仍采用英文标识码与数字标识码相结合的组合模式，两位（个别为三位）英文字母对应开课单位，三位数字码为开课所

对应的学生层次。课程采用 L–T–P 三结合方式，其中 L 代表理论课，每课时计 1 个学分。T 代表指导课，每课时计 1 个学分。P 代表实践课及实验课，每课时计 0.5 学分。

麦力普技术学院本科生第一学年课程均由学校统一安排，进行基础性知识学习。外系课程数量远少于前述三类教育机构，在整个课程教学体系中，本系本专业课程占绝大多数。强调学生特定专业知识习得，而较少关注学生知识结构的全面性。在整个课程体系中，实践应用性课程比重大于前三类教育机构。这是私立工程技术学院课程设置又一特点，偏重实践，与社会经济发展紧密相关。

通观四类工程技术教育机构专业与课程设置情况可知，印度工程技术教育专业设置与课程体系十分多元化。每一类教育机构在专业与课程设置上均各有特色，如 IITs 的专业设置几乎包含国计民生相关的所有工程技术专业领域，对理论研究与应用研究同等重视，表现出精英高等教育的独特风范。而 NITs 与邦立工程技术学院，立足于所在邦及城市，在专业设置上较偏重于贴合本邦社会经济的发展需要，更多在于与所在邦间的互动。课程体系中对工程技术专业教育与人文社科教育的融合不是特别重视，但重视实践课程对学生动手实践操作能力的培养；私立工程技术学院在专业设置和课程体系规划上更多侧重于市场需求，强调专业知识的习得与专业能力养成，跨系课程几不存在。

正因每一类工程技术教育机构均各有特色，并能坚持自身办学理念与追求，才促成印度工程技术教育的繁荣与强大。除多元化特征，专业与课程设置的国际化也是印度工程技术教育一大特色。

（三）工程技术教育的国际化

在印度教育发展史上，多元化是其历来特色之一。由于多民族，多宗教的国情，及外来者频繁入侵与融入，使印度教育呈多元化独特魅力。伴随其多元发展而来的是印度教育的国际化发展。文明古国的深厚历史文化背景，历史悠久的教育传统使印度在中世纪便得到“世界大学”美誉。之后随着英殖民统治建立，欧洲教育模式引入印度。独立后，积极学习美国教育模式。东西方文化与教育的碰撞与交融后，使印度教育尤其是高等教育呈现出独特特质。“国际化”遗产至今对印度高等教育影响深远，若对印度高等教育加以审视，不难发现从高考入学制度，中学后的教育机构设置，高等教育体系及附属制度等无不存在强烈的英式遗风。独立后，印政府积极引导高等教育进行国际交流与合作，以此加速本国高等教育国际化进程。在政府大力引导下，印度工程技术教育作为高等教育之主体部分，呈现出极强国际化办学特色。

1.国际化的大学制度

独立之初，印政府深刻认识到要将贫穷落后的国家建设成一个强国必须大力发展科学技术和理工教育。于是在尼赫鲁总理的亲自参与下，卡哈拉格普尔理工学院建立。该学院的创建得到美国、苏联及联合国大力支持，以麻省理工学院为参照，构建自身学术，教学，管理体制。并在世界范围内招聘优秀教师，从建校之初就拥有一流师资队伍。自第一所理工学院建立起，便拥有与世界接轨的一流大学制度。正因一流大学制度的保障，才使大学自治，学术独立等相关权力得以保证，也才能在此基础上在教学与科研领域皆取得巨大成就。迅速在世界大学体系中崛起，打造印度工程技术教育品牌。

在印度工程技术领域，除 IITs 外，其余三类工程技术教育机构同样拥有或致力于追求国际化大学制度。如前文所述，无论是30所国立技术学院，或是大量邦立工程技术学院和私立工程技术学院，无论是其外部与政府间关系，还是各学校内部管理体制，都呈现民主化特征。从外部管理体制讲，政府并不直接对高等教育进行干预，而是由成员背景多元化的管理委员会实现管理，国家总统或邦政府的领导作为视察员只是一个荣誉性称号，并不在各院校实际运作中发挥作用。而在各校内部管理中，采取学校学术权力与行政权力分开的制度，使学校科研与教学拥有最大程度独立自主权。实现与国际化大学制度的接轨。

一流的大学制度才能造就一流大学。在国际化一流大学制度基础上，印度工程技术教育取得世人瞩目的成就。与其国情相似的我国，更应深刻认识自身不足，深化高等教育体制改革，给予高等教育发展最为重要的制度保证。

2.国际化的学术交流与合作

印度经济总体而言并不发达，之所以拥有世界知名工程技术学院和顶尖 IT 人才，是与一直以来联合国教科文组织（UNESCO）、世界银行和发达国家的资助，合作与支持分不开。

从尼赫鲁时期印度就已认识到，发展中国家要提升科技教育水平，须借鉴与吸收发达国家经验和技术支持，大力开展国际合作。IITs 就先后接受苏联、美国、英国、德国等国家技术或学术援助，合作创办与发展孟买、马德拉斯、坎普尔和德里等理工学院。IITs 始终与世界上最发达的国家及最顶尖大学建立起人员、学术、研究等全方位密切深入联系。从而世界科技发展最新成果、国际高等教育最新动态也迅速为 IITs 所掌握吸收。此外，印度许多高等教育机构在学术和科研方面均与国外知名高等教育机构有联系，通过与发达国家交流合作，不断吸收国外专业知识技能以提高自身国际地位。如在德国学术交流服务中心资助下，印度理工学院与德国最顶尖的工业大学联合开展研究生培养。卡拉格普尔理工学院在科研、经费、设备、人才、课程等方面都开展广泛深入地国际合作；德里理工学院则开展学生、教师互换、合作研究、博士和博士后奖学金项目等形式的合作；坎普尔理工学院则利用福特基金会等支持，吸引大量国外教师来任教。

在一流工程技术学院积极与国外合作同时，其他学院也不落后。其中著名的私立学院——伯拉科技学院（Birla Institute of Technology&Science，BITS）在国际交流合作方面也做出积极探索并取得良好成绩。BITS 位于印度拉贾斯坦邦皮拉尼，于 1964 年取得准大学地位，拥有自治权、学位颁发权及学术权。2009 年该校被今日印度（India Today）评选为印度最好的私立工程技术学院。且在接受 NAAC 评估时，取得“A”的良好成绩。这些都与该校积极参与国际交流分不开。在 1964 年到 1970 年，BITS 就在福特基金支持下与美国麻省理工学院建立起合作关系。在后者帮助下，BITS 加强与工商企业界良好关系，在课程设置上更加注重专业技术性与实用性。并在双学位，学分转换等方面给予学生更多自主选择权。这些都促使该校不断发展壮大。1998 年被阿联酋著名的 ETA ASCON Group 公司选中，与迪拜政府进行合作，于2000年在迪拜建立了BITS Pilani–Dubai Campus。该学校将BITS的先进教学经验与理念带入迪拜，积极吸收当地优势文化，近十年来已培养上千名毕业生。其中多数优秀毕业生都进入工业领域和研究领域，有些则顺利进入西方国家著名大学深造。而BITS也在与迪拜合作中对本校教学与科研进行不断改革与提升，成为国内知名的私立技术学院。[①]

2002年4月，印度政府成立海外教育促进委员会（COPIEA），积极与世界多国及组织加强合作交流，充分利用外资发展本国教育。许多外国大学已将市场化的高等教育带入印度，通过留学、联合办学、代理服务及网络大学等模式向印度提供教育服务。UGC积极在大学系统内实施与他国间双边交流项目，实现高等教育机构每年度与20多个国家进行学者互派。同时，印政府与英国、德国、法国等国家还建立起学科双边交流合作关系。“十五”期间，印度进一步加强教育领域与UNESCO的合作交流，参与教育交换计划，鼓励教育出口，发展Auroville基金。还与国际工程教育中心（UICEE）在孟买签署备忘录，与UICEE建立未来合作伙伴关系。目前印度许多高等教育机构及研究所均能得到国际资助，如福特基金、美国教育基金和美国印度研究学院等。其高等教育不但走出国门，且向国外派驻专家并积极参与系列国际组织活动，如联合国、国际货币基金组织、亚洲开发银行和77国集团等。通过参与这些活动，加强与国外高等教育交流，同时够获得大量经济援助。

各种形式国际交流合作开展，为印度工程技术教育发展注入强大生命力与活力。从质量，效益与特色等各方面提升了其影响程度。

3.学生的跨国流动

学生跨国流动是印度工程技术教育国际化的显著特征。印度与世界各国签订留学生交换计划。在公派留学、学校推荐和自费留学之外，印度国内各大财团也有资助优秀学生出国深造的计划。众所周知的比尔拉教育基

---

① Antony Stella,Sudhanshu Bhushan，*Quality Assurance of Transnational Higher Education*，Delhi:National University of Education Planning and Administration at M/s Anil Offset&Packaging Pvt.Ltd,2011.

金是印度最大教育基金之一，印度两名诺贝尔物理学奖获得者 C.V. 拉曼和钱德拉·塞卡尔赴美国留学都曾得到该财团资助。[①]日益增多的跨国公司及高科技企业都与大学在课程开发、设备捐赠、教师培训和学生奖学金方面有合作潜力。如通用等全球知名大公司对支持印度高等教育国际化发展有极大兴趣，愿为印度优秀学生提供奖学金前往发达国家交流学习。20 世纪 90 年代前，只有少数上层阶级能负担孩子留学费用。目前随着经济全球化及经济自由化政策实施，中产阶级得以发展壮大，使有能力去国外留学的学生规模快速增长。

在鼓励本国学生去外国留学同时，印度也积极吸收外国学生来印留学。诚如阿尔特巴赫所言，尽管在发展中国家里学生流动数量很少，但发展中国家作为东道主也吸纳了许多留学生。相当多发展中国家是基于多种原因吸引国外学生来本国学习，如改善本国学生整体质量，促进学生文化结构多样化，提高本国高等教育声誉和赢利等。印度已吸引大量发展中国家留学生，其现有留学生超过8000人，其中95%来自发展中国家。[②]为促进学生国际流动，在印度第十个五年计划期间，UGC 制定海外高等教育项目（PIHEAD），以加强与他国合作项目和吸引国际学生，同时促进印度高等教育机构海外扩张。这一项目使许多印度高等教育机构加速国际化进程，促使学生流动增加。许多中央大学，准大学和开放大学都纷纷建立其海外分校。

学生跨国流动利于增加高等教育多元化特性，丰富高等教育内涵与理念。印度工程技术教育便是本着这一理想，大力推动学生国际流动，为工程技术教育发展增添多样化内容，促进本国教育的长足发展。

4.高等教育国际化的政策保障

印度工程技术教育国际化发展之所以能走得如此远，是与印度相关政策和法律体系分不开的。长期以来，印政府致力于为高等教育国际化制定相应法律基础和制度环境。印度教育委员会于 1966 年发表《教育与国家发

① 孙培均、华碧云：《印度国情与综合国力》，中国城市出版社 2001 年版，第 226 页。

② ［美］菲利普·G. 阿特巴赫、［加］简·莱特：《高等教育国际化的前景展望：动因与现实》，《高等教育研究》2006 年第 1 期。

展》报告，明确提出要创办高级研究中心和少数具有国际水平的大学；1968年颁布《国家教育政策》，首次以法律形式对教育做出规定，为印度高等教育的制度化、规范化与国际化提供科学依据及法律保障；1978年人民党公布《印度高等教育发展框架》，提出高等教育发展计划；1979年公布《国家教育政策草案》；进入80年代后，世界各国纷纷进行教育改革，印度中央教育部门也于1985年提交《教育的挑战——政策透视》，该报告反映了印度教育现状，呼吁社会关注教育改革。1986年，印政府公布经议会通过的以追求优质教育和机会平等为主导思想的《国家教育政策和实施细则》，这些政策的颁布与实施，对高等教育国际化发展与改革均发挥重大影响。就教育经费而言，印度高等教育经费在教育经费中历来占很大比例。印联邦政府对高等教育投入额度在“一五”期间为1.4亿卢比，在“十五”期间为862.2亿卢比，在“十一五”计划中高等教育经费占GDP比重达到1.5%。[①]

政策与法规是高等教育发展又一基础保障，与大学制度，经费一起支撑着印度工程技术教育的国际化发展。

5.英语教学

印度工程技术教育国际化又一重要表征便是其优质的英语教育。印度生自小学阶段开始便以英语作为主要教学语言。因而，在世界知名大企业中，印度籍学生要多于中国学生，语言是其中不可忽视的因素。在高等教育中，英语几乎是唯一教学语言。这为印度高等教育国际化提供极其便利的条件，也是其一大优势。

在印度工程技术教育多样化人才培养体系中，各工程技术院校丰富的课外活动也是其中一大特色。印度四类工程技术教育机构中，每一层次的学校都相当重视学生课外活动。学校以此来提高促进和完善学生完整的人生观与世界观，进而使其成为优质工程技术人才。IITs虽有严苛的招生制度，严格的教学与考核方式，但在教学与科研训练外，特别注重学生课外活动，这是其人才培养体系一大特色。师生们深信，丰富的校园课外活动

---

① 印度政府外事部。Higher and Technical Education [EB/OL]. [2007-OS-20].（http://mesindia.nic.in/india publication/higher and technical education.htm.）.

可为学生提供一个富有朝气与创造力的环境，促使学生进行独立思考和反省，也能让学生对自己行动的后果有更为清醒的认识，也能让学生养成良好的内在生活范式，以此抵御来自社会生活的压力，在日常生活中培养良好的推论能力，以此在人际交往中得到更多见识并唤醒其对美的更强的感知力。在德里理工学院中，学生的课外活动有 BSP，BRCA，BSA，BHM，BSW，Entrepreneurship，NCC，NSS。帕特纳国立技术学院一直对促进每个学生学术活动之外的各方面生活发展有强烈兴趣，旨在使学生充分展现其自身文化素养与潜在才能。学校同时也为每位学生展示其自身技术天分提供强有力平台，通过组织各种技术类研讨会鼓励学生生成和发展其创新性理念与思想方法。

本章小结

印度工程技术教育的展及其取得的成就已得到世人共识，它之所以在印度特定的社会背景下能取得如此巨大的成就，是与工程技术教育上述特性密切相关。首先工程技术教育的国家性，这是工程技术教育发展的首要基础。正因国家的大力支持与引导，才有如今高度发达的工程技术教育体系；其次是工程技术教育的多样性，工程技术精英教育与大众教育并存，学位与学历教育并行，使得工程技术教育系统焕发极大迸发力与活力；第三是工程技术教育管理结构的分权性。分权化的管理结构在制度上保证工程技术教育的自由与自立，使其与世界大学接轨；最后是工程技术教育人才培养体系的独特性。人才培养体系的独特性从微观层面保证了工程技术教育优质与多元化。正是这四大特征，共同保障了印度工程技术教育的全面多元发展。

第三章　印度工程技术教育发展中存在的问题

印度工程技术教育已走过近二百年历史，经过不断发展与完善，已具有鲜明的特征并日臻成熟。但在世界高等教育改革浪潮中，及高等教育国际化愈演愈烈之际，印度工程技术教育仍存在方方面面的问题，印度政府也正致力于为解决这些难题而进行探索。

一　工程技术教育教育的失衡性发展

印度工程技术教育最大问题便是发展的失衡性，主要表现在首先是教育质量的两极分化极其严重，其次是整个教育体系学位结构发展不平衡，第三是工程技术教育机构分布不均衡。

（一）工程技术教育质量两极分化严重

印度工程技术教育领域并行着泾渭分明的精英教育与普通教育，学位教育与学历教育并存，这使精英教育机构的教育质量远高于普通教育，学位教育的质量普遍高于学历教育。对这一现状及问题，印度民众普遍持认可态度。但两极分化的二元结构式质量观却严重影响工程技术教育系统整体质量的提高。

在工程技术教育领域，以 IITs 和印度理学院等为首的一流院校施行严格的精英教育。从招生选拔到课程体系与专业结构设置，从教学到科研训练，从考核到学位资格审核，所有环节都坚持高标准。以 IITs 为例，2011

年每所学院招生名额仅是600名左右。这从入口保证了精英教育的实现。而实际教学与考试中的高淘汰率，又使相当人数的学生最终无法顺利获得学位。从入学到毕业整个环节都严守精英教育标准。加之来自国家及工商企业界，校友等大量资金援助，进行精英教育的机构都拥有多元化且充裕的融资渠道，为其高质量教育提供资金保证。而一流师资及国际化大学制度又为此类学校发展提供人才与制度两方面保障。各方有利条件的集合，造就了一流精英教育的实现。

与此相对立的是，处于主体地位的大量邦立及私立学院则由于各方面条件限制，导致低质量的教学从而培养出低质量人才。有研究指出，截至2006年二月，印度约有17625所学院，其中14000多所学院是不在UGC认可范围之中，占所有学院80%之多。仅有40%(约5589所学院）和38%(约有5273所学院）的学院能分别取得UGC法案中的2（f）或12（b）的地位，达到该法案规定最低教育标准。有60%（8727所学院）学院无法达到UGC规定的最低质量标准。实际上仅有20%的学院是被认可的。绝大多数学院为无永久附属关系的自筹经费类型学院，同时因其无法达到最低教育质量要求，无法得到UGC经费支持。[①]而工程技术学院仅是所有学院的一个个案与样本，与此整体情况相似。大量工程技术学院无法达到UGC最低教学质量要求，无从得到来自UGC的资金支持，并呈恶性循环状态。

在笔者随机选择进行调研的几所学院中，bharati uidyapeeth's college of engg（德里），Maharaja Surajmal Institute（德里），Maharaja Agrasen Institute of Technology（德里），Delhi Technological University（德里），Guru gobind singh indraprastha university(德里)，Netaji subhas institute of technology(德里)，College of Engineering，Pune(浦那)，Maharashtra Institute of Technology(浦那)，Punjiabi University（旁遮普），IT- B H U（瓦纳拉西），几乎每所学院校领导与教师在被问到目前学校教育教学存在的问题时，都谈到经费不足问题，以及由经费问题所致的教育质量低下问题。在以上10所学院中，有四所是

① Sukhadeo Thorat, *Higher Education in India: Emerging Issues Related to Access,Inclusiveness*, Mumbai:University of Mumbai, November,24,2006,13.

私立性质的工程技术学院，且均为自筹经费性质不接受任何政府拨款的私立学院，因而在涉及经费问题时，比其余学院更严重。在印度工程技术教育体系中，私立学院是主体部分。大量私立学院并没有经 UGC 或 AICTE 认可，其教育教学质量没有任何保障。

质量两极分化问题又进一步加重就业两极分化及大量私立学院毕业生失业问题。因此对工程技术教育体系而言，目前最为紧要的问题便是发展失衡中的质量两极分化问题。精英教育与普通教育并存在印度有着广泛社会背景，也是基本符合印度国情的。但二元教育结构所引发的系列问题，却是不容忽视的。

（二）学位结构不平衡

印度工程技术教育学位结构偏重于基础性学士学位，而硕士学位及博士学位发展缓慢。由班纳吉在 2007 关于印度工程教育的研究报告中相关数据整理可知，印度工程技术类本科毕业生年增长率为 12%，硕士研究生是 8.5%，博士研究生则为 1% 以下。虽然整个学位结构基本呈“正三角形”模型，但整个研究生教育发展极不理想。而高级学位的低发展率也在很大程度上影响了工程技术教育系统师资数量及质量。

1947–2006 年工程技术教育本科毕业生数量增长情况见图 3—1。工程技术学本科毕业生数量从 1947 年的 270 人增加至 2006 年的 237000 人。平均年增长率为 12%。与此呈相同发展态势的是印度每百万人中工程师的数量由 1947 的 1 人增加到 2006 年的 213 人，见图 3—2。

学士学位的高增长率是由印度中央政府及市场特质决定的。印中央政府为着世界技术大国的理想不断加大对工程技术教育的投入力度。而印度市场由于在整个国际分工中，处于低端领域，因而需要大量“技术蓝领”，致使本科毕业生便已能胜任市场需求。因而市场因素对工程技术教育领域的高级学位极少具有刺激力度。

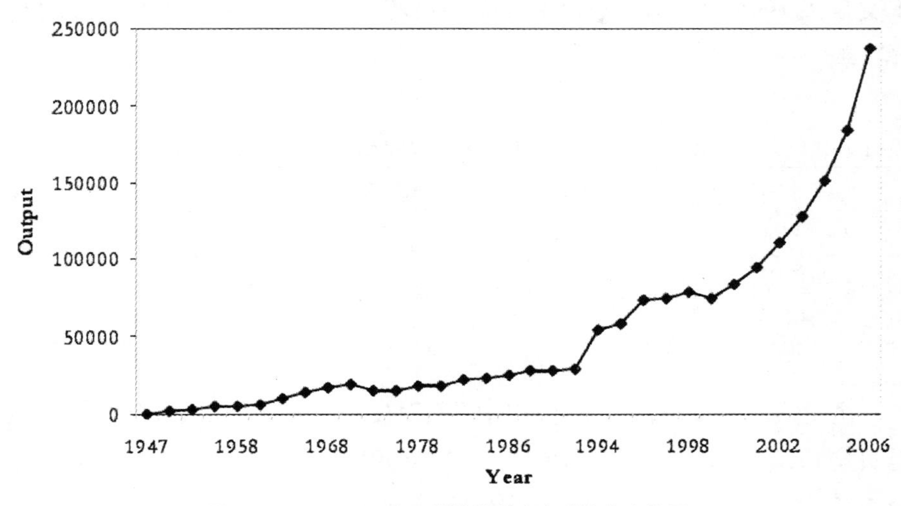

图 3—1　1947-2006 年工程技术教育本科毕业生数量

资料来源：Rangan Banerjee，Vinayak P.Muley.Engineering education in India[R].Mumbai，2007，10.

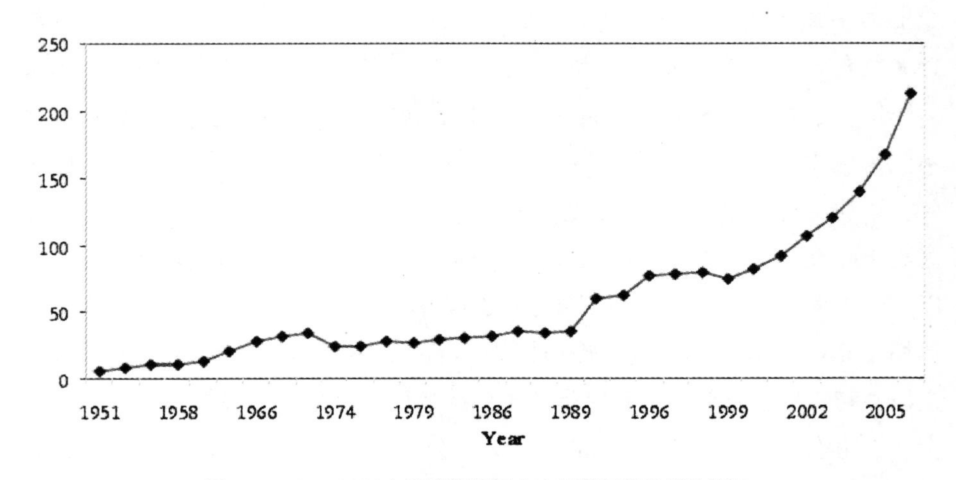

图 3—2　1947-2006 年印度每百万人中工程师数量增长情况

资料来源：Rangan Banerjee，Vinayak P.Muley.Engineering education in India[R].Mumbai，2007，11.

相较于学士学位高增长率，印度工程技术教育的博士学位呈低增长甚至负增长趋势。由于印度工程学博士学位 80% 以上由 IITs 和 IIsc 院校颁发，

本文仅以 1996—2006 年间以上两类院校博士学位增长情况为例加以讨论，详见表 3—1:

表 3—1　　1996-2006 年间 IITs 和 IIsc 两类院校博士学位增长率情况

年份	技术学学士	技术学硕士	工程学博士
2001-2006	0.7	6.9	5.5
1996-2006	4.3	9.9	-0.1
平均增长率	1.0	7.0	5.5

由上表可知 1996-2006 年间印度工程技术教育领域所授予的博士学位呈负增长趋势。与此同时，在 2001-2006 年间呈正增长趋势，平均增长率为 5.5%。

由此可知，印度工程技术教育领域学位结构总体呈不平衡发展趋势。学士学位的高增长率，加之博士学位极低增长率，使工程技术领域整体研发能力不强。进而加重整个工程技术教育领域师资紧张状况，影响整个教育系统的良性发展。而博士毕业生数量与质量是国家研发的重要内驱力，但印度目前每年工程技术类博士毕业生数量是 1000 人左右，这个数量甚至不到毕业生总数的 1%。而许多发达国家工程技术类博士毕业生数量一般是此类毕业生总数的 5-9%。印度如果将 2% 定为发展目标，预计在 2017 年能有约 10000 名左右工程技术类博士毕业生。为解决这一问题，印度政府正从以下三方面入手致力于提高博士学位获得率：首先是吸引吸引优秀的学生进行博士学位阶段学习。包括提高博士奖学金水平，从工业领域吸引更多资金设立特殊博士奖学金；其次是博士生待遇应区别化，为其提供现代化研究设备及办公环境，资助其参加国际学士会议，增加博士研究生高水平课业的严谨性，促进博士生与教员及工商企业界的交流；最后是为博士毕业生提供富有挑战性的工作。工商企业界须为博士毕业生提供相应薪水及富有创造性与挑战性的工作，为想要将研究成果商业化的博士生提供资金、贷款和风险投资等资助。

不可否认，印度最好的本科毕业生往往选择前往美国等发达国家继续学业，因而印度政府目前要做的是如何提供更好的条件吸引这些学生在国内完成学习。与此同时，美国，德国，法国，澳大利亚及新加坡等国的相关大学均为印度学生前往学习提供系列优厚条件。2006年英国国会成员组成的代表团曾前往孟买理工学院了解该校教学并着力吸引一流学生前往英国深造，以使本国工程技术教育系统更加全球化。澳大利亚的莫纳什大学和新加坡的国立大学均与孟买理工学院有联合培养博士生计划。两者均主要向印度学生提供前往国外大学的途径。这就要求印度加强与完善硕士生及博士生学位学习。大量本科毕业生都认为在印度很少有进行研究机会。有必要对研究条件，设备和正在进行的研究学术项目向优秀的本科毕业生进行强调与突现。

博士生的数量与质量不可能自然而然得到提高，这是一个缓慢的发展过程，类似于“鸡和蛋”这一问题，如果能吸引到高质量有创造力的学生，那么博士学位整体水平当然会得到提高。而如果博士学位整体水平提高，必然能吸引高质量有创造力的优秀学生。此外工商业企业界的大力协助也是必需的促进条件。

（三）教育机构地区性分布数量的不平衡

印度工程技术教育失衡性发展的第三个问题是教育机构区域分布总体呈不均衡态势。就整体状况来看，进行精英教育的IITs和NITs由印度政府统筹创建，在全国范围内区域分布较合理，体现着国家促进教育公平的理念及总体宏观调控的理念。但对于主体部分的邦立及私立工程技术学院而言，其建立与发展更多受市场因素影响，普遍较多接受市场机制调节。因而其布局与一地区的经济发展水平及类型密切相关。有研究指出，印度工程技术领域39%的学位教育机构和35%的学历教育机构集中在安得拉邦、卡拉塔卡邦、马哈拉斯特邦和泰米尔纳德邦。[①] 更为突出的问题是，在经济发达的南部地区，教育机构数量远多于其余各地区。由于印度高等教育管

---

① Ghanshyam Thakur，*Challenges and problems of reforming higher education in India*, New Delhi：Sanjay prakashan, 2006, p.82.

理体制的特性，高等院校管理权更多集中于各邦政府相关部门，各邦政府为本邦经济发展及相关利益，会极力推动本邦教育发展，而不会从国家整体观出发对此实行相关改革举措。因而工程技术教育机构地区差异问题虽能引起联邦政府关注，但多以其无能为力而作罢。

二　工程技术教育系统师资整体性紧缺

师资水平是影响教育教学质量的重要因素。但凡世界一流大学，总以一流师资为基础和首要条件。中国《学记》便有“凡学之道，严师为难。师严然后道尊，道尊然后民知敬学”的说法。这从另一个角度说明“师”之于学和化民的重要性。甚至可以说师资水平在很大程度上决定了教育教学的水平。

在印度高等教育体系内部，存在着普遍的师资缺乏状况。印度是历史悠久的深具文化传统的国家，同时又是世界格局中具有举足轻重作用并急需发展的国家，因而教师应成为国家的建设者，这是历史与现实共同赋予教师的使命。印度国家教师培训委员会曾明确指出，新教师专业发展目标重在使教师同时具备职业道德、专业能力、综合与传授知识的能力，同时须掌握社会交往及参与社会事务的能力。但印度的现状是，教育仍面临许多独有问题，诸如学校教室里均有着宗教信仰各异的学生，宗教与种姓制度及社会阶层问题的交织，加剧教育所面临问题的复杂性。其多元化社会要求政府能保证所有公民享受公平（社会、政治和经济领域）、平等（社会机会与地位）、自由（思想、言论和宗教信仰）及尊严与国家的统一。而只有教育能帮助人民理解并尊重不同文化、传统和宗教信仰，也只有教育能让人们学会消除歧视、种族与种姓隔离及各种不平等现象。只有优秀教师所进行的教育才能培养出维护民主制度、崇尚公平与自由价值观的学生。因而教师理应成为印度新时期建设者。正因为国家与社会对教师寄予深切希望，而现实中又缺乏相应制度保障，因而造成整体性师资缺乏问题。

印度政府历来对高等教育给予极大支持，但随着近年高等教育规模大增长，高等教育领域也存在严重师资紧缺问题。尽管教师学术职业近年来遭遇很多危机，但教师一直是极受人们尊崇的职业。高教领域教师短缺或因没有可用的具有相当质量的备选者，或是由于经费原因没能及时补充新教师。许多优秀教师也是以一种勉强心态加入教师职业，仅将此视为一种手段。[①]尤其在高等专业教育各学科领域，由于对教师实践操作及实际从业能力及教学与科研能力的多重要求，加之缺乏相应薪酬支持措施，使高等专业教育师资短缺成为典型问题。且现有师资水平并不很高。据印度 NAAC 对高校教师评估等级看，印度高等教育整体师资情况不容乐观。详细情况见下表 3—2：

表 3—2　　2002——2004 年印度高等院校教师质量等级量化情况分布表

	NAAC 等级						
聘用性质	质量	A& 以上	B++&B+	B	C++, C+&C	不合格	总计
永久聘任	博士学位	35.9	33.0	26.6	28.6	28.8	31.0
	哲学硕士学位	20.6	19.7	18.4	17.9	20.2	19.4
	硕士学位	43.0	45.9	54.7	52.0	50.7	48.6
	其他	0.4	1.4	0.2	1.5	0.3	0.9
	总计	100.0	100.0	100.0	100.0	100.0	100.0
临时聘任	博士学位	10.1	11.4	6.9	8.2	8.3	9.7
	哲学硕士学位	7.9	8.6	6.7	8.7	7.3	7.9
	硕士学位	81.2	77.7	85.7	81.5	83.9	81.0
	其他	0.8	2.3	0.6	1.6	0.5	1.4
	总计	100.0	100.0	100.0	100.0	100.0	100.0
兼职	博士学位	9.3	11.5	6.8	13.2	5.8	9.4
	哲学硕士学位	7.0	6.6	3.5	4.3	8.0	6.2
	硕士学位	83.2	80.6	88.8	81.9	84.1	83.2
	其他	0.6	1.2	0.9	0.6	2.0	1.2
	总计	100.0	100.0	100.0	100.0	100.0	100.0

① Pawan Agarwal, *Higher education in India: The need for change*, New Delhi：ICRIER, 2006.

续表

教师总量	博士学位	28.1	28.0	21.9	24.9	22.4	25.6
	哲学硕士学位	16.7	17.0	15.3	15.6	16.5	16.3
	硕士学位	54.7	53.5	62.4	58.1	60.6	57.1
	其他	0.5	1.5	0.4	1.4	0.6	1.0
	总计	100.0	100.0	100.0	100.0	100.0	100.0
样本校总数		110	547	298	233	285	1473

资料来源：Sukhadeo Thorat .Higher Education in India: Emerging Issues Related to Access，Inclusiveness and Quality[R].Mumbai:University of Mumbai，November，24，2006.

由上表可知，拥有硕士学位教师是印度高等院校的主体部分。即在教师总数中，57.1% 的教师是硕士学位拥有者，其中 62.4% 的教师处在 B 等级。在永久性聘任中，硕士学位占教师总数 48.6%，且大部分（54.7%）硕士学位教师处在 NAAC 等级标准中的 B 位置。在临时性聘任中，硕士学位拥有者占教师总数 81.0%，其中 85.7% 处在 B 等级。在兼职教师中，拥有硕士学位的教师占教师总数 83.2，其中 88.8% 处在 B 等级中；拥有博士学位的教师仅占教师总数 25.6%，且即使在永久聘任中，博士学位拥有者也只占到 31.0%。在不及格这一等级中，永久聘任且拥有硕士学位的教师占教师总数 50.7%，临时聘任且拥有硕士学位的教师占到教师总数的 83.9%，拥有硕士学位的兼职教师占教师总数的 84.1%。总而言之，高等教育领域师资水平总体不高，拥有博士学位和哲学硕士学位的教师只占教师总数很少比例。

印度学者帕瓦（Pawan Agarwal）先生在 AICTE 教师发展委员会报告中曾指出，高等教育机构及入学人数的激增，导致印度教师严重短缺。卡普尔（KaPur）在谈到此问题时指出，印度高校最明显的问题便是教师危机。要使一个悠闲、缺乏竞争、治理结构不佳的高校师资有充足补充，几乎是不可能。而这恰好印证葛雷森劣币逐良币的法则。[①] 在本文所探讨的工程与技术教育领域，此问题相当严重。

① Kapur.Devesh and PratapB.Mehta,*Indian Higher Education Rerorm:From Half-Baked socialism to Half-Baked Capitalism*，New Delhi:The Bookings-NCAER India Policy Forum，2007, p.27.

（一）孟买理工学院师资情况

孟买理工学院2007年共有教员418人（192名教授，106名副教授和96名助理教授）。1958年到2007年间教员数量增长情况见下图3—3：

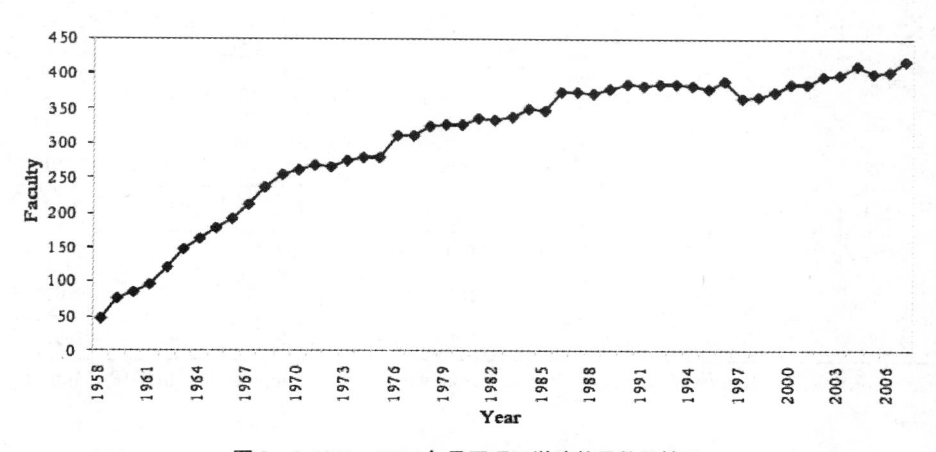

图3—3 1958—2007年孟买理工学院教员数量情况

资料来源：Rangan Banerjee，Vinayak P.Muley.Engineering education in India[R].Mumbai，2007，42.

从上表可知，自1958到2007年孟买理工学院教员数量呈总体增长趋势。从20世纪70年代不足300人发展到2007年的418人。由于在某些年度大量教师退休使增长趋势有所波动。1958年到2007年教员年平均增长率为4.7%。但在近十年，即1996年到2007年间教员数量增长缓慢，由1996年的389人增长到2007年的402人，年均增长率为0.3%。

同期学生人数见下表3—3：

表3—3 1991—2006年孟买理工学院在校生数量情况

年份	技术学士学位	科学硕士学位	技术学硕士学位	哲学博士学位	其他	总计
1991	1110	197	734	735	54	2830
1992	1163	200	701	726	52	2842
1993	1096	188	720	790	52	2846

续表

1994	1104	178	738	715	60	2795
1995	1214	208	807	731	71	3031
1996	1221	223	838	634	102	3018
1997	1314	245	849	611	146	3165
1998	1348	264	1045	596	156	3409
1999	1267	252	1136	558	161	3474
2000	1322	287	1424	622	181	3836
2001	1204	246	1704	711	230	4095
2002	1271	279	1668	771	321	4310
2003	1277	339	1953	763	268	4600
2004	1265	308	1797	1028	221	4619
2005	1312	306	1870	1056	217	4761
2006	1341	330	1985	1149	192	4997

资料来源：Rangan Banerjee，Vinayak P.Muley.Engineering education in India[R].Mumbai，2007，35.

由上表可知，16 年间在校生数由 2830 人增长到 4997 人，年均增长率为 3.86%。

近年来生师比情况见下图 3—4：

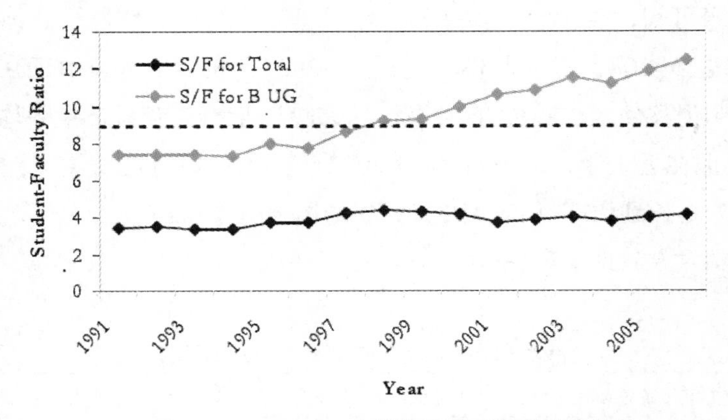

图 3—4　1991—2006 年间孟买理工学院生师比情况

资料来源：Rangan Banerjee，Vinayak P.Muley.Engineering education in India[R].Mumbai，2007，43.

由以上三表可知，近年来孟买理工学院学生数量长幅远高于教员增长量，因而导致生师比上升。对 IITs 此类精英教育机构而言，理想生师比应是 9:1，但目前其实际为 12.4:1. 如果要使这一比例达最佳状态，则孟买理工学院需新聘 555 名教员。

（二）苏拉特国立技术学院师资情况

属于工程技术教育第二层级的苏拉特国立技术学院 2007 年共有教员 107 人，其中有博士学位的教员 37 人，硕士学位 55 人，工学学士学位 16 人及 MBA1 人。自 2001 年到 2006 年，该学院教员数量呈下降趋势（见下图 3—5）。

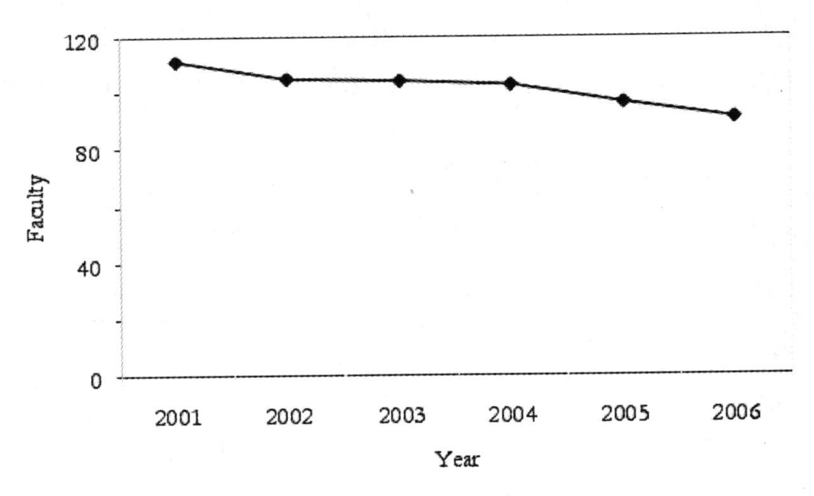

图 3—5 苏拉特国立技术学院 2001—2006 年教员数量情况

资料来源：Rangan Banerjee，Vinayak P.Muley.Engineering education in India[R].Mumbai，2007，74.

在教员数量呈递减趋势的同时，在校生数量却呈递增趋势，这无疑使生师比呈上升态势（见下表 3—4）。

表 3—4　　苏拉特国立技术学院 2001—2006 在校生数量及生师比情况

年份	工程学或技术学学士	工程学或技术学硕士	博士学位	学生注册总数	教员数	生师比
2001	1728	84	92	1904	111	17
2002	1732	120	81	1933	105	18
2003	1707	123	66	1896	104	18
2004	1693	101	63	1857	103	18
2005	1692	109	61	1862	97	19
2006	1691	187	69	1947	91	21

资料来源：Rangan Banerjee，Vinayak P.Muley.Engineering education in India[R].Mumbai，2007，74.

由上表可知，2001 年，苏拉特国立技术学院生师比已高达 17:1，此后几年一直呈持续上升态势，在 2006 年达 21:1。如此高的生师比即使在邦立和私立工程技术学院也较少见，这正说明工程技术教育领域师资的紧缺问题。

（三）麦力普技术学院师资情况

麦力普技术学院师资情况可从对以下几个图表数据分析可知。

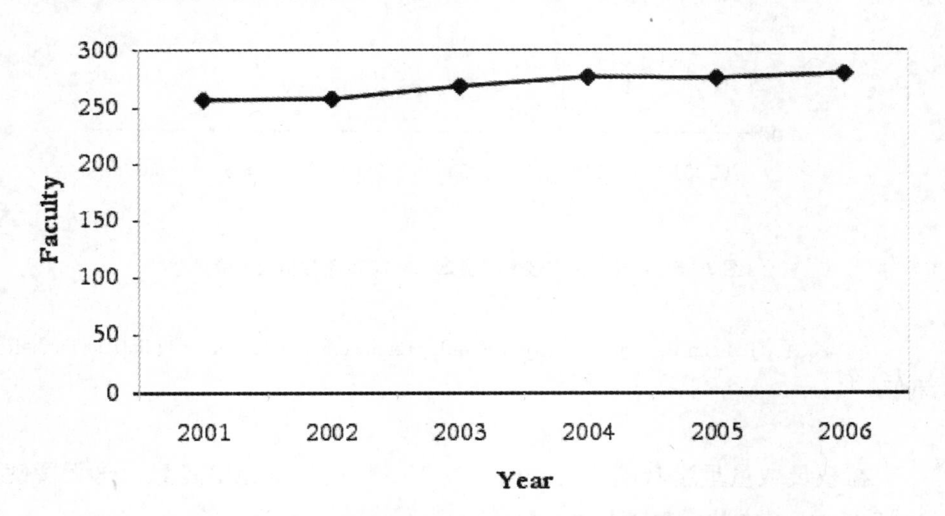

图 3—6　麦力普技术学院从 2001-2007 年间教师数量情况

资料来源：Rangan Banerjee，Vinayak P.Muley.Engineering education in India[R].Mumbai，2007，85.

由上图可知麦力普技术学院从2001-2007年间教师数量呈增长态势。2007年该学院共有教师285人，博士学位拥有者71人，工程学及技术学硕士学位拥有者185人，科学及管理学硕士学位拥有者11人，工程学学士学位拥有者18人。

对麦力普技术学院而言，由于学生人数与教师人数同呈增长趋势，且增幅相近，因而其师生比变化不大（见下表3—5）。

表3—5　　麦力普技术学院1996-2006年间学生数量情况及生师比情况

年份	工程及建筑学士	技术学硕士	MCA	总计	教员数量	师生比
1996	2926					
1997	2843					
1998	2871					
1999	3054					
2000	3037	159		3196		
2001	3115	143	117	3258	257	1：13
2002	3058	167	110	3225	258	1：13
2003	3094	210	94	3304	269	1：12
2004	3137	195	101	3332	277	1：12
2005	3168	181	101	3349	276	1：12
2006	3443	204	89	3647	280	1：13

资料来源：Rangan Banerjee，Vinayak P.Muley.Engineering education in India[R].Mumbai，2007，86.

由上表可知，近年来麦力普技术学院生师比保持在12:1左右，几乎和IITs持平。这对私立工程技术学院而言，已相当不易。也说明即使私立工程技术学院，若教学质量高，办学资金充裕，学术环境良好，那么同样可吸引数量相当的优秀师资。

在笔者走访的一些其他私立工程技术学院中，诸如Bharati vidyapeeth's college of engg.，New Delhi；Maharaja Surajmal Institute 和 Maharaja Agrasen

Institute Of Technology，其生师比分别为 16:1，17:1，16:1。虽然私立学院总体生师比并不高，但在教师学位及教学水平上却远远低于其他几类院校。

由以上图表及分析可知，印度高等教育整体优质师资数量紧缺。在工程技术教育方面，同样存在普遍的优质师资紧缺问题。在进行精英教育的 IITs 里，生师比为 12.4:1。在国立技术学院中，生师比高达 21:1。而在私立工程技术院校中，生师比则保持在 15：1 左右。当然生师比仅是检验师资水平的一个标准，教师学位水平也是衡量师资水平重要因素。在前文关于 NAAC 对高等教育领域师资水平评估表中可知，在印度高教领域，教师中硕士学位拥有者是主体部分。而在评估等级中，各聘任类型 B 等级多为拥有硕士学位的教师。这无疑说明了整体师资水平不高的现实问题。

鉴于工程技术教育领域师资总体水平不高及师资紧缺问题，印政府就此敦促 AICTE 做出各种项目计划，以提高整体师资质量。在 AICTE 师资水平提升计划中，最为著名的是师资质量提升工程（Quality Improvement Programme，QIP），此项目每年可提供 180 名左右硕士学位及博士学位，以提高教师整体学位水平。但目前印度仍约有 50000 多名非博士学位工程技术类教师，因此教师质量提升工程计划应每年提供 1000 人次的培训名额为宜。目前 AICTE 正努力调整 QIP 的内容及方式和名额，力求构建一个灵活多元且能切实提高教师质量的培训体系。除了 QIP 之外，AICTE 还开展许多其他师资培训项目，诸如青年教师职业激励计划（Career Award For Young Teachers，CAYT），教授访问计划，研讨会基金项目，外出调研项目，教师发展项目，国家博士学位奖学金计划，教员入职计划，杰出客座教授计划，教师财政援助专业协会计划等。其中 2006–2007 年 AICTE 的师资水平提升项目见下表 3—6。

表 3—6　　2006-2007 年度 AICTE 师资水平提升项目一览表

	计划名称	数量
a	质量提升工程	
i	博士学位计划	180
ii	工程学 / 技术学硕士学位计划	197

续表

b	工艺学校类教师质量提升工程	
i	博士学位计划	53
ii	工程学 / 技术学硕士学位计划	60
c	青年教师职业激励计划	25
d	退休金计划	14
e	研讨会基金项目	322
f	外出调研项目	164
g	教师发展项目	232
h	国家博士学位奖学金计划	50
i	AICTE-INAE 杰出客座教授计划	14
j	教师财政援助专业协会计划	23

资料来源：AICTE 2006-2007 年度报告

在 AICTE 各种计划外，“教员进修计划”（Faculty Recharge）也是印度高等教育领域较有影响力的一项教师素质提升计划。该计划旨在对大学科学相关领域教员数量扩充与质量提升提供有效的培训机制。如印度著名的尼赫鲁大学（Jawaharlal Nehru University）便被印度政府选中建立一个教员进修中心（Faculty Recharge Cell），该中心可同时提供 1000 名国际化水平的教师培训。[①]

总之师资问题已引起印度政府及 AICTE 广泛关注，双方都在寻求以各种有效的师资培训及提升计划来缓解这一问题。

三 管理体制缺乏灵活性

印度工程技术教育管理体制比较特殊，宏观层面由中央与地方分权管理，导致中央政府监管不力。加之横向的技术教育委员会与高教委员会及其他中介组织间职能重叠或矛盾，导致多头管理混乱状况。

① MHRD 2010-1011 年度报告，第 11 页。

表 3—7　　印度高等教育教育中介组织管理职能概况表

机构名称	主要职责	职责的重叠
UGC 大学拨款委员会	资助，认可高校极其学位，维持整体标准	与其他专业委员会及远程教育委员会 DEC
DEC 远程教育委员会	资助，维持开放教育的标准	与其他专业委员会及 UGC
AICTE 全印技术教育委员会	技术教育类高校的资助，认可	各邦政府
MCI 印度医学委员会	医学从业者注册，医学院和医学资格认可	邦医学委员会，邦政府，某些方面与 UGC 及 DEC 重叠
PCI 印度药学委员会	药剂师注册，药学院认可	AICTE，邦药学委员会
INC 印度护理委员会	接受印度国内外大学授予的资格	22 个邦护理委员会
DCI 印度牙科委员会	向中央政府建议批准牙科（口腔）医学院	国家卫生部
CCH 中央顺势疗法委员会	维护顺势疗法教育机构的中央注册	邦委员会
CCIM 印度医学中央委员会	维持中央注册	邦委员会
RCI 印度康复委员会	理疗及相关教育机构的认可	邦政府
NCTE 全印教师教育委员会	教师教育机构认可	DEC
ICAR 印度农业研究委员会	协调资助农业教育	UGC
BCI 印度律师职业委员会	登录律师成员名单	邦律师委员会

资料来源：宋鸿雁：《印度私立高等教育研究》，华东师范大学毕业论文，第 128 页。

本文所指管理体制缺乏灵活性特指在微观层面的高等教育附属制的影响，目前附属制度已极大限制了工程技术学院的自主发展，对人才培养质量造成很大负面影响。

（一）高等教育附属制在印度产生的背景

在笔者走访过的工程技术学院中，除拥有自治权力的 IITs 和 NITs 外，邦立工程技术学院或邦一级学院及几所私立工程技术学院的领导和老师们在谈到学校教育所存在的问题与困境时，几乎都认为工程技术教育当下所面临的一大问题便是学校管理体制缺乏灵活性，即由于附属制度，导致大量邦一级学院和私立学院在实际教学运行中缺乏自主权与灵活性，严重限制学校发展及教育质量的提高。高等教育附属制在印度已存在一百多年，伴随着印度高等教育产生与发展全过程，是印度高等教育一大特征，也渐成为印度高等教育一大问题。目前在印度高等教育领域进行的改革中，一半以上都是围绕附属制展开。同样在工程技术领域也面临附属制带来的系列问题，极大程度限制了工程技术教育整体水平的发展与提高。

高等教育附属制度在印度的产生是有独特政治、经济，文化及教育背景的。

1.政治方面

从18世纪末到19世纪初，英国在印度大肆扩张殖民统治领土。仅在1763—1818年间英国在印直接进行约30次土地兼并战争，并与印度签订约23次割地条约。同一时期，英国国内工业革命完成，资本主义发展到工业资本统治阶段，英国政府因此对印度殖民统治政策进行调整：从资本原始积累阶段进入自由资本主义殖民政策阶段，并进一步强化对印殖民统治。在18世纪70年代，英政府开始干涉东印度公司对印统治，通过两次《东印度公司法》建立起双重权力统治中心，建立英属印度的行政与司法机构。1833年《特许法案》颁布后，英国议会派专人前往印度负责其立法，使双重统治权力中的议会权力得到加强。在东印度公司统治时期，英国人垄断全部官职，印度人仅担任低层官职。而进入新殖民统治阶段后，英印政府开始实行文官考试选拔制度，合格者经培训可任命为治安长官及收税官类职位。然而文官考试只在伦敦进行，采用英语答卷。这一考试制度随着殖民统治进一步加强，逐渐无法适应英印政府的需求。

2.经济方面

从19世纪50年代开始，英殖民政府加重对印殖民掠夺，印度自然经济进一步瓦解，开始沦为英国商品市场和原料产地。从19世纪中期开始，英国开始对印输入资本并进行直接投资。第一次世界大战后，英国资本大量进入印度工业部门，印度逐步沦为英国商品市场、原料产地及投资场所。不仅英国工业品占领印度市场，且其财政资本支配着印度主要工业部门及金融系统。甚至英国还控制着印度外贸、税收、交通与运输，使印度长期保持的自然经济瓦解，商品经济得到一定程度发展。另一方面，英国殖民政府统治期，整个印度经济落后，人民赤贫。英国商品全面进入瓦解印度传统手工业，千百万手工业者失去谋生手段。土地兼并与高利贷盛行又使上万农民失去土地，承受苛重剥削。诚如马克思所说："印度人失掉其旧世界，却没有获得一个新世界。这使其所遭受的灾难具有一种特殊的悲惨色彩。"①

3.文化方面

英国殖民政府开始对印度思想文化领域进行开拓，以此为其政治及经济目标服务。1813 年起，英殖民政府每年拨款不少于 10 万卢比复兴印度文化教育，进行西方文明渗透。且从 1858 年起，财政拨款仅限于推广西方文化教育。推行西方文化教育同时，殖民政府开始创办英文报刊。早在 18 世纪 80 年代，东印度公司职员们就开始在印创办英文报纸。创办于 1780 年的《孟加拉新闻》是印度第一家英文报纸。到 19 世纪，三个管区城市均有各种英文报纸。② 随着印度大门打开，大量英国传教士涌入印度。他们一方面宣传基督福音，一方面办报为学，进行印度历史文化研究。这些活动使印度出现一批宗教改革者，殖民政权以立法手段对印度教陋习进行改革。19 世纪 20 年代，系列社会改革立法颁布，遏制了印度教一些恶习，在一定程度上对印度社会文明的发展起到促进作用。

4.教育方面

印度现代高等教育体系与其本国悠久历史几无联系，是自沦为英殖民地后开始的。实际上在 1757 年到 1857 年的一百年中，英印政府虽承担了相应教育责任，并制定了一些教育政策，但此时期印度高等教育并没有得到发展，梵语教育及东方文化教育仍是主流。英国政府并无意在印度建立完善的教育体系，主要原因有：首先在英国国内，由于其自由市场经济模式导致联邦政府控制力薄弱，政府对本国教育持不干涉态度。所以此时东印度公司也与国内对教育保持一致态度，对印度教育也持不干涉态度。其次，东印度公司在印统治目的仅为攫取尽可能多财富，而不是将金钱投资于印度教育。即使为满足管理政府事务需要，而不得不通过教育在印形成一个

① 《马克思恩格斯全集》，第 12 卷，人民出版社 1998 年版，第 139 页。

② 林承节：《印度史》，人民教育出版社 2004 年版，第 247 页。

政府与广大人民间的桥梁阶层时，东印度公司也只采取发展中等与高等文法教育，培养适合自己统治需要的低级文官。在殖民初期，英印政府内部就在印度推行东方文化或西方文化进行数年激烈争论，这场持久战使印度本土高等教育发展严重受阻。第三，英印政府鉴于北美独立战争前车之鉴，生怕教育成为唤醒印度人民的因素，因而不肯发展印度教育。诚如当时英国议员杰克逊（Jackson.Randle）所说，我们向美国输出教育，因此我们失去在那里的殖民地，我们再不能在印度这样做。[1]同时东印度公司董事也对此表示反对：我们失去美洲，那是因为我们太愚蠢。竟允许在那里建立学校和学院，我们不能在印度重做这样的蠢事。[2]当时的议会监督局主席查尔斯·伍德也不赞成在印度发展教育，他认为这样做很危险，并易加重社会的不安定。

但随着殖民统治进一步加深，印度人民学习西方文化知识的要求越来越迫切，且英国政府也渐意识到通过教育实现对其进行殖民化的必要性。当时任职于东印度公司的格兰特写了《关于大不列颠在亚洲事务中社会状态观察》一文，认为印度人因愚昧无知而误入歧途，英国负有使印度社会重获新生的使命。解救印度的唯一做法是通过英语传授基督教义，欧洲的文学、哲学及机械原理等。也有一些印度人希望通过英语教育引进西方文化，使印度传统文化得以复兴。当时新印度代表与先驱者拉姆莫汉·罗伊（Ramohan Roy）提出：政府目的在于使人民得到进步，应该采取包括数学、化学、自然哲学、解剖学及其他有用科学的自由与开明的教育系统；聘请在欧洲受过教育的饱学之士并设立配备必要图书、仪器、设备和相应学院。[3]随后西方教育的推行提上日程。随着“东西教育之争”中西学派获胜及《伍德教育急件》颁布，英殖民政府被迫在发展教育与压制教育间寻找一种符合自身殖民统治利益的教育体制，在印度建立起侧重高等教育发展的畸形

---

① S.K.Kochhar，*Pivotal Issues in Indian Education*，New Delhi,Sterling Publishers Private Limited，1984,p.5.

② 林承节：《殖民统治时期的印度史》，北京大学出版社2004年版，第61页。

③ A.Biswas and S.R.Agrawal，*Development of Education in India: A Historical Survey of Educational Documents before and after Independence*，New Delhi：Concept Publishing Company, 1986,p.11.

教育体系和学制。

在高等教育领域，为同时保证高等教育发展最低需求及实现对高等教育间接控制两个目的，英印殖民政府以当时伦敦大学模式为母板，即在印度建立的大学仅在于检验各类学院毕业生质量并授予其学位，大学只是作为一个管理和考试机构存在，各附属学院仅维持最低教学及学术水平。在此模式下，大学可对附属学院学生的学习情况进行考核，实现以极低成本将分散在同一管区内不同地方的学院统一在相同体系中，并避免不同宗教信仰学生生活在一起所可能带来的各种问题与冲突。因此，伦敦大学办学模式被确定为应用于印度大学建立的样板。

（二）高等教育附属制度的发展

1854 年《伍德教育急件》颁布，其中有关高等教育附属制的内容有：在各省设教育部视导学校及学院，并在创办学校及学院过程中指导管理者和校长；以英国伦敦大学为母板，在加尔各答、孟买及马德拉斯三个管区城市各建一所大学，原所有私立学院均成为这三所大学的附属学院。此三所大学附属于英国伦敦大学，接受伦敦大学管辖与考核。1857 年这三所大学建立，标志着印度现代高等教育制度的开始。不可否认，这三所大学对彼时已有所发展，但在教学目标、教学质量、课程设置及考试制度等方面各有差异的学院起到了统一的作用。且由于附属制的确立，使公立和私立学院较好地融合于大学体系。

在高等教育附属体制下，大学只是作为庞大附属学院的管理机构，其本身不进行任何教学与科研活动。其主要任务是为各附属学院制定教学大纲，规定办学标准，提供学术及教学帮助，举行考试，并对通过考试者授予学位。随着附属制建立，印度高等教育规模不断扩大，在政治与经济局势不断变化背景下，附属制度在每个时期的发展特点不断产生着新变化，政府对高等教育的管理方式与政策也进行数次调整。印度高等教育附属制发展基本可分为三个阶段—

1. 自由发展阶段

自《伍德教育急件》颁布到 19 世纪末 20 世纪初，附属制经历了一个快速发展时期。这一阶段以自由放任为特征。一方面，英国政府以《印度政府法》结束东印度公司在印统治，英国政府对印殖民政策进入新阶段。迫切需要一批受过高等教育的印度人担任各级政府次要职位。在高等教育与职位挂钩背景下，印度人民接受高等教育的要求异常强烈。政府与人民对高等教育的需求促进了附属学院发展。另一方面，1857 年印度掀起一场民族大起义运动，此后英国殖民政府加强与印度封建上层的联盟，扩大立法会议以吸收印度人参与。封建上层子女接受高等教育要求日益强烈，一定程度促进了高等教育规模发展。1882 年，英国殖民政府成立教育委员会，采取“自由放任政策”，将学院教育交由个人及非政府团体负责，不再开办新学院，鼓励个人、非政府民间团体开办私立学院。这导致印度附属学院发展迅速。

2.质疑阶段

19 世纪末 20 世纪初，英殖民政府发现自由化政策带来的政治问题及教育质量问题，开始改变管理政策。附属制度经历了质疑，缓慢发展时期。这一时期，一方面英国向印资本输出急剧增长，政治控制进一步强化，引起印度人民强烈不满。印度资产阶级开始觉醒，民族工业有了初步发展，民族运动不断掀起高潮。新兴的资产阶级意识到殖民统治对印度社会的危害，掀起抵制英货运动。此运动逐渐扩大到教育领域，高等教育附属制将大学与学院教育定位于传播西方文化，忽略印度本土文化及印度人民现实需要。因第一阶段附属制放任发展所导致学术标准的降低这些都引起印度人民的强烈不满，进而要求改变高等教育制度。一批民族学院在印度发展起来。另一方面，印度国大党成立，标志着资产阶级政治运动已发展为印度民族运动主流。随着国大党影响力日益扩大，英殖民统治者决定采取摧垮国大党的政策。1899 年被任命为印度总督的寇松为加强对印控制，采取系列政策加强殖民统治。受过高等教育的知识分子开始抨击殖民政权，要求社会改革，自由化高等教育开始被视为社会不安定的根源。寇松政府于 1904 年颁布《大学法》，把高等教育置于政府控制之下。1887 到 1922 年间，印度几乎没再建新附属大学。1911 年，泰塔和佩兹哈以约翰斯·霍普金斯大学为母板，在班加罗尔建立印度第一所科学机构—泰塔理科大学（Tam

Institute of Science），提供纯科学和应用科学教育。1916 年，印度第一所单一制大学（Unitary and Teaching University）贝拿勒斯印度教大学成立，该大学不接纳附属学院，由大学直接进行教学活动。20 年代后，印度各邦政府接管殖民政府对大学的管理权，高等教育附属制受到整个社会质疑，其发展进入缓慢时期。

3.迅速扩充阶段

独立后，新生的印度政府为提高国民受教育水平，采取使更多人接受高等教育的发展政策。附属制无疑是快速实现其发展的良好选择，因此印政府继续沿用带有殖民烙印的高等教育附属制，使其在独立后进入快速发展时期。首先，独立后印度提出建立“社会主义类型社会”民主国家，在教育上实行“教育机会均等”。印度大学教育委员会在 1949 年报告中专列“机会均等”这一项目。1966 年报告中《实现教育机会》一章，指出：只有提供均等的教育机会，有目的地用教育来发展人的潜能并利用这种潜能解决社会问题，社会革命和文化革命才能实现。教育机会均等首先便是入学机会均等，为此印度高等教育招生采取“开放招生”政策，大部分中学毕业生都能进入附属学院学习，附属学院迅速增加。其次，战后印度执行尼赫鲁工业发展战略，追求建立现代化工业社会。为使工业体系拥有强大人才后盾，印政府极重视科技人员培养与使用，及科技研究与发展。因此战后印度建立大批工程技术类附属学院。再次，印度各政治党派经常对高等教育发展提出承诺。印度议会制度规定每五年举行一次大选，各党派通常承诺开办更多高等院校以赢得选票。这成为高等教育迅速发展的强大动力。最后，独立后的印度民众对高等教育有极大需求，印度人口迅速增长也对高等教育施加极大压力。印政府不得不以成本相对低廉的附属制缓解高等教育的巨大压力。因此，战后印度高等教育附属制得到快速发展。

（三）高等教育附属制度的现状

附属制至今仍是印度高等教育的基本架构和一大特征。目前印度有中央大学 42 所，准大学 130 所，邦立大学 261 所，私立大学 73 所，国家重点院校（研究型学院）33所，据邦立法案建立的学院（研究型学院）5所，学院（研究型学院）总数544所，高等学院31324所。[①]在所有31324所学院中，约80%–90%左右的学院为附属学院。每所大学拥有附属学院数额不一，少的十几个，多则高达上百个。且同一大学可能既有公立附属学院，也有大量私立附属学院，形成一校两制或双轨制办学及管理体制。

按照UGC法案规定，学院只有在财政、教师、学生和校舍等方面达到规定标准，才有资格申请成为某一大学的附属学院（分为临时性附属和永久性附属两类）。这些标准设定与实施在一定程度上使附属学院质量有基本保证。在附属制规定下，大学与各附属学院间是一种上下级关系。前者可规定后者在办学条件及资金方面的标准，教师及其他职员的聘用条件，教学计划与内容，并有权视察附属学院各项工作。同时大学也为附属学院提供相应学术帮助：解决学术问题，提高附属学院教师水平，供教学方面的支持，为学院提供参加大学学术、文化及其他活动的机会，为学院教师提供使用大学图书馆和研究设施的机会等。

大学对附属学院的管理则主要体现在两个方面：首先准入管理，即大学对提出申请的学院进行审核与评估。通常大学对其附属学院会提出具体办学要求，由于一所大学对其下属的所有附属学院所提出的相同的要求，因此会造成管理过度统一化与具体化。同时由于大学附属学院数量非常庞大，因而很难做到对每所学院具体发展情况有深入了解，导致大学制定相应标准与要求会与学院具体发展不相适应甚至相悖。而各附属学院因缺乏自主权，因此无法对本学院教学与科研做出相应改革，难形成本学院办学特色。其次是考试与学位授予的管理。附属学院的考试由大学统一组织进行。如前所述，庞大的附属学院使大学很难实现有效管理与质量监控，附属学院在这一背景下往往忽略人才培养质量，仅以应付大学组织的考试为己任。这进一步导致附属学院教学也仅只围绕考试进行。有印度学者针对此状况认为：印度大学教育所经受的最大灾难是教学从属于考试，而非考试从属

---

① 数据来源于HMRD 2010–2011年度报告，其中高校统计数量截止于2010年12月31日。

于教学。[①]通常一些办学质量较差，规模较小的学院，学生因很难通过考试，因而考试舞弊现象严重。恶性循环进一步导致办学质量降低。由于大学控制着附属学院学位授予权，附属学院尤其是临时附属型学院为继续拥附属关系，迫于生存不得不尽力提高学位获得率，因此也会出现种种舞弊作为。这些都严重影响高等教育整体质量。

高等教育附属制在印度现代高等教育发展过程中发挥着重要影响作用，虽然这一制度自建立起便一直伴随着质疑与反对之声，但却能从殖民地时期延续至今。可以说附属制总体而言是与印度国情相适应的。首先，附属制一定程度上促进印度社会与文化发展。在附属制建立初期，以附属制为主体特征的现代高等教育将西方文明引入，先进科技知识及自由民主思想近一步涌入，对印度社会发展产生巨大推动作用。同时复兴民族产业与文化，并因此最终促成独立实现。其次，附属制使最低成本投入产出最大效益这一发展模式在高等教育领域得以实现。目前印度拥有世界第三大高等教育体系。但其国力及经济状况并不强，而附属制能使极低教育投入，实现教育最大程度扩张。附属制既为政府节省大量公共高等教育经费支出，也为受教育者降低教育成本投入，从而支撑起庞大高等教育体系。

但附属制在发展过程中存有相当多问题——首先是广大附属学院发展自主权与灵活性缺失，学院发展受大学诸种限制。管理权力高度集中于大学，使学院仅沦为教学据点，严重影响学院发展与质量提高；其次，学院学术标准无从保障。许多附属学院都是规模小且办学条件差的私立学院，大学无力对每所学院质量进行监控，导致附属学院学术标准低下；同时，虽按照 UGC 法案规定，学院达不到一定标准便不能成为大学附属学院。但各邦政府出于本邦高等教育发展及相关政治利益考虑，会对大量基础设施和财政状况较差并未达到标准的新建学院加以政治援助，迫使大学接受其成为附属学院，进而迫使 UGC 予以认可。这在高等教育发展过程中无疑极大影响整体教育质量；第三，附属学院人才培养与社会发展需求脱节严重。由于

---

① K.Vcnkata Redly，*New Directions in Higher Education in India*，New Delhi：Creative Books，1996,p.8.

各附属学院无权以社会经济发展新要求对本院专业及课程进行设置与改革，大学又无力对各学院具体情况进行了解，导致各学院教育与社会需求脱节，教学内容陈旧，加剧学生就业困难程度。

（四）工程技术教育领域附属制所带来的影响

工程技术教育领域同样面临高等教育附属制所带来的诸种问题。由前文可知，印度工程技术院校同其他类型高等院校相似，其中80%以上学院为大量邦立及私立附属型学院。在笔者走访的6所私立工程技术学院和6所邦立学院中，绝大多数学院都面临与附属大学间管理体制问题，其中尤以私立学院为重。

附属体制对工程技术类院校的影响与高等教育领域附属制度引发的三大问题（发展自主权与灵活性缺失，学术标准无从保障，人才培养与社会发展需求脱节严重）相似，此外，对工程技术类院校而言，还存在着一些其他独有问题—

第一，附属体制下工程技术教育的专业性质被压制。与普通教育相较而言，工程技术教育更以其专业性、技术性及实践性见长。因而在课程设置及教学安排上需大量实验实训及校外实地实践机会，以培养学生实践操作力与创新能力。而大学有数量众多的附属学院需要监管，常无法考虑和照顾到专业教育的特殊需求，仅能维持此类院校最低教学标准。导致专业教育的专业性质得不到发展与体现，大量毕业生则因无法胜任专业岗位就业需求而无法顺利就业。这是附属体制下工程技术教育一大问题。

第二，附属体制下工程技术教育与工商企业界的衔接滞后。工程技术教育的特性决定其与业界联系须保持紧密状态，以市场经济发展最新最高需求及时调整专业布局，设置新兴学科门类及合理安排课程。由于附属体制对各学院管理权力压制，学院无权对教育教学目标和具体教学过程进行改革。同时大学在对社会经济发展新需求把握上总会有所滞后，也因管理任务繁重无法及时对现状进行改变。因而大量附属工程技术学院的教育会出现与工商企业界衔接滞后状况，导致教育与社会需求错位，这正是专业教育致命之处。

针对附属体制消极影响及大量工程技术学院管理缺乏自主权及灵活性情况，印度政府也做出相应改革措施——自治学院改革。自治学院改革的提出可追溯到 1966 年，当时教育委员会正式提出：大学对有能力提高教育质量的杰出学院应考虑给予其自治地位，自治权包括制定入学章程，课程设置，举行考试等，大学仅对其进行一般监督和授予学位。[①]1973 年《北方邦大学法》颁布，首次从法律层面确定自治学院地位与性质。规定自治学院有权进行课程设置和举行考试。[②]UGC 对此持肯定态度，但尽管颁布了法案，并无任何行动。1986 年《国家教育政策》颁布，标志着中央政府着手建立自治学院，将其作为高等教育改革重要措施的开始。印政府寄望于经过长期努力，以自治学院最终取代高等教育附属制度。在印度七五计划（1985—1990）中，明确提出要建成 500 所自治学院。印政府为此采取以下改革措施：首先，在必要情况下以立法形式确保自治学院拥有学位授予权或给予其相当于大学的地位。以此使自治学院有权进行课程改革、教学评价等；其次为自治学院制定包括管理、学术和财务自主制度。即形成自治学院管理与资助模式，形成教师管理系统；第三，政府提供经费帮助自治学院建立合理评价机制，并定期对自治学院各项工作进行检查与评价。但直到七五计划结束，自治学院数量仍少之又少远未达到提出目标。1991 年，UGC 任命一个实施自治学院计划的组委会，专门负责制定相关政策及措施。1993 年，UGC 发布《修改后的自治学院计划指导意见》，其中就自治学院办学自主权、与附属大学及其他教育机构的关系、认证标准、自治地位授予及审批程序、自治学院的组织机构与经费资助等问题做出明确规定，这是附属学院改制的纲领性文件。该文件规定的自治学院自主权包括：选聘教师，开设新专业与制定教学大纲，制定招生办法，举办考试等。自治学院的义务包括：全面确保教学质量，负责学生考评工作。与附属学院相较，自治学院办学自主权大有提高。关键是学位授予权由始至终都掌握在附属大

① Ministry of Education，*Education and National Development Report of the Education Commission*，New Delhi,1966,p.517.

② R. D. Agawal，"Law of Education and Educational Institutions in India" *Law Book Company,Allahabad,*Vo1. 1，p.125，1982.

学手中，这对自治学院而言依然是一大问题。

印政府为改革附属体制消极影响状况，为自治学院的建立制定详尽纲领，并采取系列具体措施。但自治学院发展仍十分缓慢，从60年代自治学院一词提出至今，全国改制和新建的自治学院仅有300多所。在笔者进行调研的样本校中，其中浦那工学院和德里技术大学便是拥有自治权力的自治学院。浦那工学院的前身是建立于1854年的浦那工程及机械学校，1866年开始成为孟买大学的附属学院。经过一百多年的不断发展壮大，于2003年成为马哈拉斯特拉邦的自治学院，拥有课程设置和财务自主的权力，这些对其而言都是巨大的改变。而德里技术大学的前身是创办于18世纪的建筑学校，1940年发展成为德里工艺学校，1952年开始附属于德里大学，1965年发展为德里工程学院，于2009年取得自治学院地位更名为德里技术大学。

附属制对印度高等教育及社会的影响是根深蒂固的，要改变这一现状，印度政府仍需做出极大努力。

四 工程技术教育领域失业与人才外流问题严重

高校毕业生失业问题是印度高等教育领域近年来面临的一大问题。虽然工程技术教育在整个高等教育体系中发展程度及水平较高，发展速度也较快，但失业问题仍是不可忽视的一大问题。除失业问题之外，印度工程技术教育领域的人才外流也比较普遍和严峻。可以说失业及人才外流已严重影响到工程技术教育体系的良好发展，也带给印度本国极大困扰。

（一）工程技术教育领域毕业生就业状况

工程技术教育领域的毕业生就业状况虽普遍好于印度的文理教育，但近年来，专业教育就业情况依然不容乐观。这与国家对工程技术教育所进行的宏观规划及所持有的期望不相符合。下文将从每一类工程技术教育机构的样本校毕业生就业率为例对毕业生失业问题进行探讨。

首先是IITs毕业生就业状况，本文以孟买理工学院、洛基理工学院，坎普尔理工学院和 IT--BHU 为例加以分析。孟买理工学院 2002—2007 年学生就业情况见表 3—8。

表 3—8　孟买印度理工学院 2002—2007 年学生就业情况

年份	学位类型	本科生	硕士生	双学位
2002-03	注册总数	275	335	131
	就业人数	171	186	102
	就业率	62	56	78
2003-04	注册总数	258	282	144
	就业人数	202	197	122
	就业率	78	70	85
2004-05	注册总数	249	388	134
	就业人数	218	307	131
	就业率	88	79	98
2005-06	注册总数	265	330	149
	就业人数	239	291	131
	就业率	90	88	88
2006-07	注册总数	314	374	166
	就业人数	263	321	144
	就业率	84	86	87

资料来源：Rangan Banerjee，Vinayak P.Muley.Engineering education in India[R].Mumbai，2007，41.

由上表可知，孟买理工学院本科生就业率在 2005-2006 年间达到最高值 90%，其年均就业率为 80.4%。硕士研究生就业率也在 2005-2006 年间达到 88%，其年均就业率为 75.8%。双学位毕业生就业率一直较高，在 2004-2005 年间达到最高值 98%，年均就业率为 87.2%。而 2009 年本科生就业率为 71.86%，近年来本科生年均就业率约为 76.13%。

洛基理工学院本科生 2010 年就业情况见下表 3—9。

表 3—9　　2010 年洛尔基印度理工学院本科生就业情况

专业名	学生总数	学生就业总数	就业率
建筑工程	28	20	71.4
生化工程	17	12	70.5
化学工程	32	31	96.8
土木工程	76	66	86.8
计算机科学与工程	36	30	83.3
电子工程	77	75	97.4
电气与通信工程	34	26	76.4
生产与工业化工程	27	22	81.5
机械工程	51	47	92.1
冶金与材料工程	40	38	95
纸浆与造纸工程	22	7	31.8

资料来源：洛尔基印度理工学院校园网

由上表可知，2010 年该校就业率以电气工程专业为最高，达到 97.4%，同年纸浆与造纸工程专业就业率最低，为 31.8%，全校平均就业率为 80.28%。

2011 年坎普尔理工学院本科生就业率为 89.45%。

IT-BHU 之前是 BHU（Banaras Hindu University，印度本国极富悠久历史的著名古老大学之一）的一个下属学院，位于印度历史名城瓦纳拉西（Vanarasi）。2011 年升格后与 IIT 具有同等地位，近几年其学生就业率见下表 3—10：

表 3—10　　IT-BHU 近五年学生就业情况

年份		2006-07	2007-08	2008-09	2009-10	2010-11
硕士生	毕业生总数	156	161	184	193	223
	就业率	89.1	98.1	33.1	37.8	74.4
本科生	毕业生总数	396	379	359	426	417
	就业率	81.8	89.4	93.8	32.8	22.5

资料来源：笔者实地调研整理所得。

由上表可知IT-BHU近五年来硕士毕业生在2007-2008年就业率最高，达到98.1%，而在紧接着的2008-2009年则降到最低值33.1%，平均就业率为83.13%。同期本科毕业生最高就业率为2008-2009年的93.8%，最低就业率为2010-2011年的22.5%(该统计数据截止于笔者调研时的2011年12月，因此该年度就业率偏低)，平均就业率为64.06%。

综合以上四所印度理工学院平均就业率约为77.48%。

其次是NITs毕业生就业情况分析，本文以巴特那，苏拉特国和瓦朗加尔三所国立技术学院为样本。巴特那国立技术学院是印度第十八所国立技术学院，位于比哈（Bihar）邦的巴特那市（Patna），目前是拥有自治权力的学院。其就业情况仅以2009-2010年为例加以分析，见下表3—11。

表3—11　　巴特那国立技术学院2009-2010年毕业生就业情况

	机械工程	电子工程	土木工程	电气与通信工程	计算机科学与工程	信息技术	总数
实际就业学生总数	39	45	38	36	25	23	215
合格毕业生总数	41	45	41	40	41	42	250
就业率	95	100	82	90	61	55	86

由上表可知，鉴于该学院相关学系的实际就业学生总数大于毕业生总数的状况，因而甚至出现107%的高就业率，2009年各系平均就业率为81.2%，处于中上水平。

苏拉特国立技术学院因无最近几年的毕业生就业数据，本文仅以2000—2006年间的学生就业情况为样本加以分析，见表3—12。

表3—12　　苏拉特国立技术学院2000年——2006年学生就业情况

学位层次		2000-01	2002-03	2003-04	2004-05	2005-06
本科生	毕业生总数	406	405	405	371	392
	就业人数	238	142	190	257	288
	就业率	59	35	47	69	73
硕士研究生	毕业生总数			30	36	36
	就业人数			2	2	10
	就业率			7	6	28

资料来源：Rangan Banerjee，Vinayak P.Muley.Engineering education in India[R].Mumbai，2007，73.

此表未包含约 10—20% 继续深造的学生数量。由表可知，近年来本科生就业率最高水平为 73%，年均就业率为 56.6%。这部分是因为苏拉特为新建国立技术学院，学生总数不多，且多选择继续深造有关。硕士研究生就业率普遍很低，这与印度的学位制度不无关系。

表 3—13　　瓦朗加尔国立技术学院 2008-2009 年各系学生就业情况

系名	学生总数	就业人数	就业率
化学工程	34	29	85.29
土木工程	41	39	95.12
计算机科学与工程	75	63	84
电气与通信工程	77	67	87.01
机械工程	66	55	83.33
冶金与材料工程	57	49	85.96

资料来源：瓦朗加尔国立技术学院校园网。

由表 3—13 可知在 2008-2009 年度瓦朗加尔国立技术学院各系毕业生就业率均在 83% 以上，平均就业率为 86.79%。

由上述三样本校的实际就业情况统计数据可知，其平均年就业率为 74.86%。

邦立工程技术学院的就业率以浦那工学院为样本进行分析。浦那工学院 2002—2006 年毕业生就业情况见下表 3—14：

表 3—14　　浦那工学院 2002-2006 年间毕业生数量及就业率情况

年份	本科毕业生数量	硕士毕业生数量	本科生就业率	硕士生就业率
2002-2003	570	254	68	12
2003-2004	525	247	65	49
2004-2005	582	260	72	69
2005-2006	629	271	85	52

资料来源：由浦那工学院网站整理所得。

由上表可知，浦那工学院本科生就业率高于硕士生就业率。本科生就业率最高达 85%，平均就业率为 72.5%。硕士研究生就业率最高达到 69%，年均就业率为 45.5%。学生就业情况普遍好于苏拉特国立技术学院。

私立学院学生就业率以麦力普技术学院和 Bharati vidyapeeth’s college of engg 两所私立学院本科生就业情况加以讨论。麦力普技术学院近几年毕业生就业情况见下表 3—15。

表 3—15 麦力普技术学院 2000—2006 年本科生就业情况

	2000-2001	2002-2003	2003-2004	2004-2005	2005-2006
毕业生数量	576	696	618	798	751
就业人数	31	160	187	574	673
就业率	5	23	30	72	90

资料来源：Rangan Banerjee，Vinayak P.Muley.Engineering education in India[R].Mumbai，2007，85.

由上表可知，麦力普技术学院其本科生就业率在过去几年呈递增趋势，并于 2005-2006 年度达到 90%，2000-2006 年间平均就业率为 44%。

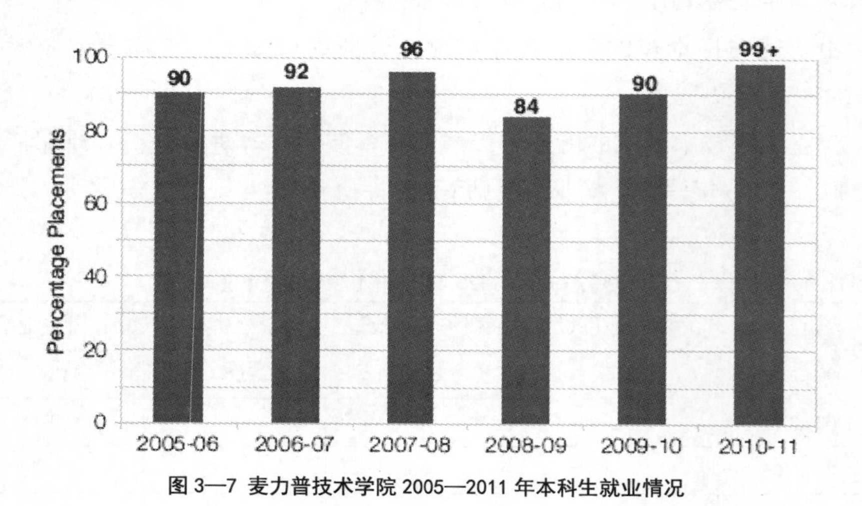

图 3—7 麦力普技术学院 2005—2011 年本科生就业情况

资料来源：麦力普技术学院官网。

由上表可知，该院2005-2011年间毕业生就业率继续呈增长趋势，在2010—2011年度甚至达到99%以上，年均就业率为91.83%，近11年来年均就业率为67.92%。这与学院不断壮大，质量不断提高有很大关系。也见证着印度私立技术学院的艰辛发展。

巴拉蒂维迪亚皮斯工程学院（Bharati vidyapeeth's college of engg）近三年年本科毕业生就业情况如下表3—16：

表3—16　　巴拉蒂维迪亚皮斯工程学院2008-2011年学生就业情况

教学系		2008-09	2009-10	2010-11
计算机科学与工程	毕业生总数	60	60	60
	学生就业总数	51	41	45
	就业率	85	68.33	68.3
信息技术	毕业生总数	60	60	60
	学生就业总数	47	48	45
	就业率	78.33	80	75
电气与通信工程	毕业生总数	120	120	120
	学生就业总数	73	78	87
	就业率	60.3	65	72.5
仪器与控制工程	毕业生总数	60	60	60
	学生就业总数	25	32	21
	就业率	41.67	53.33	35

资料来源：笔者实地调研数据整理所得。

该学院有四个教学系，计算机科学与工程专业三年来最高就业率为85%，年均就业率为73.88%。信息技术专业三年来最高就业率为80%，年均就业率为77.78%。电气与通信工程专业近三年最高就业率为72.5%，年均就业率为65.93%。仪器与控制工程专业近三年最高就业率为53.33%，年均就业率为43.33%。全校各专业近三年平均就业率为65.23%。

综合以上四类教育机构本科生年均就业率情况，加以分析可知其整体就业率水平不高。见表3—17。

表 3—17　　各类工程技术院校近年来本科生就业率情况一览表

	印度理工学院	国立技术学院	邦立工程技术学院	私立工程技术学院
平均就业率	77.48	74.86	72.5	66.58

就平均就业率来看，就业率排名与四类学院的排名一致。IITs 的 77.48% 为最高就业率，私立学院的 66.58% 为最低就业率，平均就业率为 72.86%，总体就业率不高。究其原因，对不同类型的学院而言其原因各有不同。IITs 类高校之所以就业率仅有 77.48%，这与此类高校毕业生大多选择继续出国深造有很大关系；国立技术学院情况类似，学生大多以进入 IITs 深造为幸；邦立与私立学院则更多是因为生源质量及教学质量不高造成低就业率。

就业率低已成为影响印度工程技术教育发展的一大问题，也有悖于印政府将发展工程技术教育作为国家重要战略的初衷，就业问题也直接影响印度社会安定。因此印政府就此问题提出系列改革措施——

1. 加强高校与企业界联系，明确经济发展对人才新需求，根据市场需求对学校的专业设置与课程设置进行相应的调整；

2. 提供各种优惠政策，鼓励毕业生自主创业，并进一步创造就业新岗位；

3. 各学院均设立就业相关部门（Training and Placement Cell），旨在从政策引导，提供就业指导，与企业进行定期沟通，提供相应就业课程等方面增强学生就业能力，提高整体毕业生就业能力。

高校毕业生就业问题是世界各国都在关注的话题，这直接影响国家经济发展与政治安定。印度高等教育领域中的就业问题是一个大问题，由于印政府将“技术大国”作为自身发展目标，因而工程技术类毕业生失业问题更受到各界密切关注。一方面印度工程技术飞速发展，亟须大量优秀专业人才。另一方面许多毕业生无法找到合适工作，因而有学者将此称作结构性失业。即在工程技术教育领域，也存在内部性结构发展不平衡问题。总之在就业问题上，印政府及高校和毕业生都须继续努力解决。

（二）人才外流情况

IITs 的毕业生会在毕业前就已找好工作。但其毕业生毕业之后究竟都在做些什么？有研究指出，工程学毕业生一毕业就去美国进行深造的比率在 20 世纪 80 年代和 90 年代达到 30–40%，在 2007 年左右这一趋势有所下降，约为 16%。而近几年此比率又有所增长。本文以孟买理工学院 2007 年各系院毕业生出国深造比率为例，见下表 3—18。

表 3—18　　2007 年孟买印度理工学院各系院学生出国深造比例

系院	技术学本科毕业生	注册数	比例	双学位本科毕业生	注册数	比例	国别
冶金	3	39	7.7	3	23	13.0	美国
工程物理	8	18	44.4				美国 德国
机械	6	47	12.8	3	49	6.1	美国
电子	7	38	18.4	4	38	10.5	美国
计算机科学与工程	11	34	32.4	1	16	6.3	美国，加拿大，法国
土木工程	5	41	12.2	0	10	0.0	美国
航空	1	27	3.7	1	13	7.7	美国
化学	10	67	14.9	2	12	16.7	美国，德国
总计	51	311	16.4	14	161	8.7	

资料来源：孟买理工学院官网。

上表数据表明各系院技术学本科毕业生出国进行更高学位学习比例从航空专业的 3.7% 到计算机科学与工程的 32.4%，再到工程物理的 44.4% 不等。而双学士学位毕业生出国比例相对较低，平均在 8.7% 左右。出国留学学生，几乎鲜少再回国就业。

人才外流尤其是专业技术人才外流是印度社会发展的一大顽疾，也是工程技术教育领域的一大问题。这一现象是发展中国家人才培养存在的普遍两难困境：努力构建与西方世界接轨的知识体系，着力培养符合国际标准的人才资源，同时却无法为此类人才提供发挥才能与潜力的制度与社会空间，导致大批尖端人才外流。对印度而言，英语教育、历史文化背景、国际交往（英联邦成员国）及经济体制四大因素都为人才外流（尤其是流向与其知识体系相似的西方发达国家）提供了良好机会。不可否认人才外流使印度出现人才断层现象及工程技术教育领域师资缺乏状况，也使教育投入与收益不对称。这固然是因为印度自身经济落后，社会制度不够完善，同时也与国际交流中各发达国家有意识的人才争夺相关。

印度在人才外流问题上的态度向来被外界评价为有远见。印度人认识到在海外工作的印度精英对印度长远发展是一种积极作用，其未来发展可从这些人中得到极大帮助。印度前总理拉吉夫．甘地曾就此发表言论：一个科学家、工程师或医生在 50 岁或 60 岁回到印度，我们也并没有失去他们。我们将因他们在国外获得经理职位或成为富翁而自豪。因此无须将此看做人才流失，而应视为智慧银行在积聚利息，等待我们去提取。所以我们应培养不仅能在印度工作，也能为世界工作的人才。也正因如此，印政府尚未采取行政手段干预人才外流。

但不可否认，印度国内一方面急需各种专业技术人才，甚至重金聘请国外人才。另一方面，许多专业技术人才流向它国，成为发达国家的优秀人力资源库。目前美国已成为最吸引印度留学生的国家，每年约 10 万印度留学生前往美国学习，约 2 万学生前往英国学习。近年来澳大利亚也成为热门选择。这些人多数留在国外工作。硅谷的许多科技管理人才来自印度，他们以高度适应力、吃苦耐劳特性和分析才能受到美国企业好评。硅谷三分之一工程师来自印度，一些高技术公司 CEO 也来自印度。印政府也针对此采取相应措施，如政府部门打破僵化体制以聘用新人才等，但此问题仍需印政府长期努力以解决。

本章小结

印度工程技术教育的确取得了巨大成就，以一个发展中国家的经济实力支撑起庞大工程技术教育体系实属不易。但伴随成就而来的是一些不可忽视的问题。印度工程技术教育存在的问题主要有工程技术教育发展的失衡性，即在工程技术教育内部因精英教育与普通教育的双轨制而导致教育质量两极分化严重；同时学位结构发展不平衡，博士学位获得率极低，严重影响了工程技术教育整体质量；且教育机构地区分布及其不平衡，经济发达的南部各邦工程技术类院校明显多于其他地区。第二个问题是工程技术教育的师资总体比较紧缺，生师比普遍较高；拥有博士学位的教师数量很少，师资总体水平不高。第三个问题是在工程技术教育体系中因为附属制影响，使大量附属学院管理体制缺乏灵活性与自主权，致使作为主体力量的附属工程技术学院整体教学质量不高，进而影响到毕业生整体就业率。第四个问题是工程技术教育领域毕业生失业问题及人才外流问题严重。

第四章　印度工程技术教育发展的动力机制

教育的发展总是与社会其他因素相关联，作为处在各种因素互相影响中的工程技术教育自然也不例外。印度工程技术教育发展至今所取得的成就举世共知，也因此，才有印度近年来保持在 8.5%–9% 的 GDP 增长率及国家创新能力的稳步提升。这无疑证实了从工业经济向知识经济过渡中，一国的知识和技术创新能力已成为国力提升的决定因素，知识与人力资本已成为经济增长的动力源泉。但印度工程技术教育何以取得如今的成就？又何以存有目前诸种问题？这两个问题的回答都需将其置身于国家因素，市场因素和高等教育系统因素构成的三角模型框架下加以分析，即从印度工程技术教育发展动力机制入手，全面理解其成就并深刻探讨其问题。

目前国际学术界在解释以知识为基础的社会与经济问题时涌现大量理论与模型，最主要的有国家创新系统和三重螺旋模型。国家创新系统（National Innovation System——NIS）是由政府、教育及相关培训机构、科研机构、企业、中介组织等围绕知识与技术生产、发展、扩散及应用而形成的相互作用的网络体系。根据伦德华尔、麦特卡尔夫和 OECD 等观点，NIS 的主要功能是促进新知识和新技术的生产、扩散及应用。它是以技术创新理论、人力资本理论和新增长理论为基础。在工业经济时代，国家技术创新能力是国民经济可持续发展的关键。而在知识经济时代，知识生产、传播和应用则成为经济增长的决定因素。1992 年丹麦人伦德华尔（Bengt.Ake. Lundvall）在其《国家创新系统：建构创新和交互学习的理论》（National System of Innovation: Towards a Theory of Innovation and Interactive Learning）一书中认为，现代经济最基础的资源是知识，最重要的过程是学习，学习作为重要的交互式社会过程，须从制度与文化范畴去理解。而国家创新系统则有广义与狭义之分。前者包括介入研究与探索活动的机构和组织，如从事 R&D 活动的机构、技术学院与大学；后者则包括经济结构，影响学习、研究与探索的所有部门及方面。[①]1995 年麦特卡尔夫（Metcalfe）提出国家创新系统是一组独特机构，它们分别或联合地推进新技术发展与扩散、提供政府形成和执行关于创新的政策框架。因而国家创新系统是创造、存储和转移知识、技能和新技术产品的相互联系的机构系统。此定义被英国贸易与工业部于 1997 年的《英国的国家创新系统》（The UK Innovation System）采纳。[②]同年 OECD 推出《国家创新系统》（National Innovation Systems）研究报告，强调该系统中个人、企业与机构间技术与信息流动，提出整套分析方法，以便政策制订者理解和建设国家创新系统。可以说近年来有关国家创新系统的研究已从早期强调技术创新，转移到同时注重技术创新和关注知识在经济中的作用，重视知识生产、储存、转移和应用的全过程。在 70 — 80 年代，日本和东亚经济崛起便得益于强大的国家技术创新系统；90 年代欧美经济振兴则得益于知识创造和技术创新并重的国家创新系统。从某种程度而言，1997 年东南亚金融危机的原因便是因片面强调技术创新的国家技术创新系统造成。近年来，日本政府调整国策，从“技术立国”转向“科技创新立国”；韩国也大幅增加科技投入。而印度正是在有了诸多前车之鉴情况下，从国家层面出发，加大对科学技术知识生产与传递的工程技术类高校的投入与重视，并力促此类高校与业界联结，借此完善国家创新系统，使其为本国国力提升发挥更好作用。

三重螺旋的概念最初源于生命科学研究。1953 年，Linus Pauling 和 Robert B.Corey 首次提出 DNA 的三重螺旋结构模型，此后被 James.Watson 和 Francis. Crick 所提出的二重螺旋取代。三重螺旋虽未被生命科学接受，却运

---

① Bengt.Ake.Lundvall，*National Systems of Innovation: Towards a Theory of Innovation and Interaction Learning*，London/New York: Pinter,1992,p.12.

② UK, DTI.An Empirical Study of the UK Innovation System, 1997.

用到其他不同研究领域。[①]1995年，Etzkowitz与LeydeSdorff开始将三重螺旋模型引入创新系统研究，分析大学、产业与政府间的关系。[②]20世纪80年代末，国家创新系统概念提出后便成为国内外学者研究的焦点，该系统主要研究企业、大学与科研机构、教育部门及政府部门等要素和制度、政策组成之网络，强调事物本身及制度的设置、安排是影响创新的关键因素。但随着知识经济时代到来，及现代大学职能扩张后大学与企业边界的模糊化，传统国家创新系统理论极难对此加以解释。而Etzkowitz和LeydSeorff的三重螺旋模型侧重研究共生协同作用，体现知识流动和配置。该模型认为大学、企业与政府的"交叠"（overlap）才是创新系统的核心，在知识生产、传播并转化为实际生产力过程中，三方共同参与互相作用，从而推动创新螺旋上升。[③]市场经济是现代社会经济发展的最主要形式，在三重螺旋模型分析背景下，对政府作用的发挥一直存在两种观点，即以美国为代表的大市场、小政府观点及以东亚为代表的大政府、小市场观点。然而从经济发展角度看，这两种制度都存有问题。如1998年韩国金融危机和之前美国金融危机便是例证。三重螺旋模型分析认为：在自由放任型创新模式的国家，应该加强国家（政府）作用；相反在政府主导型创新模式国家，国家（政府）作用应弱化，而加强市场作用。即找出政府与市场的平衡结合点。由此可见，目前对国家创新研究已由二维网络式国家创新系统发展为注重协同共生作用的三维式三重螺旋，这正是三重螺旋模型从国家创新系统研究中突围的一大要原因。

国家创新系统的研究是建立在亚当·斯密劳动分工理论和传统经济学理论基础上，该理论强调企业作为创新中心，认为大学与科研机构、政府、金融机构等充分发挥各自职能，基本假设是有效网络的平稳运作能够推动

---

① LeydeSdorff L，The measurement and evaluation of triple helix relations among universities, industries and governments，Copenhagen: Paper to be Presented at the Fourth International Trip le Helix Conference,2002.

② Etzkowitz.H, LeydeSdorff L.The triple helix of university-industry-government relations: A laboratory for knowledge-based economic development[J].EASST Review,1995(1):14—19.

③ 涂俊、吴贵生：《三重螺旋模型及其在我国的应用初探》，《科研管理》2006年第3期。

系统每个部分实现创新，其目标是实现创新资源最优配置。因此，国家创新系统网络内各部门职责界限清晰，对各部门间关系的研究侧重利用交易成本理论。[①] 三重螺旋模型则认为大学在创新中起关键引领作用，同时尝试打破各部门界限，通过各部门间职能相互转化与共生从而达到创新目的。根据两种理论产生的次序以研究问题的相似性，我们可以认为三重螺旋模型是对国家创新系统理论的补充与创新，但因两者研究侧重点及方法不同，因而也可认为两者是两种平行的创新系统理论。

本文在研究印度工程技术教育时首先将其置身于国家，市场与高等教育系统三者构成的三角模型框架内，在此基础上以三重螺旋模型为依据，分别从二维静态与三维螺旋上升的动态角度进行分析。全面探讨印度工程技术教育发展的动力机制。

一　国家因素：内驱动力

教育的发展离不开国家支持，印度工程技术教育的发展史无疑证实了这一点。而国家对工程技术教育同时有不可放弃的权力与责任。在印度工程技术教育从隐性到显性发展过程中，国家起着至关重要作用。这种作用主要体现在宏观战略调控、政策引导及法律完善等方面。可以说没有国家因素的主导，工程技术教育便无法取得今日之成就。国家因素是其发展的直接内驱性动力。

（一）国家因素对工程技术教育的影响

印度工程技术教育的发展受诸多国家因素的现实影响，主要包括人口因素、文化因素、政治因素及经济因素。这些因素共同构成影响其发展的社会原因。

---

① 牛盼强、谢富纪：《创新三重螺旋模型研究新进展》，《研究与发展管理》2009 年第 5 期。

1.人口因素

印度是世界人口第二大国，且以农业人口为主。2001 年的人口普表明，10.27 亿人口中的 7.42 亿人生活在农村，比例高达 72.2%。贫困人口约为 3.5 亿左右。城乡二元结构加剧了城乡贫富差距。全国总体识字率极低。7 岁以上人口识字率仅为65.38%，其中男性为75.85%，女性为54.16%。[①]且这一比例在全国分布也不均衡，比例最高的是喀拉拉邦，已达 90.92%，最低的为印度北方比哈邦，为 47.53%。据人力资源发展部 2010–2011 年度报告统计，在目前的 12 亿人口中，15–64 岁的青年人口占到 0.672 亿，他们是国家建设主力军。2001 年 18–24 岁高等教育适龄人口占总人口 11%，在“十一五”计划末，这一比例将高达 12%。即在人口大国的印度，其基础教育整体水平不高，且存在明显性别及地域差异。而全国人口中青年人口及高等教育适龄人口占总人口数极大部分。

人口城乡比例结构、识字率水平、高等教育适龄青年人口比例和人口阶层分布都会从不同侧面对印度高等教育发展政策施加影响。如何在即有人口比例构成和识字率普遍低下状况中，将沉重人口负担转变为有效人力资源，使其参与经济发展与国家建设，这是印度政府一项重要而艰巨的任务，也必然影响高等教育政策制定。印政府近年来重点发展基础教育，将高等教育推向市场，从而为私立高等教育发展提供巨大发展空间。作为工程技术教育主力军的私立工程学院发展与人口因素不无关联。同时中产阶级壮大引起的人口阶层结构改变也是影响高等教育需求的重要因素。

2.政治因素

印度政治制度的重要特征便是民主制与分权制，这一特征也对工程技术教育发展产生重要影响。

印度是当今唯一拥有西方议会民主制的发展中国家。在几十年发展中，其政治民主化进程不断向纵深推进。建国初期，印度虽为联邦制国家却有着极强中央集权特点，同时具有实质上国大党一党执政特点。反观当今，中央与地方分权已成为其特征之一，印度政坛也已形成多党共同执政之格

① 宋鸿雁：《印度私立高等教育研究》，毕业论文，华东师范大学，第 53 页。

局。普选制使各民族、种族、种姓、阶层及行业的人民皆获得现代公民的基本政治权利，极大提高了民众参与度。种种变化也使执政党在各项事务决策中受到来自各方利益集团的压力与影响。在这个多元化国家里，其民主制一大代价便是决策的困难与低效。教育相关决策也不例外。

由于印度社会及其相关利益群体都呈多元化，每一教育政策的出台，必然需经多方利益平衡，以求最终达成共识。印度国家层面工程技术教育政策长期缺失也正与此相关。且因民主制与选举制双重影响，印度高校往往成为政客争取的“重镇”。这意味着高校承担的不仅只是教育事业，且是重要政治事业。许多私立工程技术院校都有不同政治团体的支撑，这也是尽管相当多私立高校存在各种问题，却能续存的重要原因之一。分权制也对私立工程技术教育产生极大影响，它使印度政治力量具有地方化与多元化双重特征。由于联邦政府与地方政府的分权管理，使私立高等教育更多受各邦高等教育政策影响；印度社会由种族、种姓、宗教及语言构成的多元特征使不同社会集团在争取与维持自身利益过程中不断聚集并形成相应政治势力。这些不同的政治势力使政治力量走向多元化发展之路。分权制进一步促使印度高等教育呈高度多样性发展特征，各邦高等教育在办学主体、目标、质量等方面都存在多样性。而这正是私立工程技术教育得以发展的重要社会基础之一。

总之政治的民主化与分权化特征与政府高等教育自由化政策，共同促进私立工程技术教育大发展。但印度工程技术教育的精英特色依然强势，那是因为政治精英与经济精英始终是掌握最多资源的群体，其利益与价值取向才是影响印度高等教育政策的关键因素。精英特征下所形成的高等教育政策必然加剧差异及社会不公。

3.经济因素

经济环境变革对印度工程技术教育发展及政策制定有重要影响。独立后初期印度实行由政府主导的公私并存混合经济发展体制，这种体制带有极强管制性、封闭性和民族性，即具有明显计划性特征。由于国内经济发展出现的困难与危机，印政府于20世纪90年代初开始发展私有经济，向市场化经济转型。其经济发展模式从半封闭、半管制的内向型向自由化的开放型转变。伴随着经济体制转型而来的是印度私立高等教育大发展，前者为后者铺垫了发展基础。市场经济体制大背景使印度私立工程技术教育发展较少受政府影响，更多地顺应了市场规则的需求。

在经济结构方面，印度正处在由传统农业为主向现代化的工业与服务业为主过渡，这是其产业结构升级一大特征。与此同时知识经济对社会发展的影响作用也日益加大。印度因此成为以知识性服务产业为主的创新型国家之一。但这一发展道路需要培养更多高技术人才。为此印政府鼓励各类工程技术教育机构办学，以培养更多专业技术人员，特别是 IT 人才。经济结构调整及其相应战略规划都对工程技术教育办学理念、学科、层次结构产生极重要影响，也使私立工程技术教育发展更趋于满足经济发展之所需。

虽然近年印度经济发展速度很快，年均增长率保持在 8% 左右。但由于贫困人口比重及复杂而多样的国情，经济发展仍无法提供一个宽裕的公共财政。从“七五”计划开始，印政府高等教育拨款比重呈逐年下降趋势。

4.文化因素

文化对教育的影响力不容忽视。印度社会独特的种族、民族、语言及宗教等因素都是文化因素重要组成部分，各因素的复杂性及互相间影响与联系使印度文化体系总体呈高度复杂性特征。

印度素有“人种博物馆”之称，是多种族与多民族国家。多数学者认为印度主要人种有尼格利陀人（Negrito），达罗毗荼人或曰地中海高加索人种（Mediterranean），原始澳大利亚人（Proto Austaloid），雅利安人及蒙古人种（Mongoloid）。全国有 100 多个民族，主要有印度斯坦族、泰米尔族、拉贾斯坦族、古吉拉特族、旁遮普族、孟加拉族、泰卢固族、马拉提族、比哈族、坎纳达族、奥利雅族和阿萨姆族等。种族与民族的多样性加之独特历史背景与地理环境，使印度滋生多种宗教。目前印度社会主要宗教有印度教、伊斯兰教、佛教、耆那教、锡克教、基督教、犹太教等。宗教性一直是印度传统文化显著特征。事实上宗教不只是一种社会制度，实际上是整个印度文明的核心。

种族与民族的多样性直接导致印度语言与文字的多样复杂性。印度语言主要分为四大语系，分别是印欧语系、达罗毗荼语系、汉藏语系和澳亚语系，最主要的语言有16种。其中英语及兴盛于北部的印地语是官方语言。

种族、民族、宗教与语言所共同形成的文化特质使印度社会深具多样性与不平等性。因而促进社会公平成为印度独立后各项社会政策的重要价值基础。教育历来被视为促进社会公平最重要途径。工程技术教育各方面均体现着平等与公平的价值追求，如在高校招生中的保留政策、收费政策，教学过程中特定人群的救助政策等。此外宗教与语言的多样性也影响着印度高等工程技术院校的构成。印度宪法中对基于宗教、民族和语言等因素举办高等教育的权利有明确规定，且许多少数民族地区高校是基于不同宗教或语言人群的利益而建立，它们是印度工程技术教育的重要组成部分。

（二）政府的调控

独立之初，印政府便意识到庞大的人口资源在接受教育与培训后，能转化为宝贵的人力资源财富。且科技发展与繁荣乃是维护国家政治与经济独立及实现现代化的关键所在。因而以工程技术教育为核心的科技教育应是首要提倡与发展的内容。1949年《宪法》规定，科学必须渗透到印度国家生活各方面及国家奋斗的一切领域。在尼赫鲁的大力推动下，印度历届政府都将科技教育放在突出地位，从宏观层面对其进行多方面战略规划，采取系列发展高等教育的措施，以加快工程技术教育发展，使其紧随国际经济发展潮流，成为现代知识经济基地。

1.高水平工程技术院校的建立

高等院校的建立无疑是国家对工程技术教育进行总体战略规划的一部分。在印度工程技术教育发展历程中，国家因素起到直接助动作用。

独立之初，鉴于殖民统治痕迹严重，印政府决意以教育兴国，实现真正自强与独立。将教育作为一项基本国策。由于自殖民统治时期便已形成的“头重脚轻”发展模式，即轻基础教育重高等教育的模式，新执政的印度政府无可选择地继续维持这一状况。加之高等教育培养的人才是社会发展最为直接需要的人才，印政府在随后很多年里都选择将高等级教育发展放在教育体系首位的战略。而工程技术教育作为专业教育的一支，在殖民地时期几无任何发展。印政府为满足新生国家工业及经济对专业技术人才的极大需求，大力发展工程技术教育。在美国和苏联等国家帮助下，以麻省理工学院为母板在国内相继建立数所与国际接轨，拥有国际化一流制度与师资的印度理工学院。IITs以其严苛招生和严格教学科研承担着国内精英教育重任。同为印度一流大学的印度理学院，印度管理学院等都是在印政府的统筹规划下提供特殊支持与政策，显示国家在高等院校建立中不可忽视的决定性作用。

20世纪60年代，鉴于工业和经济发展不断出现的人才新要求，仅有的IITs无法满足，因而印政府在全国范围内示范性地建立17所地区工程技术学院，以促进各地区的发展及整体经济水平提高。17所地区性工程技术学院的建立与发展为印度国内经济发展繁荣注入新生活力。鉴于此，政府索性将所有地区性工程技术学院全部升格为国立技术学院，赋予其与大学同样的自治地位。这一做法使国立技术学院的办学自主权得到彻底扩大，同时促使30所技术学院在国家发展进程中做出更大贡献。

在印度“十一五”计划期间，印政府扩建高等教育机构数量，包括在低入学水平地区建立373所学院，新建30所中央大学，8所印度理工学院，7所印度管理学院，37所其他类型工程技术学院，同时成立50所前沿领域相关的研究与训练中心。30所中央大学包括16所新中央大学，分别位于贾坎德、比哈、奥瑞萨、旁遮普、哈亚那、喜马偕尔、北阿肯德邦、查谟克什米尔邦、卡拉塔卡、克拉拉、泰米尔纳德、古吉拉特、拉贾斯坦等邦；14所世界级别的中央大学分别位于西孟加拉、马哈拉斯特拉、泰米尔纳德、卡拉塔卡和克拉拉等邦；新建的8所印度理工学院分别位于奥瑞萨、比哈、古吉拉特和旁遮普等邦，在建立新理工学院的同时，将IT–BHU升格到印度理工学院的自治地位；7所新印度管理学院分别位于贾坎德、泰米尔纳德和哈亚那等邦。

诚然，进行精英教育的IITs与NITs等高校仅是印政府在高等教育领域进行战略规划的一个案例。而大量邦立工程技术学院，尤其是各邦具有示范水平的工程技术学院，也都离不开本邦政府统筹规划。即在印度国内，无论是联邦政府或是邦政府，都将工程技术院校的建立与发展纳入自身战略规划中。工程技术教育作为上层建筑之一，正是在国家战略调控下，遵循自身发展规律，在经济发展，国立提升中发挥着重大影响作用。

2.相关委员会的成立

在政府对工程技术教育进行整体调控中，系列委员会的成立也是其中一个重要内容。由于印度高等教育宏观管理体制实行中央政府与邦政府协同管理，且中央政府与邦政府并不直接与高等院校进行联系，而是通过各种中介性质的委员会等组织机构。而国家级工程技术教育相关委员会的成立，都是本着促进其发展与完善的目的。因而，可以说委员会的建立也是政府进行调控的一种手段。

与工程技术教育发展相关的第一个委员会是萨卡尔委员会（Sarkar Committee），该委员会成立与独立前的1945年，被政府授予提供技术教育发展和完善，进行建议和政策制定的重任。之后萨卡尔委员会广泛学习战后发达国家高等工程技术教育先进经验，结合本国实际，提出创建印度理工学院的建议。最终在国家支持下协同创建最初的四所印度理工学院；同在1945年，印政府成立全印技术教育委员会（All India Council for Technical Education），该委员会至今仍是工程技术教育首要负责组织机构。AICTE全权负责国内所有技术教育相关学历，学位及研究生教育。包括相关工程技术院校成立，招生考试，学校经费，招生人数等；曾在历史上短暂存在过的撒克里委员会（Thacker Committee，1959–1961）主要负责工程技术类研究生教育及相关研究，这是印度首个专司工程技术类研究生教育的委员会；纳西达玛委员会（Nayudamma Committee，1979–80）是印度首个专司工程技术类博士生教育、研究与工业等R&D部门进行联结的委员会，虽然该委员会成立后仅工作了一年，但对以后的工作影响甚大。在随后的1986年，该委员会重新成立。对印度理工学院进行全面考察，并提出给予该学院更多学术组织灵活性，并就工程技术类研究及师资流动性等进行全方位的建议；成立于1992的亚什帕尔委员会（Yashpal Committee）近年来一直致力于提高高等教育质量，在2011年6月提交的一份报告中，该委员会坚持认为应加大大学及工程技术院校自治力度，并坚持认为即使IITs等一流精英高校也应加强与人文社科的联系；若玛·姚委员会（P. Rama Rao committee，1995）对工程技术领域博士生教育及技术硕士学位进行调研与建议，侧重于对奖学金数量的提高，确保技术类硕士毕业生就业和国家博士学位计划的筹备；

成立于1998年的马什卡委员会（R.A. Mashelkar Committee）是专为政府部门对地区工程学院的学术质量提高，及最终将地区工程学院向国立技术学院转制，并赋予其准大学地位的专门委员会。该委员会在17所地区工程学院转制过程中起到重要政策性决议作用；成立于2003年的U. R. Rao委员会（U. R. Rao Committee）以复兴工程技术教育为己任，侧重于消除工程技术教育地区间发展不平衡，师资短缺及全面协调AICTE各项工作；成立于2004年的P. Rama Rao委员会（P. Rama Rao Committee）全面负责提高IITs本科生数量及经费结构多元化，并负责确保与提高新建印度理工学院的质量。

3.五年计划的纳入

印度政府将工程技术教育的发展几乎列入每一个五年计划中。印度第一个五年计划于1951年12月8日由时任总理尼赫鲁亲自签署实施，虽然该计划将重点放在农业及国家基础设施发展上，但仍对工程技术教育发展相当重视。“一五”计划认为从1947—1951年间虽然工程技术教育有所发展（见表4—1），但这些发展仅在于一些基础性领域内，总体发展程度远不能满足社会经济发展需要。

表4—1　印度1947-1951年间工程技术教育发展情况

年份	工程学		技术学	
	毕业生数	招生数	毕业生数	招生数
学位课程				
1947	950	2520	320	420
1950	1652	3297	795	1156
1951	2152	3755	675	1338
学历课程				
1947	1150	3150	290	500
1950	1864	4400	689	1212
1951	1923	4965	885	1523

资料来源：印度“一五”计划。

由上表可知，1947年到1951年间工程技术教育招生人数与毕业生人数均有所增长，但其数量依然很少，无法适应社会经济发展要求。因而第一个五年计划中，不仅对工程技术教育在数量增长上提出相应要求，同时认为该领域存在一些基础性问题。如教育机制问题，不同部门与机构对工程技术教育承担的发展义务问题，工程技术教育的控制权问题，工程技术教育与工业及商业的合作问题等，这些都是“一五”计划迫切需要解决的问题。因而在该计划中明确提出要建立更多工程技术院校，并将中央政府，邦政府及其他组织机构的力量结合起来，共同致力于促进工程技术教育的发展（见表4—2）。

表4—2　印度“一五”计划中各部门／组织结构对工程技术教育任务承担情况

高水平，尖端领域的研究与学习及博士生的培养	中央政府主要承担，同时需邦政府及工商企业界的联合与协助
本科生的培养	主要由邦政府承担，中央政府负责制定合适的教育标准和提供新教育计划／课程
高级技术人才培训的学历教育	邦政府与中央政府共同承担
技术学校，工业学校和商贸学校等高级学校教育	邦政府与工业界联合承担
中级技术学院教育	邦政府承担
产业工人及业界主管	中央政府、邦政府与工业界联合承担
工程技术领域的师资	中央政府

资料来源：印度“一五”计划。

在工程技术教育内部，完善学位结构，提升教员质量，更新教学与研究设备等。同时注重工程技术教育与工商企业界的联结。为完成这些目标，“一五”计划对工程技术教育提供相当比重的经费（见表4—3）。

表4—3　印度“一五”计划中各教育部分经费比重情况

（单位：十万卢比）

邦／部	教育管理	初等教育	中等教育	大学教育	技术与职业教育	社会化教育	其他教育	总计
邦	75.7	74.52.8	8,30.4	9,25.1	9,90-4	7,60.0	5,84.1	1,16,18-5
中央政府		12,50.0		2,47.0	11,55.0	7,50.0	1,00.0	35,02-0
总计（1951-56）	75.7	87,02.8	8,30.4	11,72.1	21,45-4	15,10.0	6,84.1	1,51,20-5

续表

比例	(o-5%)	(57.6%)	(5.5%)	(7.8%)	(14-2%)	(10.0%)	(4.5%)	(100%)
发展性支出1950-51	9.5	13,24.2	88.9	1,20.1	2,65-6	76.9	71.1	19.55-3
比例	o.5%	(67.7%)	(4.5%)	(6.2%)	(13-6%)	(3.9%)	(3.6%)	(100%)

资料来源：印度“一五”计划。

由上表可知，在19551—1956年间，工程技术教育占教育经费总投入的14%左右，是仅低于基础教育的第二大部分；在1950–1951年间，这一比例为13%左右，仍位居第二，低于基础教育的67.7%。可见对工程技术教育在国家战略规划中的重要地位。在“一五”计划最后一年的1956年，五所印度理工学院已建立起来，并成为工程技术教育领域领头军。且同时建立UGC，专司高等教育经费及发展。工程技术教育在这一时期取得不小发展和进步（见表4—4）。

表4—4　印度“一五”计划前后工程技术教育增长情况

		1950-1951	1955-1956	1960-1961
工程学	学位教育机构	41	45	54
	学历教育机构	64	83	104
	学位获得者总数	1700	3000	5480
	学历获得者总数	2146	3560	8000
技术学	学位教育机构	25	25	28
	学历教育机构	36	36	37
	学位获得者总数	498	700	800
	学历获得者总数	332	430	450

资料来源：印度“二五计划”。

在实行“二五”计划（1956–1961）和“三五”计划（1961–1966）期间，印政府推行优先发展重工业及基础工业的战略方针。无可置疑，工业发展势必要求大量科技人才进行研究与创新。“二五”计划中指出，在上一个五年计划中工程技术教育发展取得良好成就。目前问题是如何在此基础上继续扩大工程技术教育规模及提人才质量。同时提出在马德拉斯、加尔各答、孟买、阿拉哈巴德和德里各建一所印刷工程相关的技术学院，在德里建立一所城市及乡村规划类技术学院；为有志于从事工程技术研究的学生提供500份奖学金名额；在坎普尔理工学院开始进行博士学位研究生教育，进而在全国范围扩充学位教育层次；加强师资培训。“二五”计划中教育经费占计划总费用的5.83%，工程技术教育经费从“一五”计划的23亿卢比增加到48亿卢比。

“三五”计划将教育作为经济增长关键因素，并提高对工程技术教育投入力度。教育占计划总费用的比例比上一个五年计划有所提高，为6.87%。其中，技术教育在投资中所占比例从“一五”计划的13%增加到“二五”计划的18%及“三五”计划的21%。高等教育费用则从“一五”计划的1.4亿卢比增加到“三五”计划的8.7亿卢比，增加5.2倍。[①]教育经费的增加使一批工程技术院校和高等院校得以建立，促进印度工程技术教育及高等教育大发展。“三五”计划指出印度大学数量已从1950–1951年的27所增加到1960–1961年的46所，在“三五”计划期间将新建12所大学。学院数量从1955–1956年的772所增加到1960–1961年的1050所，“三五”计划期间每年预计新建70–80所学院。

“四五”计划（1969–1974）期间英迪拉甘地任印度总理，该政府提出“印度绿色革命”主张，大力发展农业。因而“四五”计划和“五五”计划（1974–1979）中更为强调教育有效地与社会经济发展需求相结合。“四五”计划中提出要实现培养25000名本科生和48600名文凭毕业生的目标。并将重点放在提高工程技术教育质量与标准上面，侧重学校教育与工商企业界的联结，强调学生就业前的训练及教师进入工业企业的锻炼学习；进一步加强文凭教育，以增强工程技术教育多元性及更好为工业发展服务的能力；扩大和增强高级学位教育；继续增加工程技术类实训基地数量（“四五”计划时已由1967–1968年的2000个实训基地增加到1968–1969年的11000个）；在前沿领域研究中心设立方面，将在孟买建立航空研究中心，坎普尔增设

---

① 钮维敢、钟震：《印度现代高等教育发展与知识经济崛起》，《南亚研究季刊》2010年第2期。

材料科学研究中心，在班加罗尔增设电气与自动化研究中心；进一步加强科学与技术的联系。

"五五"计划期间，教育支出在计划总中比例有所下降。"四五"计划为4. 9%，"五五"计划下降到3. 27%，"六五"计划则为2. 5%。但印度政府对教育的投资力度却大幅增长，从"三五"计划的30. 68亿卢比上升到"四五"计划的77. 43亿卢比和"六五"计划的297. 66亿卢比。高等教育投资所占比例保持在24. 8%左右。这一时期印度在扩大工程技术教育同时也加速农业教育发展，印政府极力将技术教育发展纳入经济发展对科技的要求中去。

"六五"计划（1980–1985）期间拉吉夫任印度总理。因受第三次科技革命影响，印度"六五"计划尤其强调教育在人力资源开发中的重要作用。在高等教育领域，此时期主要任务是如何协调与利用既有的已取得极大发展的高等教育，促进其更好发展。在工程技术教育方面，"六五"计划强调巩固及更好地运用现有教育仪器和设备；准确预测未来人力资源需求领域并及早为此创造有利发展条件；加强计算机科学，制造业，工程仪器，生物科学等领域教育与研究的进行；在一些新兴工程技术领域实施新人力资源培训方案，诸如微机应用，遥感，激光技术，大气科学及能源科学等；提高各学位阶段教育水平；进一步促使工程技术教育与企业发展紧密结合；进行高校与企业间的人员、技术和信息交流，促进两者联结，并促使两者在国家创新系统中作用的发挥。同时极力促成国内信息企业、国际知名信息企业与印度高校联合办学，加快印度工程技术教育国际化进程。

"七五"计划（1985–1990）强调社会公平，现代技术发展，农业发展，增强经济独立水平。这些目标的实现无疑也都与工程技术教育发展有所关联，尤其是在现代技术发展和印度经济独立水平提高两方面。该计划首先对整个教育体系进行重新定位以迎接新世纪挑战。重申教育尤其是高等教育对国民发展及国力提升的重要作用。在此基础上，呼吁高等教育发展要密切关注国家发展需求及经济发展和国内就业局势对人才的新需要；英迪拉·甘地国家开放大学的建立打破了传统高等教育形式，为其发展提供新空间；侧重强调通过技术升级全面提高工业生产水平，因而工程技术教育在这一时期依然是政府发展重点所在。“七五”计划期间对工程技术教育的规划有：巩固既有教育结构与优势；提高工程技术教育领域既有仪器设备利用效率；正视及提高工程技术领域存在的不足与劣势；对与国家发展紧密相关的领域进行人才培训、教育并增强研究力度；继续着力提高教育标准与质量；解决目前发展所面临的障碍与困难；升级工程技术院校实验室和实训基地；

1989–1991年印度经历了一个经济动荡的短暂时期，由于1990年—1992年间印度并无施行五年计划，此时国内外汇储备急剧下降，经济动荡，引发严重经济危机。面对如此严峻国内状况，新上台的拉奥政府在接下来的“八五”计划（1992–1997）中开始自由经济改革运动，加之1995年1月1日印度加入世界贸易组织，这两者为印度经济发展注入强大活力。经济发展亟须高等教育所培养的高素质人才，“八五”计划特意从人力资源开发角度强调教育尤其是高等教育的重要性，将高等教育结构性改革作为这一时期的要点。并将拥有自治权力的学院数增加到106所；新建48所教师培训学院，举办和开设464个课程与项目，有12970名教师从中受益；工程技术院校数量（尤其是私立工程技术学院）及毕业生数量持续增长，与经济水平提升相得益彰。

“九五”（1997–2002）和“十五”计划（2002–2007）期间，印度加快经济增长率，加大私营成分在经济领域中的份额，并进一步增加就业岗位数量。在“九五”伊始，印度国内大学数从刚独立时的27所增加到228所，学院数量从370所增加到6759所；工程技术院校从1950–1951年的49所增加到1996–1997年的418所，工程技术教育队伍进一步壮大。同时私立工程技术院校也紧随世界范围内高等教育私有化进程而蓬勃发展起来。“九五”期间高等教育经费为2520.06（千万卢比）。这一时期，印政府从国家层面宏观调控角度出发，为使工程技术教育与经济发展相适应，特将成立于60年代的17所地区性工程学院全部升格为国立技术学院，并赋予其相当于大学的自主办学地位。使印度工程技术精英教育力量继续增强；

“十五”计划指出鉴于印度经济大发展局势及工程技术教育巨大变化，工程技术教育应培养更多高素质技术人才以适应社会、经济与文化环境变化的需要。信息与通信技术等工程技术领域已从基本结构和管理上发生改变；开放大学的办学模式越来越得到人民认可而流行起来；由此，“十五”期间印政府准备将18–23岁适龄青年的高等教育入学率从6%提高到10%。为完成这一目标，该计划指出应从高等教育质量，实施途径及各邦政府政策入手，强调课程改革，专业设置的职业导向及信息技术网络在教学中的运用；同时强调教育国际化及国际前沿领域研究；远程教育继续得到广泛重视与认可；增加学院及准大学管理中的个人及中介组织力量；增加高等教育经费投入等。AICTE计划新建1715所新工程技术教育机构，主要为私立型院校。该计划期间，仍对工程技术教育进行了详细计划。

“十一五”计划（2007–2012）指出：虽然印度具有发展良好的高等教育体制，但在实际发展中该体制仍有欠缺。首先，高等教育入学率低下。目前印度仅有10%适龄人口能上大学，远低于其他发展中国家的20%–25%。因此必须提高入学率；其次，高等教育体制存在严重质量问题。尽管一些精英教育高校已堪与世界优秀大学相比，但高等教育平均水平却很低；最后，在教育机构、国家实验室和企业研发单位中，合格科技人员严重短缺。目前印度每百万人中仅有157名科学家与工程师从事研发工作，而美国与日本大约是其30多倍，韩国则是50多倍。即印度每年需培养大约5000名科学博士，800名工程学博士。据印度总理科学顾问委员会（Prime Minister’s Science Advisory Council）预测，印度若要成为知识经济国家，其达到世界水准的博士数量应至少是目前的五倍多。鉴于此，“十一五”计划将重点放在提高高等教育质量，特别是扩充工程技术教育，创造吸引优秀学生从事科研的环境，也即“扩充、全纳和优异”三大目标。印度政府向来致力于形成全球研发（R&D）与教育中心，因而需调整政策，继续努力。

由印度五年计划的纵向历史角度可以看出，自印度独立之初，国家便开始将工程技术教育发展纳入宏观战略规划之中。工程技术教育正是在国家大力支持引领下，一步步走向强大。

4.经济自由化改革

印度在独立后初期实施的经济政策强调工业化和国家干预，设立庞大的公营机构以监管商业活动及制定中央规划，最终导致自1951年到70年代末年均经济增长率为3.5%的事实。一度被讽刺为“印度式经济增长率”。

为此，20世纪80年代印度不得不进行经济改革的尝试。

印度第一届尼赫鲁政府在发展国内经济问题上受英国费边主义及苏联社会主义影响，确定公私营经济并存，以公营为主的混合经济体制。并以马哈拉诺比斯发展模式为基础，确立同时兼顾推动经济增长与社会公正的经济发展目标。但20世纪50年代到80年代实践证明，此发展模式不仅没能达到增长和公平的目标，反出现经济发展失衡，增长缓慢，贫富差距加大状况。在“三五”计划期间国民生产总值年均增长率只有2.5%，低于“一五”和“二五”计划的3.5%和4%。农业年均增长率为1.4%，远远低于“一五”和“二五”期间的4.1%和4%。增长缓慢导致公平承诺难以实现，贫富差距更大，失业问题日趋严重。1953—1957年，20%最富者享有全国国民收入的42%，1967—1968年，该比例达到53.3%。同时20%最穷者享有的收入同期下降40%。失业人数在“一五”计划结束时为530万人，“二五”计划结束时为710万人，“三五”计划结束时高达960万。①

英·甘地执政后为在政治斗争中求生存，提出“消除贫困”口号，于20世纪60年代末将经济政策转向激进，把社会公平提到政策首位，采取系列措施。如扩大国有化范围，限制垄断，进一步限制外资。该政策直接导致经济形势迅速恶化，引发国内局势动荡。由于失去民心，英·甘地于1977年大选中下台。在1980年再度执政后，她的经济政策开始沿增长方向进行改革。如放宽对私营企业限制；改善国企管理，提倡效率与竞争；采取进口替代与出口相结合战略；放松对外资限制。经济改革重新开始注重经济增长，为此后执政者的改革指明方向，同时也拉开印度经济改革序幕。

拉吉夫·甘地执政后，重新对经济改革中增长与公平的关系进行深入思考，并认为印度经济要迅速发展，必须将经济增长放在首位。且这种增长应是跳跃式增长。他同时认识到未来经济是以科技为主导的知识经济，于是在“七五”计划中，提出加大改革力度，用电子工业把印度带入21世纪的口号。具体措施有：进行二次“绿色革命”，加大对东部水稻区和中部

---

① 李好：《印度经济改革的核心：经济增长与社会公平》，《经济研究导刊》2011年第18期。

干旱区资金与技术投入，使农业更快更平衡地发展；减少政府干预，为企业自由竞争提供良好环境；高度重视科技升级与生产现代化；加大对教育投入。在拉吉夫制定的 1987—1988 年度财政预算中，教育预算从上一年度的 35.12 亿卢比增至 80 亿卢比。电子工业特别是计算机产业在此期间得到长足发展，工程技术教育也因此大受激励，取得快速发展。可以说拉吉夫的经济改革仅是量的变化，并无质的改变。但其改革对后来政府经济发展起到很好的承上启下作用。

印度在 1990—1991 年间发生严重国内政治、经济与财政外汇危机。就政治而言，1989 年 11 月上台的辛格政府于 1990 年 8 月宣布实施为低种姓保留公职的《曼德尔报告》，这在印北各大城市引起高种姓学生大规模骚乱，63 名学生在抗议中自焚。[①] 同年 10 月，人民党利用混乱局势以“为神服务”口号，率领数十万印度教徒进入北方邦阿约迪亚小镇，欲拆除向有争议的伊斯兰教巴布尔清真寺而改建印度教罗摩庙。此举在当地引起暴力冲突，辛格政府因逮捕人民党领袖阿德瓦尼而失去其在议会中的支持导致倒台。紧接着上台的钱德拉 · 谢卡尔政府因其政党背景虚弱也无所作为；就经济状况而言，印度脆弱的财政状况及国际收支于 1990—1991 年处于崩溃边缘。中央财政赤字在 1990—1991 年度达到国内生产总值的 8.5%，政府部门总赤字达到国内生产总值 12%。外债在 1989—1990 年度高达国内生产总值的 60.4%，1992 年外债高达 710 亿美元。1990–1991 年度外贸逆差达 1064.4 亿卢比，而 1989–1990 年度需支付外债利息总额高达 1700 亿卢比。海湾危机及印度侨民外汇大幅减少更使印度国际收支惨况加剧。1991 年 6 月印度外汇储备降到 10 亿美元，仅够两星期出口之用。政府被迫动用黄金储备，出售与抵押 46.71 吨黄金。国内通货膨胀率也居高不下，于 1990 年达到 12%。

拉奥政府就是在此背景下于 1991 年 6 月成立的。拉奥与其财政部长曼莫汉 · 辛格果断推出系列深具自由化、私有化与全球特征的经济改革政策和相应政治改革措施。在工业政策方面，鼓励发展私营经济，整顿公营企业同时进行部分私有化改革，鼓励外商投资（规定 34 个高度优先领域外商持股

---

① 孙士海：《南亚的政治、国际关系及安全》，中国社会科学出版社 1998 年版，第 53 页。

可达 51%；100% 的出口企业外商可独资；签订技术合作协定不需得到政府批准；成立“特别许可局”以邀请大跨国公司对印投资。这些举措都对印度工程技术教育产生极大刺激）；在外贸体制改革方面，1991 年 7 月开始废除出口成本补贴，减少进口许可证限制；1992 年 3 月开始废除资本货物与中间产品许可证限制，建立外汇市场；1996 年政府统一汇率；在金融与税收方面，自 1991 年起开展资本与货币自由化改革，实行与国际水平接轨的立法；调节国内银行扩张的政府管制；大力废除私人部门进入银行系统的阻碍，努力将税收系统从高税率税基窄的模式转变到税率适中税基宽的模式。

拉奥政府的自由化改革之所以能顺利开展是有深刻历史与现实原因的，首先从世界发展趋势看，自由化、私有化与全球化已成为冷战后世界经济发展主方向；其次，苏联模式失败与亚洲新兴工业国及东盟，中国经济成长施加的影响；第三，冷战后国际政治经济形势变化使印度通过外部因素缓解国内政治经济危机的可能性减小；第四，拉奥之前各届政府已铺垫了改革开放基础；第五，20 世纪 80、90 年代印度现实决定，经济问题的解决已成为其社会政治经济发展最迫切的需求。

拉奥政府的经济自由化改革取得巨大成就，在 1990—1991 年度，印度 GNP 总量为 23646.6 亿卢比，人均 GNP 是 2818 卢比，GDP 总量为 21225.3 亿卢比，农业生产指数为 148.4，工业生产指数为 212.6，外汇储备是 58.34 亿美元；1996—1997 年度 GNP 总量达到 32114.0 亿卢比，人均 GNP 增至 3431 卢比，GDP 总量达到 29293.3 亿卢比，农业生产指数达到 175.4，工业生产指数达到 303.9，外汇储备为 264.0 亿美元。[①] 经济增长在 80 年代前保持在 3.5% 的中低速度，80 年代后以 5.5% 的速度稳步增长。拉奥政府的经济改革将增长率从 1992 年的 2% 提高到 1994 年的 6.3%，此后两年更高达 7% 以上。印度经济发展开始进入提速阶段。同时私人储蓄及投资率上升到历史平均水平，通货膨胀与财政赤字大为改善，国际收支紧张状况得到缓解。在拉奥执政后期，印度外贸出口额从 222.38 亿美元增长到 317.97 亿美元，增幅为 42.98%。80 年代外国人在印投资年均不足 1 亿美元，1996 年外国投

---

① 雷启淮：《当代印度》，四川人民出版社 2000 年版，第 567-571 页。

资已达 103.2 亿美元。同时拉奥政府对高等教育和科研极为重视，采取系列措施发展工程技术教育，使其科技发展名列前茅。如在原子能研究与应用、大型计算机研制、电子技术、生物技术、空间技术、新材料技术、海洋勘探与开发等高科技前沿领域的研究水平已居世界前列。计算机软件出口占全球市场份额约 30%，全球软件技术的领先地位已非常明显。其 61% 的软件出口到美国与加拿大，还有 23% 出口到欧洲。印度南部城市班加罗尔被誉为全球第五大信息科技中心，已具备向美国硅谷挑战的实力。印度也是第一个以信息技术产业带动经济增长的国家。

拉奥政府之后的高达政府，古杰拉尔政府与瓦杰帕伊政府在很大程度上继续延续着拉奥的改革开放政策，并迈出更大步伐。

独立后印度历届政府在如何发展国民经济问题上进行了长期探索，直到 20 世纪 90 年代拉奥政府才找到一条符合印度国情的道路。经济自由化改革推行使印度社会各方面发展都取得良好成就。在工程技术教育方面，由于经济私有化及自由化大趋势刺激，私立工程技术教育在此时期蓬勃发展起来，并迅速成为主体力量。印度工程技术教育在规模与质量上均得到大幅增长。可见政府对经济的调控，直接为工程技术教育发展创造了有利条件与环境。

（三）政策的引导

以制定政策的方式对教育发展进行引导，是各国政府常用的一种途径。学者们很早便从政府与高等教育的关系变化中观察到此种国际趋势："各国政府在越来越将高等教育发展、革新与多样化的责任转移给高校的同时，却保留了制定广泛政策，特别是预算政策的特权"。[①] 印度政府也在通过各种政策影响高等教育发展。

高等教育政策是一个相当宽泛的概念。其表现形式与内容规定也很丰富。依据文本形态判断，印度高等教育政策可分为两大类型：一是以法律形式呈现的政策，如宪法、教育法规等；另一种是以非法律形式呈现的政策，如政

---

① ［荷］弗兰斯 · F. 范富格特主编：《国际高等教育政策比较研究》，王承绪等译，浙江教育出版社 2001 年版，第 1 页。

府及相关委员会颁布的报告或提出的建议等。前者属强制性和原则性政策，一般较宏观全面。后者属建设性政策，所涉及的问题较具体单一。印度高等教育政策制定的程序基本为：成立专门委员会，起草及制定政策建议，交由政府决策，最终形成法律文本。

法律形态的高等教育政策可分为两种，一是针对整个教育系统进行的法律规定；另一种是针对高等教育系统制定的法律。印度法律形态的高等教育政策主要指宪法及教育基本法。两者分别是国家大法和教育母法，是其他教育政策的基础。宪法和教育基本法并非针对高等教育的专门立法，但其中有关高等教育的规定则直接成为高等教育政策组成部分。印度 1951 年《宪法》对高等教育作出明确规定。从教育基本法看，其政策文本主要有：《1968 年国家教育政策》,《1986 年国家教育政策》,《1992 年教育政策修正案》及“行动计划”等。这些是由印度议会授权、政府部门颁布的教育政策，属印度教育制度及发展的纲领性文件，具有一定法律效力。在教育法规方面，也有专门为高等教育制定的，如《印度大学法》,《大学拨款委员会法》及专门针对工程技术教育的《NICTE 法案》。

非法律形态的高等教育政策也可分为两类，一是高等教育发展规划，另一种是政府所属教育委员会的建议。前者主要体现在中央政府及邦政府的“五年计划”中，后者体现在专门教育委员会的报告中。体现在国家“五年计划”中有关高等教育的部分可称为“高等教育发展规划”。1951 一 2007 年，印度中央和各邦共制定了十一个“五年计划”。由前文可知，在这些规划中，高等教育及工程技术教育始终是国家发展规划的重要内容。其次，非法律形态的高等教育政策也体现在各专业教育委员会报告中有关高等教育的建议。从历史角度看，任何政党及政府执政，都会成立专门教育委员会，负责处理教育事务，包括起草制定教育发展报告。这成为政府表达教育理念及目标的基本方式，其本身便是教育政策的一种体现。印度中央层次的教育委员会报告有两类，一是针对整个教育体系提出的政策建议，高等教育只是其一个组成部分。如《哈托格委员会报告》(1928),《中央教育咨询委员会报告》(1935)，扎克·胡森，委员会报告》(1938),《杉思克里特委员会报告》(1956),《教育委员会报告》(1964),《国家教师委员会报告》(1983)等;另一类是对高等教育问题提出的专门报告,例如《大学教育委员报告》(1902),《加尔各答大学委员会报告》(1917—1919),《大学教育委员会报告》(1948—1949),《大学拨款委员会报告》(1956年),《农村高等教育委员会报告》(1967—1969),《国家知识委员会报告》(2005—2008)等。这些政策建议中的观点或转化为国家高等教育政策的一部分,或直接提交中央和地方政府,成为高等教育决策依据。

就非法律形态的教育政策来说,印度最早的高等教育政策当属1854年东印度公司颁布的《伍德教育急件》。该政策开启了印度高等教育之门,印度大学的建立也是以此为基础。但在这一教育政策中,并无涉及工程技术教育的发展。以此政策建立的孟买大学、马德拉斯大学与加尔各答大学侧重于文法专业设置,对工程技术教育尚未涉足。

之后的1902年,殖民政府成立由科仲(Curzon)领导的印度大学委员会,该委员会的主要任务是起草与制定改进高等教育质量及管理水平的政策和法律。殖民议会于1904年以"科仲报告"为基础制定并颁布印度历史上第一个大学专门法—《印度大学法》。该法规定每所大学都须成立50至100人的校务委员会,委员任期5年;印度总督有权决定管辖范围内任何大学事务。[①]《印度大学法》对彼时印度大学教育改革与发展起到重要作用,强化了大学的监管,提高了大学与学院办学质量。与此同时,该法也对高等教育发展产生相应消极作用,如政府对大学控制进一步加强;大学自治权被削弱;对广大附属学院的规定更加严格,使高等教育发展受到限制。

1917年殖民政府重新将注意力放到高等教育发展改革上。成立由M.萨德勒博士(Dr Michael.Sadler)等7人组成的"加尔各答大学委员会"以领导大学教育改革。该委员会认为印度高等教育发展缓慢之原因在于高等教育管理权过多集中于中央政府,地方政府与大学自身缺乏办学自主权。1919年,殖民政府受甘地"不合作运动"影响,认识到进行教育管理体制改革的重要性。决定采取"分权制"方式对高等教育进行管理。"分权制"极大调动了地方政府及大学自身办学积极性,使高等教育有了一定程度发展。

① 施晓光:《印度高等教育政策的回顾与展望》,《北京大学教育评论》2009年第7期。

1927年，殖民政府成立“哈托格委员会”，负责制定高等教育发展政策。该委员会建议包括：重视大学科研与教学工作；建设精品课程；设置大学就业指导部门及加强附属学院管理等。1938年，殖民政府又成立“国家规划委员会”，负责制定国家教育发展规划。1944年该委员会完成《战后教育发展规划》，即著名的《萨甘特规划》。这是殖民时期最后一个根据印度国家发展需要制定的综合性教育发展规划。提出实行3年大学本科学位制；鼓励女生入学；按照英国模式建立“大学拨款委员会”等。这一规划对当时高等教育及工程技术教育发展产生了一定影响。

战后的百废待兴，使印度第一届尼赫鲁政府首先意识到高等教育改革与发展问题。成立由拉达克里希南（S.Radhakrishnan）领导的“大学教育委员会”，负责制定印度大学教育发展规划。该委员会经调查研究，提出：大学经费拨款形式；大学教育组织与管理结构；高等教育目的；教学标准与语言使用；教师任命和工资标准；大学拨款委员会的成立等。该报告是印度独立后首个高等教育政策建议，代表新生政府发展高等教育的伟大设想。

20世纪50和60年代，在教育部和大学教育委员会领导下，印度高等教育发展与改革取得阶段性成就。高等院校数量从1950年的606所增加到1965年的2370所，但整个教育体制并无根本性改变。1958年印度政府颁布《科学决策决议》，强调科学在国家现代化中的关键作用，指出科技创新并采用新兴科技是国家繁荣的关键。制定许多奖励创新研究，培育科技人才，提升科技水平的政策性措施。该决议提出高校应在国内培养一批足够数量的具有高质量的科学家，并鼓励各种培训科技人员计划以满足产业和经济发展需要。在这项政策引导下，印度建立大批文凭院校，科研机构及国家实验室，为科技事业发展奠定良好基础。为深化高等教育改革，印政府于1964年成立史上第六个教育委员会，下设12个专门研究组和7个工作小组。其主要职责是结合国家发展需要，制定教育发展改革政策。1966年，科塔大学教育委员会向政府提交《教育与国家发展》报告，提出高等教育必须适应印度社会和世界发展两大教育目标。1968年，印度国会讨论并通过由该委员会提交的报告，正式形成“国家教育政策”。该政策指出：为加快国家体制发展，要将科学教育与研究放在首位，科学与数学应成为普通教育重要组成部分；加大发展高校短期教育和信息技术教育力度；政策还对高校招生基本条件进行规定；制定成立新高校的标准；提高研究生培养及高校研究水平等。为实现这些目标，印度政府强调国家增加额外经费发展教育，逐步加大教育投入力度，尽可能使教育投入达到国民生产总值的6%。然在70年代，受政治因素影响，“国家教育政策”实施并不顺利。在1978年，印政府又制定《高等教育发展：一个政策框架》，对大学系统在国家发展中的作用，入学限制，大学标准改进措施，课程建设、研究生教育及科学研究，学术自由与分权等问题作出更加明确的规定。

80年代印政府受国际高等教育改革影响，开始总结与评估高等教育发展及改革政策，认识到大学教师水平与其职业发展是影响大学教育质量的关键因素。新执政的拉·甘地政府迫切想要改变印度教育发展落后状况。在他提议下，印政府很快成立两个“国家教师委员会”，其中负责高等教育教师事务的委员会于1985年提交《教育的挑战：一个政策框架》报告。该报告分析了印度本科和研究生教育中存在的问题，在此基础上提出相应改革设想。报告出台后在全国引发一场辩论。1986年，印度议会批准了根据1979年《国家教育政策》文本制定的“国家教育政策”。由12个章节构成，其中第5、6、7、8、10和11章节对高等教育和科学研究等问题进行了专门阐述。[①]为保障其实施，1986年印政府又制定由24个章节构成的“行动计划”。在80年代期间，高校科技人力约占全国总科技人力的1/3，高校承担着全国95%以上的基础研究项目。高校科研经费由1984年占有全国总经费的0.6%上升至1988年的1%。高级研究中心经费由1978一1979年的421.5万卢比上升到1985一1986年的2718.5万卢比，高校成为印度国家科技发展的重要力量。其很大程度也归因于工程技术院校的大力发展。

可以说20世纪80年代前的高等教育政策基本是围绕印度经济建设与高等教育发展需要制定的。其特点是：首先，系统制定印度高等教育发展蓝图，它们都是针对印度经济社会发展需要而制定，目标明确具体；其次，政策全面阐述高等教育在国家经济建设中的地位与作用；第三，许多政策规定

① 施晓光：《印度高等教育政策的回顾与展望》，《北京大学教育评论》2009年第7期。

印度高等教育制度及权力结构。这些高等教育政策为独立后印度高等教育体系奠定了相应法律依据。

20 世纪 90 年代由于拉奥政府经济自由化改革施行，国内局势发生重大变化。1992 年印度政府颁布《国家教育政策修正案》及新《行动计划》。提出：成立各邦高等教育咨询委员会；发展自治学院；促进教师和学生流动等措施。这些都对工程技术院校发展有重要影响。且伴随 90 年代高等教育急剧扩张，高等教育作为公共产品的属性有所变化，私立高等教育快速发展。1993 年，印政府成立由安巴尼和伯拉领导的特殊问题小组，负责制定私人投资高等教育的政策框架。1995 年，该工作组提交著名的《莫卡希安巴尼一伯拉报告》，呼吁政府支持私立高校发展。据此报告建议，政府向国会提交《私立大学（草案）法案》，提出在科技、管理和其他实用领域设立“新型私立大学”政策建议。但未获得通过。2000 年，工作小组对报告进行修改，重新明确政府责任，外资直接引人，财政拨款和建立海外市场等问题。尽管新报告提案仍未完成立法程序，但在实际中已发挥效用。私立工程技术院校便是在此法案引导下，成为工程技术教育主体部分。

21 世纪的印度高等教育已进入快速发展时期。为适应知识经济发展需要，增强国家使用与创造知识的能力，2005 年 6 月，印度政府成立总理高级咨询机构——国家知识委员会。其主要使命是针对国家教育、科学技术、农业、工业和电子等协助政府制定政策。目前该委员所颁布的报告已经成为高等教育改革发展最重要的政策依据。

这一时期高等教育政策主要是为配合印度经济模式改革而制定，其特点是：首先，许多政策是对原有高等教育政策的修整；其次，许多是针对高等教育领域出现的新问题而制定的新政策，如私立院校及跨国办学等；第三，对直接影响高等教育质量的热点问题作出具体规定。

高等教育政策是国家对高等教育进行引导与控制的一种途径，由于国家对工程技术教育发展肩负重任，因而在各项教育政策中都对工程技术教育有所涉及。从政策保障角度出发，为其发展提供良好生态环境。

二　市场因素：显性动力

市场作为一种重要资源配置与协调方式，会对各国高等教育产生一定影响。工程技术教育与市场联结的密切性特征，及印高等教育私有化大趋势皆使市场成为影响工程技术教育发展的重要因素。市场因素对其影响主要通过供求机制，价格机制与竞争机制来实现。

印度历届政府对经济进行的改革，也对国内产业界和工程技术院校带来深刻影响。尤其是20世纪90年代拉奥政府的经济自由化改革，鼓励外资直接投入，并在金融与税收各方面订立新政策，对私营企业进行鼓励。因此印度私营企业与外资企业得到迅速发展，成为经济增长主推力。大多私营企业与外资企业皆为高新技术企业，这些企业要在市场经济竞争中胜出必须拥前有沿技术。这为工程技术教育发展提供很大机遇，也是印度工程技术教育发展的显性动力。经济自由化改革同时也对高等教育产生直接影响。因为经济体制改革必然会影响高等教育结构和功能，使高等教育体系内部专业教育份额增大，也使高校更加关注社会经济发展，加强与其联结。而高等教育体系变革会带动工程技术教育发展。

印度经济体制改革为工程技术教育的展造就强大而有效的国内需求大环境，也对其发展起到直接助推作用。通过市场与工程技术教育两者互动，共同促进彼此发展。对工程技术院校而言，市场需求会在高校内部办学目标，理念，管理体制，专业设置及课程设置等方面施加影响，使其不断得以优化，深化教育改革力度，提高办学质量与效益。就市场而言，工程技术院校大量优秀技术人才的培养，为市场注入强大新生活力，加速市场体制完善及市场结构优化。

印度国内市场对工程技术教育影响主要来自政府部门及相关大型企业，如电信，银行，电力等部门。这些市场需求是印度工程技术教育发展中不可忽视的显性动力。但由于印度国内市场发展尚不完善，其对工程技术的影响也较有限，限制了工程教育深刻而全面的发展。

在印度工程技术教育发展过程中，国际市场也是一个非常重要的影响因素。对有些专业教育而言，国际市场的需求甚至是主要刺激因素。最具代表性的便是印度的计算机科学与技术专业。印度计算机科学与技术专业的发展及软件产业的巨大成就，都与国际市场需求密切相关。印度软件技术教育及产业在国际市场最具知名度。之前软件技术及产业一直由欧美发达国家掌控最核心部分，也是该行业国际标准制定者。20 世纪 80 年代全球软件产业进入迅速发展时期，产值保持 20% 的年增长率，到 90 年代虽然降至 12%，但也是同期全球经济增长率的 5 倍。[①] 随着国际市场对电气工程及各种软件技术需求的急剧增长，发达国家迫切需要在国外寻求此类工程师。从而形成发达国家信息技术产业向具备人才优势的发展中国家转移之新浪潮，造就新的国际产业分工。印度软件企业很好把握了此次机遇，利用外包加工和软件服务与国际企业合资合作，全面提高印度软件企业国际竞争力和水平。而软件企业整体水平的不断提高必然对国内工程技术教育提出新要求，直接刺激后者的发展。不仅是对其国内一流院校的直接刺激，更多促使培养“技术蓝领”的普通及私立工程技术院校实现大发展。使市场因素直接成为工程技术教育的显性动力。

下文将以占据印度工程技术教育主体部分的私立工程技术院校与市场间的关系来探讨市场因素对工程技术教育的影响。

（一）私立工程技术教育与市场关系密切

1.私立工程技术教育的准公共性

私立工程技术教育作为私立高等教育组成部分，具有准公共性特征。这使其兼具公共性与私益性特征。前者要求国家对其发展承担相应责任，后者使其易受市场因素影响。私立工程技术教育很大部分属更具私益特征的高等教育。印度私立工程技术院校可分两类，它们在产权界定，运营性质，办学层次，产品属性及对应社会领域等方面有所不同。第一类院校属

① 刘小雪：《发展中国家的新兴产业优势—以印度软件产业的发展为例》，世界知识出版社 2005 年版，第 180-181 页。

社会公共资产，其运营属非营利性。在办学层次上以本科及研究生教育为主，其产品属性以公共性为主，更侧重于强调自身使命与公民社会一致性。如麦力普技术学院、伯拉科技学院等；第二类院校则具明显私益性特征，与市场关系非常紧密。其资产为自有资产，为保证资产保值与增值，此类院校办学采取市场取向，以使教育具有市场竞争力。其运营以营利性为主，具有明显追求投资回报的动机。在办学层次上以专科甚至高职教育为主，这为其提供了更多市场机会，也更易吸引社会私有资本。此类院校所提供的教育属性以私益性为主，注重教育教学与市场规则一致。如笔者曾走访的 Bharati vidyapeeth’s college of engg，Maharaja Surajmal Institute，Maharaja Agrasen Institute Of Technology 三所学院便属第二类。实际上，印度私立工程技术院校绝大多数都属此种类型。另就教育供给而言，私立高等教育根本无法离开市场供给渠道。这些皆表明私立工程技术院校的生存与发展是与市场有紧密联系的。

2.私立工程技术院校有更大办学自主权

经费结构对高等教育自主权有着极大影响。私立工程技术院校的自主权很大程度源于其经费来源。此类院校较少依靠政府拨款，主要依靠自筹经费。经费的独立为其自主办学提供了根本保障。

以提供公共经费的方式，即通过财政手段对高等教育加以引导与控制是各国通行的一种方式。而私立高校因办学经费多为自筹，为其赢得很大自主发展空间。首先，私立高校可自主支配经费，免受政府控制；其次，私立高校的民间办学性质使其深具独立办学意志，可较少或不用承担国家建设之使命；最后，私立高校办学目标与理念更加多元。其教育教学可兼顾市场需求与影响国家长远发展的基础科学人才培养及科研任务。相较之下，公立高校更多须依据国家制定的办学方针与政策等履行自己的教育任务。

私立工程技术院校的自主权使其对市场持更开放心态，且能更迅疾对市场新需求与变化做出反应。也能及时对市场需求的新人才，新专业进行培养与设置。及时更新教育体系，进行办学模式的创新等。

3. 印度高等教育私有化趋势加强了市场因素对私立工程技术院校的影响力度

高等教育属性的探讨可追溯至20世纪60年代的人力资本理论。彼时人们更多关注高等教育公益性，强调其社会效益。80年代后，高等教育大众化在世界范围有显著进展，大部分发达国家实现了高等教育大众化。但印度仍处在大众化进程中。这必然需求教育公共经费大幅增长。而世界各国在20世纪70年代末以后都经历了程度不一的财政窘迫。印度也不例外。如何在不增加公共资金总量情况下筹集更多教育资金，提高高等教育供给总量，满足经济发展的人力资源新需求，已然成为高教改革必须解决的重要问题。这种压力使政府与高校和市场各方在实践中共同寻求高等教育私有化的理论性合法依据。高等教育属性转变便是在此背景下产生的。

目前人们对高等教育属性的共识为，既是准公共产品，拥有公益性特征。同时又兼具私益性特征。这一转变对高等教育发展产生了显著刺激作用，同时也是私立高教发展认识论基础。首先，政府不必向高等教育提供全部经费。因其准公共性，个人在接受高等教育时不仅可使国家与社会发展收益，个人也能从中获益。因而政府不能再强迫人民对少数接受高等教育者以纳税方式提供经费保障。因为个人收益，个人在接受高等教育时必须分担一定教育成本，不再享受免费教育。其次，物品的公私属性直接影响到物品供给制度安排。私人物品的供给可由市场机制进行，公共物品的供给由政府安排，准公共物品的供给则由市场与政府共同进行。这从经济学上为私立高教发展提供合法依据。在私立高等教育方面，收取学费和私人办学都具有经济学的合法性。私立高等教育的产生与发展因此有了必要的合法依据。

除对高等教育属性认识转变以外，新自由主义思潮也是影响印度高等教育私有化和市场化的一个认识论背景。新自由主义经济学核心观点便是自由化，私有化与市场化。其中自由化要求解除可能导致利润降低的国家调节，主张市场自由发展，保证个人自由选择权；私有化认为，资本主义私有制是合理与永恒的经济制度，可极大程度提高市场效率；市场化则认为市场经济是自动运转可对社会资源进行配置的万能机器。主张让资本，产品及服务最大限度自由流动。自由化，私有化与市场化三者间是有机联系的。新自由主义对印度施加的影响是通过拉奥政府 90 年代的经济自由化改革实现的。

印度高等教育私有化极大推动高等教育的市场化。第一，私有化极大丰富了印度高教的供给市场；提供更多高等教育机会，使高教市场更加丰富；极大程度提高学生专业及高校选择机会；拓宽企业对毕业生选择余地；弱化高等教育供需矛盾。第二，私有化促使高教市场的发育与完善。印度高等教育私有化为其筹集到更多资金，也提供了更多教育资源。印度 20 世纪 80 年代末以后的高等教育扩张主要依靠此种模式实现。同时经费多元化对资金要素市场的依赖也对资金市场提出更高要求。对教师、生源等要素的流动与完善提出更高要求，这极大促进高等教育要素市场的发育与完善；最后，私有化也带动市场机制作用的更好发挥。私有化可使高等教育愈发注重市场机制作用的发挥，提高服务社会经济发展的能力。可以说，印度高教私有化之前，几乎完全依靠政府投资。高校对市场反应非常滞后。而私有化之后，市场机制对高等教育的影响，如办学成本引入，强调收取相应费用等，打破了高等教育福利性质，更多凸显竞争意识。因而高校在办学过程中会更为迅速地抓住市场需求特点而设置市场急需的学科专业；找准人们对高等教育的需求范围，从而设定合理收费标准；同时在教学内容方面，对教材的选择与编写，新教学方法的采用，人才实践能力的培养等培养模式加以改进完善。

（二）私立工程技术教育发展的市场供求因素

私有化使印度工程技术教育更趋向市场，体现对市场需求而非国家需求的回应。在此过程中，印度私立工程技术教育得以迅速发展。这种回应更多集中于对印高教市场的供求矛盾方面。市场供求因素对私立工程技术教育发展的影响进行分析，可从供求因素的影响集中透视印度私立工程技术教育发展中市场因素的作用。

发展中国家高等教育通常面临的基本矛盾便是经济、社会与人民群众对高等教育需求与高等教育供给不足间的矛盾。需求与供给的平衡有双层含义，首先，高等教育需求与供给存在数量与结构方面平衡。通常状况是，高等教育供需数量矛盾先表现出来，此矛盾的解决是第一位；高等教育结构平衡包括学科专业结构，人才素质结构等方面的供需矛盾。数量与结构方面的平衡并非相互独立，而是有机联系；其次，高等教育供需平衡是不断发展变化的过程。因为高等教育供给和需求都受诸多因素影响，这些因素本身便具有动态性，因此高等教育供需平衡也是一个持续发展过程。随着高等教育供给达到一定量时，需求便逐渐满足，甚至超过需求，体现为高校毕业生就业率降低，社会失业增多。此时数量方面的供需矛盾成为次要矛盾，而结构矛盾转化为主要矛盾。即只有实现高等教育供需结构平衡，才能解决好失业问题。相对而言，发展中国家高等教育供求存在极大差距，尚属卖方市场，且供应不足。这种不平衡在印度转向市场经济体制以来，高教供需平衡状态势必对私立工程技术教育产生重要影响。

1.私立工程技术教育的需求分析

首先，建设知识经济大国必然要求私立工程技术教育发展。印度历届政府均致力于将本国建设为技术大国和知识经济大国。这需要庞大高素质人力资源支撑。高等教育入学率的提高是其必然指标，它代表着印度接受高等育的人才比例，也代表着高质量人才之规模。单纯从绝对数量考察，印度技术人才储备量已居世界前列。但其高等教育毛入学率仅为13%。因而对挖掘其人口资源潜力而言，还需进一步教育规模。

其次，产业结构的调整。知识密集型服务产业的发展是印度一大战略规划。印度各大委员会报告中都告阐述了知识经济发展的基本构想。即利用经济全球化与发达国家人力资源不足带来的机遇，使印度发展从资本驱动转向知识驱动，从而发展面向全球服务型知识经济。印度经济结构及就业结构在过去几十年发生显著变化，其特点是：农业比重下降，服务业比重增长。大量人口进入制造业与服务业，这需要工程技术教育的培训。这种趋势尚在继续，产业结构的升级将为工程技术教育发展创造更大空间。

第三，高等教育是促进社会流动的有效机制。在印度复杂种姓背景及种族、民族背景所形成的独特层级化社会结构中，底层人民唯有通过高等教育改变命运并实现向上流社会流动。就笔者所知，高等教育几乎是印度中产阶级形成的最主要体制。印度2.5亿中产阶级是其社会精英主体，他们为保持既有社会秩序，迫切需要高质量高等教育，尤其是高质量工程技术教育。十六所理工学院，7所管理学院及其他进行精英高等教育的院校是其首选。其他普通阶层及落后阶层的高等教育之梦只有通过大量邦立尤其私立院校（进行专业教育的工程技术教育往往是其首选）实现。

印度高等教育在发展过程中长期存在重普通教育而轻专业教育的问题，因此导致目前专业教育，尤其工程技术教育需求特别旺盛的特点。

2.私立工程技术教育的供给分析

首先，人力资本理论及高等教育属性之影响。人力资本理论认为教育是一种生产性投资，可有效提高劳动生产率及劳动者收入。对国家与个人而言，这种投资都深具意义。而很多国家的跨越式发展都证明教育投资的重要性。私立工程技术院校便是以此理论为基础进入高等教育市场。

其次，公共财政经费影响。国家财政状况是影响高等教育供给显著因素。对大而贫穷的印度来说，国内有限财政经费需投入很多领域。教育投经费资在“七五”计划后呈逐渐减少趋势。财政控制手段的缺乏导致印政府对高等教育很多问题失去有效控制。这为私立工程技术教育发展提供又一契机。

第三，专业技术人才需求结构变化。专业技术人才的需求是高等教育供给的重要参考目标，它直接影响高等教育供给数量与结构，并引导高等教育供给方向。随着产业结构升级，印度对各类高素质专业人才的需求不断增长。从结构上说，产业结构调整同时导致对工程技术人才需求的急剧增长。这些变化为工程技术教育供给指明方向。目前，印度政府不断扩大工程技术教育规模，但需求缺口仍很大。这正是吸引私有资金进入私立工程技术院校的重要影响因素。

由以上分析可知，市场因素影响是私立工程技术教育发展的显性强大动力机制。市场因素对工程技术教育尤其是私立工程技术教育之积极影响不容忽视。主要表现在：首先，在公共经费困难背景下，扩大工程技术教育供给，极大程度弥补供求数量矛盾。不仅扩大工程技术教育规模与质量，也在实际上加速高等教育大众化进程；其次，引导工程技术教育朝满足经济发展需求的方向进行专业与课程设置。在回应市场需求方面，私立工程技术院校具有天然高效性。它们以市场需求而生，需要迅速吸引生源，尽快使毕业生在就业市场取得高就业率。其成功更多依赖市场认可；第三，不断开创新发展空间。市场目的在于满足消费者需求，因而必然寻求以最低成本追求最大效益。因而在市场因素影响下，印度私立工程技术院校大多比公立高校更高效。

但由于印度市场经济体制发展不完善，市场因素对私立工程技术教育发展的影响也存在一些消极影响。主要表现在：首先，学科结构的不平衡。因为私立工程技术教育往往倾向于集中在同一领域，这易形成新学科的不平衡及对国家发展有长远意义的基础学科的忽视。如很多学校学科设置多集中在 IT 方面。从长远看，这会导致市场机制调节作用失灵与工程技术教育内部学科失衡；其次，由于市场失灵会导致大量低质量教育供给存在，造成资源浪费和毕业生潜在的失业危机；第三，大量私立工程技术高校出于盈利目的，在基础设施与师资条件等对教育质量有关键影响的要素方面未能达到最基本要求，这不仅对学生造成极大伤害，从长远看也对工程技术教育体系和社会发展埋下隐患。

虽然市场因素是印度工程技术教育显性影响因素，但若仅靠市场调节则是远远不够的。

三　高等教育系统：隐性动力

相较于国家因素和市场因素影响程度而言，印度高等教育系统对工程技术教育影响仅是作为隐性动力存在。正因国家、市场与高教系统学术三角中，高教系统力量弱化，为工程技术教育发展埋下很大隐患。

（一）高等教育系统与工程技术教育的发展

高等教育系统与工程技术教育间的关系是系统与要素关系。根据系统论观点可知，印度高等教育系统与工程技术教育间存在相互联系与规定。

高等教育系统因工程技术教育等要素的存在及其相互作用而具有独特完整性，同时它对工程技术教育这一子系统具有强烈同化力量，使其具有印度高等教育系统特征；而另一方面，工程技术教育子系统与高等教育系统间也存在一定冲突与矛盾，即作为子系统，工程技术教育具有对高教系统的突破性。印度高教系统与工程技术教育间的相互关联是通过其特殊组织体制，管理体制及高教系统中各要素间的互相作用，尤其是普通教育与专业教育两个子系统的互动实现的。

1.印度高教系统概述

印度现已拥有世界第三大的高教系统，2009–2010 年度在校生人数为 14624990 人，同年大学总数 493 所，学院数高达 31324 所。印度高教系统由不同类型院校组成，根据不同标准可将这些院校分成不同类型。

据院校层次划分，印度高校可分为大学、准大学、国家重点院校和学院。前三者拥有独立学位颁发权，学院则没有。根据附属性标准可划分为附属大学和单一制大学。附属大学可接纳相应附属学院，为其制定教学大纲、组织考试并授予学位。附属学院一般分布在附属大学辖区内，但因大学辖区通常很大，因而附属学院一般都很分散。单一制大学只有直属学院，教学及科研活动在同一院校内进行。印度的学院 80% 以上为附属学院。根据高校经费来源划分，可分为公立大学与私立大学，公立准大学、私立准大学及自筹经费准大学，公立学院、受助私立学院及自筹经费私立学院。详见图 4—1。

印度高等教育系统从层次上而言，包括 12 年级以上三个层次教育——本科教育、硕士研究生教育及博士研究生教育。本科学制通常是 3 年，但在专业教育领域，如工程、技术、农业、牙科、药学和畜牧医学等则为 4 年，建筑与医学等为 5 年或 5 年半。硕士研究生教育一般为 2 年，包括课程硕士与论文硕士。硕士研究生与博士研究生之间，可进行哲学硕士（M.P）学位学习。M.P 可以是纯研究性质，也可以包括一定课程。博士研究生教育是哲学硕士学位取得后的 2 年学习，也可以是获得普通硕士学位后的 3 年学习。博士学位的获得需完成具原创性的博士研究论文。

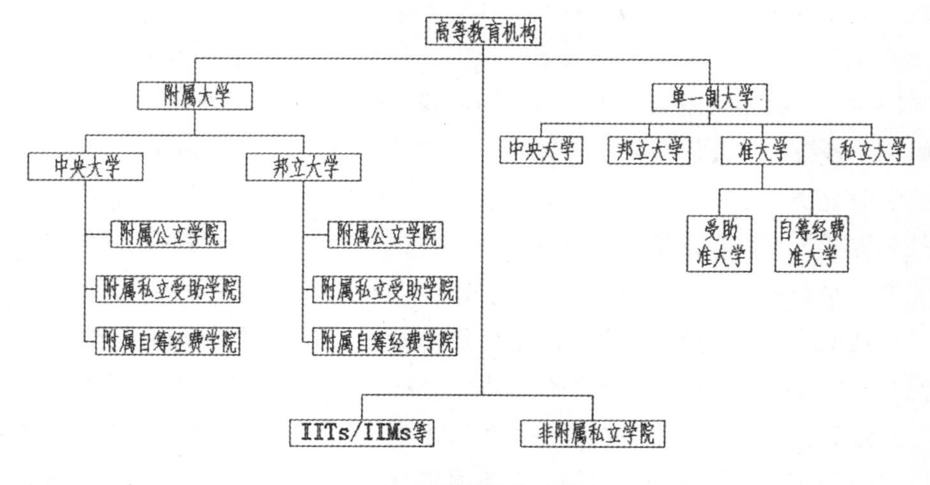

图 4—1　印度高校一览表

2.印度高教系统与工程技术教育子系统间的运行机制

印度高教系统中各级各类高校分别具有自身独特性、结构与功能，也各具自身发展目的。但各级各类高校需依赖一定组织体制与管理体制以发生关联和互动。作为高教系统的一个子系统，工程技术教育的发展离不开这一组织体制和管理体制的限制，它们共同构成印度工程技术教育发展的制度环境。同时工程技术教育还须与其同层次的普通高等教育这一子系统进行持续的能量及信息交换，从而产生互动作用。

印度高校发展受其特殊组织体制——附属制规限。加之印度大部分工程技术院校都是附属学院，因而分析附属制影响对理解工程技术教育发展非常必要。在世界大学体系中，通常状况是大学有一定数量的学院。这些学院是大学有机组成部分，其在教学、研究与管理等方面具有相应自治权。但这些学院极少成为办学主体或具有办学资金方面的独立性。印度大学中的附属学院却全然不同，它们在教学方面受大学严格限制，且专业与课程设置、各种考试全由大学负责。但附属学院拥有办学主体资格及独立办学资金。且与附属大学在地理位置上相隔甚远。因此，附属制必然对印度工程技术教育产生重要影响。

除附属制外，印度高等教育宏观管理体制也构成高校运作制度环境，并影响各级各类高校运行。高等教育宏观管理体制核心问题为政府与高校间的关系。在印度高教系统及工程技术教育发展过程中，国家宏观管理体制同时表现为中央政府及地方政府与高校间的关系，当然也包括众多中介组织与各级各类高校间关系。如 UGC 对所有大学及普通高校的管理，全印医学教育委员会对医学教育院校的管理，AICTE 对工程、技术、管理、建筑等专业教育院校的管理等。在这一过程中，中央及地方与高校间的管理关系，平行的各类管理机构间的关系，如 UGC 与 AICTE 等，都必然影响工程技术院校的创建、专业及课程设置、招生与收费、质量保障等各方面。因此，研究印度工程技术教育的发展不可脱离高教系统宏观管理体制因素。

最后，在印度高教系统中，工程技术教育与普通教育两个子系统也发生能量与信息间的交换。普通高等教育的存在及两者互动必然构成工程技术教育发展的重要因素。因此可从附属制、宏观管理体制及普通教育与工程技术教育的互动三方面分析其对工程技术教育的影响。但因在前面章节已将附属制及宏观管理体制对工程技术教育的影响进行了探讨，因此在研究高等教育系统的影响时，只以普通高等教育与工程技术教育间的互动为切入点进行分析。

（二）普通高等教育对专业高等教育的影响

工程技术教育的功能唯有置身于与普通高等教育的关系中才能看清。工程技术教育与普通高等教育之间也存在紧密依存关系。虽然印度工程技术教育与普通高等教育间的竞争尚不激烈，但仍显示出两者间的互动性。

1.普通教育和专业教育的关系

普通教育与专业教育的关系问题是近代高等教育发展史上的重要问题之一。布鲁贝克曾提出：在 20 世纪，大学确立其地位有两种主要途径，即存在两种主要高等教育哲学。第一种是以认识论为基础，第二种则以政治论为基础。[①]高等教育认识论强调以“闲雅”精神追求知识作为唯一目的，即

① 约翰·S. 布鲁贝克：《高等教育哲学》，王承绪等译，浙江教育出版社 1987 年版第 12 期。

以知识本身为目的。高等教育政治论则强调高等教育之于社会与国家的作用。张楚廷先生认为在认识论与政治论之外还存在一种以生命论为基础的哲学。在他看来，教育目的最终是为了人的需要，高等教育的目的及其职能都须从中看到人的存在。而普通教育与专业教育间的关系也可从这三种高等教育哲学视野中加以探讨。

第一，认识论视野下的普通教育。普通教育（General Education）可追溯至其古典先驱—博雅教育（Liberal Education）。古希腊时期，亚里士多德最早提出博雅教育（也称自由教育）思想，指自由人的教育，适用于与奴隶及工匠等相对立的“自由人”之兴趣、需要的教育，是一种闲暇式教育，并在其中发展理性、德行及自由精神。在希腊人观念中，博雅教育对受教育者而言具有完善心智价值，这与功利或职业无关。自由教育倡导者纽曼也十分强调其理性内容，他将理智训练过程视为自由教育，认为自由教育便是培养理智的教育。这种教育不是以造成或屈从于某种特殊或偶然的目的，某种具体行业或职业抑或学科或科学，而是只为理智本身进行训练。[①]在20世纪，当高等教育逐渐突出其专门化及实用性一面时，赫钦斯仍坚持经典理性主义传统，认为教育之目的在于挖掘人性共同点。从自由教育历史演变看，其核心精神为认识论哲学中教育只为知识本身的非功利目的。

自19世纪开始，高等教育政治经济基础发生重大改变。工业革命使人们皆需接受教育以适应工业发展需要，专业教育规模不断扩大，地位日渐重要。19世纪中后期，高等教育愈发受实用主义及工具理性主义影响，工业社会的劳动分工与知识分化也使高等教育更加专门化，甚至狭隘化。这使教育出现背离社会发展倾向。一些学者在反思自由教育局限与危机后，主张把“自由教育”还给传统主义者，而打出“普通教育”旗号，拓展自由教育的内涵。首先，普通教育面向全体公民，而自由教育仅针对少数人；其次，普通教育与专业教育并行，而自由教育则排斥专业教育；第三，普通教育继承自由教育核心理念与精神，并赋予其新含义。普通教育仍提倡为高深学问而学习的理想，更强调人的全面发展及人性完善。二战后，美国

① 约翰·纽曼：《大学的理想》（节本），徐辉等译，浙江教育出版社2001年版，第72页。

高等教育界在矫正高等教育太过实用和专门时，哈佛大学曾出台《1945年哈佛报告》。提出普通教育的目标在于培养有效思维，交流思想，做出恰当判断，分辨多种价值的能力。并将这些能力与自然科学，社会科学及人文科学三个知识领域联结在一起。但如同20世纪认识论对高等教育影响的被削弱，虽在理论上普通教育仍受重视，而实践中专业教育则被放在首位。

第二，政治论视野下的专业教育。专业教育并不是一个现代概念，早在中世纪大学开始出现时，就有培养医生、律师和牧师的专业教育。美国在新中国建立之初继承欧洲传统，将大学视为培养牧师、律师、教师和医生的场所，这是大学专业教育政治论背景最初体现。而贯穿19世纪的工业革命则赋予大学越来越现实的影响，以政治论为基础的高等教育哲学终于压倒以认识论为基础的高等教育哲学。19世纪末，科学主义对高等教育产生重大影响。以科学主义为基础的高等教育哲学认为，大学是以国家和社会需要为基础。大学教育的目的是将学生培养成对社会与国家有用的科学人才，主张大学教育专业化与职业化。知识专门化、学科分化及社会分工细化共同导致高等教育中专业教育规模扩张，各国政治经济发展也需要大学培养更多专业人才。因而专业教育不仅在高等教育中取得有利地位，甚至成为其主要发展方向。专业教育的目的是使受教育者获得一定专业知识与技能以便更好生存及更易适应社会经济发展需要。

弗莱克斯纳认为专业教育与职业教育不同，职业教育不属大学范畴。大学是探究高深学问的场所，而专业则因其学术性成为大学的“学问高深的专业”。对于专业教育的内涵，应将其与普通教育一起放在现代高等教育范畴内考察。就价值取向看，普通教育以人文主义、理性主义及存在主义为取向。专业教育则以科学主义、功利主义及实用主义为取向；就其目标取向而言，普通教育的目标在于培养全面发展的人，专业教育则在于培养社会所需的高级专门人才；就内容取向而言，普通教育强调基础性、普遍性、广博性及非职业性。而专业教育则强调专门性、实践性、特殊性及职业性。但在高等教育系统中，学术性是两者共同特征。

第三，生命论视野中的普通教育与专业教育。在普通教育与专业教育关系问题的诸多研究中，许多学者认为普通教育与专业教育的结合是现代高等教育的必然选择。在近百年普通教育与专业教育关系的理论争论或实践探索中通常出现此消彼长现象，尤其当专业教育的地位提升并稳固后，普通教育总被视为一种补充。怀特海曾说，我相信在教育中，你若排除专精，那么你将摧毁生命。[①]布鲁姆却批评专业教育，他说被专业化束缚的学生无法了解，生活或许会向其显示更大的奥秘。他们或许会在自身中发现新的更高的行为动机，这将要学习的新知识和谐地组成一种不同以往的、更富人性的生活方式。[②]而普通教育与专业教育作为高等教育的子系统，两者间并非单纯对立关系。以生命论为基础的高等教育哲学则为普通教育与专业教育的融合提供良好理论基础。

首先立足于“教育是人的本性”，寻求两种教育价值取向的共同点。高等教育使命便是育人，普通教育指向人的自由、全面发展，是追求“人之为人”的教育。但“人之所以为人”的本质，在雅斯贝尔斯看来不仅在于其可确定的理想，也在于其无穷尽的任务。通过人对任务的完成，则其趋近于他所自出和将返回的本原。[③]这种“无穷无尽的任务”是普通教育与专业教育所同时提供的。专业教育从表面看是为提升人之劳动力与生存价值，但其核心是将培养人的劳动力与精神享受力融合起来。即专业教育应能同时提高人的生存能力及存在意义。因而“以人为本”是这两种教育的共同价值取向。

其次促进两种教育在文化取向上的趋近。施诺曾提出，学术文化已形成两个壁垒森严的世界，一个是人文，一个是科学。由于普通教育秉承自由教育及人文教育传统，因而被视为具有人文性，属于人文教育范畴；而专业教育往往被看作科学与技术的代表，属科学教育范畴。高等教育领域中这种看法逐渐演变成人文教育和科学教育的对立。近代自由教育与专业教育的二元论，反映了资产阶级政治革命及工业革命时期人文主义与科学主义之争。现代普通教育和专业教育的二元论则深受人文教育与科学教育两

① 金耀基：《大学之理念》，生活·读书·新知三联书店2001年版第59页。

② 张香兰：《施特劳斯的自由教育思想及其当代意蕴》，《教育科学》2005年第5期。

③ 卡尔·雅斯贝尔斯：《生存哲学》，王玖兴译，上海译文出版社2005年版，第15页。

种学术文化的影响。科学教育与人文教育间的隔阂使普通教育和专业教育被人为地分成两个世界。但21世纪的高等教育应超越两种文化隔阂，趋向两者间的融合。否则文化的分裂势必造成人的分裂，教育的隔阂终将形成生命的隔阂。两种教育相较而言，普通教育重基础重理论，重三大类知识的融会贯通。专业教育则更重专业、重应用、重某类知识的精通。但两种教育都应向学生传授一般的普遍知识概念、方法及审美力和分析批判能力等，都应融合科学教育与人文教育，同时渗透科学精神与人文精神。

综上所述，普通教育与专业教育并非对立的一对概念，而是高等教育系统的有机组成部分。也只有普通教育与专业教育的协调发展，才能确保高等教育系统的良性与健康发展。

2.印度普通高等教育的过量促使专业高等教育的发展

印度高等教育系统发轫于殖民地时期，彼时文法等普通教育占绝大比例，专业教育几乎不曾发展。独立后，印政府将的大力推动使专业教育取得一定发展。但相较于普通高等教育而言，专业教育仍发展缓慢。这也正是印度国内高校毕业生就业难的一个原因。仅以印度泰米尔纳德邦近年来普通教育与工程技术教育发展情况为例（见表4—6）进行分析。

表4—6　　印度泰米尔纳德邦近年普通教育与工程技术教育发展情况

年份	邦立学院		私立受助学院		私立非受助学院		总计	
	普通教育	工程技术教育	普通教育	工程技术教育	普通教育	工程技术教育	普通教育	工程技术教育
1984-85	53	7	134	3	6	0	193	10
2002-03	60	7	134	3	247	212	441	222
2006-07	60	8	133	3	297	254	490	265

资料来源：Pawan Agarwal.Indian Higher Education[M].SAGE Publications India Pvt Ltd，New Delhi.2009，75.

由上表可知，1984–1985年间，泰米尔纳德邦普通高校193所，工程技术院校仅为10所。其中邦立学院7所，私立受助型工程技术学院仅3所；2002–2003年间，普通高校达441所，工程技术院校增至222所，其中私立受助型工程技术院校仍为3所，非受助型私立工程技术院校达到212所，占总量95.5%。可以说这一趋势正好见证了印度私立工程技术院校的飞速发展；2006–2007年度，该邦普通高校数量为490所，但工程技术院校增幅不大，仅为265所。其中邦立工程技术院校增加一所，受助型私立工程技术院校无变化，非受助型私立工程技术院校为254，比2002–2003年度增加43所。

实际上，泰米尔纳德邦的情况是印度的一个典型个案。目前，印度高等教育体系仍存在普通高教与专业高教发展比例失调问题。这在与别国的比较中也能窥见一斑。见表4—7。

表4—7　　印度及他国各专业领域毕业生百分比情况

专业领域	美国	英国	德国	日本	法国	芬兰	马来西亚	巴西	印度
理学	9	14	11	3	12	9	21	7	20
工程	7	8	16	18	15	21	23	5	8
教育	11	11	7	7	2	7	11	26	2
人文	13	15	10	15	12	13	13	3	45
社会科学，商业及法律	38	31	24	25	42	23	22	36	21
农业	1	1	2	2	1	2	3	2	1
健康与福利	13	18	24	12	12	19	5	12	3
服务	6	1	4	11	4	6	1	2	0
其他	0	1	0	5	0	0	0	6	2

资料来源：Pawan Agarwal.Indian Higher Education[M].SAGE Publications India Pvt Ltd，New Delhi.2009，204.

由上表可知，在印度与其他国家比较中，虽然其工程技术教育百分比并非最低（最低的国家分别为巴西和美国），但人文教育比例最高，达45%，其次是社会科学21%，再次是理学20%。三者总量已达86%，其他专业教育毕业生比例则相当低。

正因居高不下的普通教育比例导致印度高教系统生态平衡无法保持。专业教育与普通教育两个子系统的和谐发展与互相促进不仅对其自身各具重要意义，也对整个高等教育系统有深重影响。印度高等教育系统自创建时起，便存在严重“先天不足”问题。这为印度高教系统一百多年来的发展埋下极大隐患，也是高等教育质量始终无法飞跃的原因所在，更是造成时下高校毕业生结构性失业的原因所在。因而出于高教系统自身发展的需要，必然要求发展工程技术在内的专业教育。这是高教系统对工程技术教育最大影响所在。

四 国家、市场与高教系统三者形成的动力机制

对国家、市场和高等教育系统三个因素分别进行分析后，有必要在此基础上对三者间的动力机制加以探讨。因为此三因素在对工程技术教育产生影响同时，其互相间的关系，即三者间形成的动力机制也对工程技术教育发展起到重要作用。

（一）国家、市场与高教系统学术三角

伯顿·克拉克在对各国高教系统形成过程的研究中，抽出国家、市场及学术权威三种力量。认为三者会通过各自方式对一国高等教育系统特征施加影响，且高教系统中各要素也是通过这三种力量的发挥得以整合。可以说正因这三种力量的关系格局在各国表现不一，因而形成各国独具特色的高等教育系统。学术三角模型在之后发展成极具解释力的分析工具，可解释高等教育系统中各种问题。本文在分析国家、市场与高等教育系统对印度工程技术教育的影响时，借用此三角模型，从静态层面对三因素力量所构成的特殊关系格局，对印度工程技术教育的动力机制进行探讨。

1.国家、市场与高等教育系统三者间的关系具有动态特征

从历史角度看，高等教育发展过程中，随社会发展及时代思潮变化，国家、市场与高等教育系统三者间的关系也一直发生变化。

在大学诞生之初的欧洲中世纪时期，高等教育系统自治性很强，尤其当大学摆脱宗教桎梏后。彼时高等教育发展过程中受国家影响和市场影响都还很弱，高等院校最初便是作为行会式自治团体而存在。随着国家力量

增强，国家对高等教育控制也随之增强。此后国家控制与高校自主权争取间的矛盾逐渐凸现，至今仍是一对重要矛盾。随着市场经济时代到来，各国高等教育发展中市场因素的影响力度不断增强，逐渐成为高等教育发展的基础性资源配置力量。随之国家与市场间的关系开始发生变化。在前一阶段，市场对高等教育系统的影响是间接的，通过国家调控而实现。在这一阶段，国家因素从直接控制变为宏观调控，高等教育直接回应市场需求。在市场力量增强同时，高等教育系统自主权要求也日益高涨。这与国家及市场对其影响力度的增强密不可分。因为国家因素及市场因素的影响具有分散性、相互矛盾性等特征，为同时应对两者的要求及保有自身独立性，高等教育系统必然要积极争取自主权。

由以上分析可知，国家、市场与高教系统三因素最早处于主导地位的是高等教育系统，之后是国家因素，目前则是市场因素。即在高等教育发展过程中，三因素的力量处于动态变化之中。每种力量的增强都会对原有格局产生相应影响。

2.印度工程技术教育发展过程中三因素形成的关系格局

在印度工程技术教育发展过程中，国家、市场与高教系统三因素间的关系虽也呈动态变化，但国家权力始终是最关键因素，在很大程度上支配着市场力量与高等教育系统力量的发挥。虽然国家因素和市场因素被认为是两个基本资源配置力量，但国家权力的发挥总能对市场机制的影响施加控制。同时国家可通过各种管理工具对高等教育系统进行控制。因而国家在三者关系中始终处于主导地位。

对印度而言，三因素形成的关系格局较为复杂。虽然国家依然处于主导地位，但对不同类型的院校而言，国家因素的影响力度不同。独立前印度工程技术院校寥寥无几，独立后国家创建 IITs 及 NITs，并始终为其提供经费。将其视作实现技术大国的基础保障，严格控制在自己手中。对进行精英教育的 IITs 及 NITs 而言，国家因素始终是主导力量，市场因素对其影响甚微，高教系统对其影响也不大。80 年代末以来，随着世界高等教育私有化及市场化时代到来，国家开始减少对高等教育公共经费投入，转而引入市场机制，使私立院校得到快速发展。之后，私立院校一跃成为工程技术教育的主体部分。虽然私立院校的发展同样处于国家、市场和高等教育系统三因素形成的关系格局中，但三种力量的影响格局已然发生变化。由于高等教育系统自主性发挥不足，始终处于隐性动力地位。在私立工程技术教育与国家关系方面，国家力量呈现放任与控制的二元特征。一方面国家对私立工程技术教育缺乏统一宏观政策，但又严格控制其招生、收费等，极大限制私立工程技术教育自主权。在私立工程技术教育与市场关系方面，市场因素为其发展的显性动力。但同时市场因素对其影响呈现失衡状态。在私立工程技术教育发展中，供求机制发挥了最大影响，而竞争机制影响甚微。在国家与市场关系中，国家处于退让地位，放任市场力量对其施加影响。即国家鼓励市场因素对私立工程技术教育发挥更大调控作用，也鼓励高校直接应对市场需求。但因国家缺乏对市场力量适当规范，使市场因素对私立工程技术教育影响失衡，无法保障公共利益。同时国家也没对高等教育附属体制进行相应改革，使私立高校无法发挥自主权，从而更有效地应对市场需求变化。在这样的格局中，印度私立工程技术教育必然出现规模失控、质量无从保障及难以形成特色等问题。

即在国家、市场与高等教育系统三角模型中，处于顶端的理工学院及国立技术学院更趋近于国家动力一极，更多受国家因素影响，国家因素是其发展内驱性动力；处于工程技术教育底端的私立工程技术院校则更趋近于市场动力一极，其发展更多受市场因素影响，市场因素是其发展显性动力；而介入两者间的邦立工程技术院校在三角模型中并不趋近任何一极，处于较平衡的地位。其发展动力机制模型图见图 4—2。

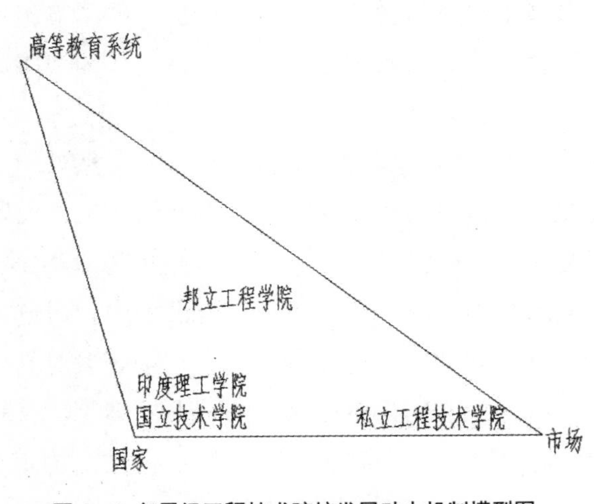

图 4—2 各层级工程技术院校发展动力机制模型图

也正因如此，IITs 和 NITs 应在其发展中更多响应市场需求，以拉近自身与社会经济发展间的距离。而私立工程技术院校既处于附属体制内，受到招生、收费及教学等各方面的控制，得不到稳定充裕的办学经费。同时又处于市场因素的影响之中，常因市场机制的失灵而导致办学低效。因而私立工程技术院校的发展需国家因素主导力量的发挥，以规范市场机制影响和完善高等教育系统自主权，为其提供良好发展环境。即二者均需寻求国家与市场的平衡点，改变“大政府小市场”与“小政府大市场”的现状。

（二）三重螺旋模型中的国家、市场与高教系统

国家、市场与高等教育系统组成的学术三角是从二维静态层面对三者关系格局的考察，从而透视三者所形成的动力机制对工程技术教育发展的影响。而三重螺旋模型则是从三维动态层面对三者关系格局加以探讨，以便深入认识三者对工程技术教育的影响力度与方式。即将国家、市场与高等教育系统间的交互协同作用作为核心，体现知识的流动与配置。通过三方共同参与及相互作用，从而推动工程技术教育及创新力量的螺旋式上升。

本研究在借用三重螺旋模型时，将国家、市场与高等教育系统视作三重螺旋，从而研究三重螺旋对工程技术教育及由此所带来的国家创新能力的提升。由于三重螺旋模型注重各因素间共生协调作用，也更加注重高等教育系统力量的发挥，因而若以此为模型对工程技术教育的发展及国家创新力量进行分析，可知国家、市场与高等教育系统三者间的联系太过松散，甚或三者间存有一定矛盾，如高等教系统附属体制对市场因素的抵制，市场因素对国家因素的对抗等。这使三者正向促进作用无法正常发挥，即无法推动螺旋正向上升。这是第一个问题。

第二个问题是对不同层次工程技术院校而言，三重螺旋的影响力度大为不同。如对进行精英教育的IITs而言，属“大政府小市场”状况。而对大量私立工程技术院校来说，则属“小政府大市场”状况。但从持续发展角度看，这两种情况都有问题。对市场主导型的私立工程技术院校而言，应加强国家作用。相反在国家主导型的精英工程技术院校中国家力量应适当弱化，应加强市场作用。即找到政府与市场间的平衡点。

第三个问题是三重螺旋模型中，注重高等教育系统的关键性引领作用，

同时尝试打破国家、市场与高等教育系统间的界限，力求通过三者职能的转化共生达到促使螺旋上升的目的。而就印度工程技术教育发展而言，高等教育系统的影响仅处于隐性地位，即在三螺旋模型中高教系统这一轨严重缺失，这极大影响螺旋的整体上升速度与力度。因而应加强高等教育系统影响力度，使其与国家、市场至少处于同一层面。

即三重螺旋模型在强调各子螺旋动态上升同时，更加注重三螺旋间的交互作用所带来的螺旋整体上升。对印度工程技术教育及其所带来的国家整体创新力而言，国家、市场与高教系统三螺旋既没有做到各子螺旋的均衡上升，也没有做到三者进行协调交互以促进创新螺旋的整体上升。这便可以解释印度工程技术教育发展中之所以出现发展失衡、师资缺乏、管理体制灵活性缺失、失业及人才流失严重及与产业界联结薄弱等诸问题的原因所在。

本章小结

印度工程技术教育的发展同时受国家、市场与高教系统三因素影响。但三者在影响力度上存在很大不同，国家因素始终作为内驱性动力而存在，市场因素主要作为显性动力存在，而高教系统仅作为隐性动力存在。国家因素的影响主要通过中央政府的调控来实现，市场因素的影响主要通过市场供需机制来实现，高等教育系统的影响主要通过普通教育与专业教育间的互动来实现。但对不同层次工程技术院校而言，三因素的影响力度又各有不同，对进行精英教育的 IITs 及 NITs 等高校而言，国家因素发挥更多影响作用，市场因素很少对其施加影响。对大量私立工程技术院校而言，市场因素在其发展中起主导作用，国家因素甚少发挥影响作用。高教系统则始终处于隐性影响地位。这样的两极分化及高教系统影响力的缺失，使印度工程技术教育整体质量不高，同时也是其现存各种问题的原因所在。

第五章　印度工程技术教育发展对我国高等教育改革的启示

我国历来重视高等工程教育的发展。2011 年教育部颁布《关于实施卓越工程师教育培养计划的若干意见》（教高 [2011]1 号），旨在培养大批面向工业界、面向世界、面向未来的创新能力强、适应经济社会发展需要的高质量各类型工程技术人才，为建设创新型国家、实现工业化和现代化奠定坚实人力资源优势，增强我国核心竞争力与综合国力。并以“卓越计划”为突破口，促进工程教育改革创新，全面提高我国工程教育人才培养质量，努力建设具有世界先进水平的高等工程教育体系，使我国最终走向工程教育强国。

该《意见》既是全面落实走中国特色新型工业化道路、建设创新型国家、建设人力资源强国等战略部署。以工程教育的发展加快转变经济发展方式，推动产业结构升级与优化教育结构，提高高等教育质量。也是贯彻落实《国家中长期教育改革和发展规划纲要（2010–2020 年）》精神，树立全面发展及多样化人才观念，树立主动服务国家战略要求与行业企业需求的观念。

虽然工程技术教育发展受到重视，但其现状仍不乐观，还存在各种问题，诸如整体层次的低端性，只见“工程”不见“人文”，工程教育机构单一，与产业界联系不够紧密等。整体而言既有内部改革之近忧，又有与国际接轨等远虑。这些都限制了工程教育的发展，因此有必要借鉴国外先进经验以改之。

德国、美国、日本的工程技术教育在世界高等教育领域都极具代表性，因而成为许多国家效仿的对象。但比起社会经济已高度发展的三国，印度与中国在国情和文化上可比性强，在教育方面都面临着穷国办大教育的问题，亟须教育尤其是高等教育将庞大人口资源转换为人力资源，两国人民都对精英教育有着很高认可度，教育尤其精英教育是社会阶层流动的主要途径与方式。另印度工程技术教育历史悠久，至今已拥有体系完备的教育系统，能满足印度社会发展对各级各类工程技术人才的需求，因而理应成为我国研究与学习的对象。其成功与优势之处不仅对我国工程技术教育，也对我国高等教育改革有一定启示。

一　建立多元的高等教育质量监控体系

随着印度高等教育规模不断膨胀，其质量提升已引起各界广泛关注。印度学者对此问题进行了深入探索，提出各种建议与路径。Pawan 认为高等教育的利益相关者包括学生，雇主，教职工及政府，经费划拨机构，管理机构，职业机构和评估机构。每个具体的利益相关者都会对高等教育质量有自身观点并对其施加不同影响。这些观点代表着其自身对高等教育和质量的期望。[①]Global University Network for Innovation（GUNI）运用社会学研究的德尔菲法（Delphi Study）对各种利益相关者的受益情况进行了评估。见表 5—1。

表 5—1　　高教质量评估中各利益相关者获益情况

	高校获益情况	学生获益情况	社会、政府和雇主获益情况
最高水平	评审机构和公众对高校合法性的认可（4.22）	评估认证使学生免受高校及相关学习项目的欺诈（4.26）	评估认证增强透明度，为高校提供信息使其确保对社会及利益相关者的责任（4.15）
	国家评审机制的国际认可度（4.13）	评估认证使学生自主选择高校（4.02）	评估认证在一定程度上有效防止教育的低质量和欺诈性（4.02）

① Pawan Agarwal, *Indian Higher Education*, New Delhi:SAGE Publications India Pvt Ltd, 2009, p.358.

续表

	评审认证是高校战略规划与决策的有力工具（3.95）	评估认证可确保相关学习项目的内容，教学设备和教学服务（3.68）	评估认证创造了高教领域整体系统的质量文化（3.96）
最低水平	评审认证增强教师的流动性（2.85）	评审认证提升学生在各层级的流动性（3.43）	确保高等教育给政府政策的连续性提供依据（3.30）

资料来源：GUNI Secretariat，2007。

此表从三个层面两个维度来分析了不同利益相关者在高等教育评估中的受益情况，其分数范围是0–5。对高等教育质量的监控，就不同利益相关者而言，确有不同意义。

印度学界将高等教育质量监控分为Accreditation（鉴定与认定），Assessment（评估及评价），Academic Audit（学术审查三个小类）。印度高校在接受质量监控方面均为自愿性质，如泰米尔纳德邦表示接受阶段性评估；卡拉塔卡邦强制性要求本邦所有职业高校接受评估；比哈、克拉拉、果阿、马哈拉斯特拉等邦均与卡拉塔卡邦相似。就全国范围整体而言，印度工程技术教育质量监控体系较完备，其评估认证和质量监管的机构几乎均为中介机构。

印度高等教育领域有大量中介机构对其质量进行直接评鉴，实现外部监控。与高校自身的质量监管形成互补的质量监控体系。最为著名的三个机构分别是NAAC（National Assessment and Accreditation Council），NBA（National Board of Accreditation），AB（Accreditation Board）。与工程技术教育质量监控最为相关的是NBA。

1.NAAC

NAAC成立于1984年，是一个由UGC建立的自治团体，旨在对国内高校教育质量进行审查与评估。NAAC的评估方式为“9点式”：通过评估的高校以A，B，C代表，未通过的以D代表。对所有进行评估的高校实行55–100的评分制。55–60=C，60–65=C+，65–70=C++，70–75=B，75–80=B+，……95–100=A++。NAAC提倡院校内部自评与外部评估相结合，做法有：为高校教学，学术规划与项目安排定期评估；确保学术环境促进高教机构教学、学习和研究；鼓励高校进行积极的自我评价，自我问责，提升其自主性与创新力；形成与高教质量相关的研究，咨询和培训方案，与其他利益相关者共同促进教育质量提升。NAAC相关评估指标体系及级别见表5—2。

表5—2　　2002-2004年NAAC对高校的评估情况

	NAAC的级别					
指标体系	A及以上	B^{++}及B^{+}	B	C^{++}，C^{+}，C	D	总计
样本校数量	110	547	298	233	285	1473
生师比	20.4	31.8	28.6	28.5	25.2	25.0
永久性教师生师比	29.8	31.8	38.1	35.8	35.6	33.5
每生图书量	9.5	10.7	6.4	7.4	7.0	8.8
学院存书量	15215	13921	7019	6504	6748	9882
学院期刊数量	22.2	13.0	6.1	4.4	4.0	10.0
每台计算机的学生使用量	145.2	143.8	251.3	546.7	202.7	258.0
学院的平均学生数	1603	1301	954	885	960	1140
研讨会及实训等	54.5	27.2	17.4	17.4	20.0	24.3
	每所学院可用设备数量					
图书馆	94.5	91.6	90.9	82.4	90.2	90.0
计算机中心	86.4	83.7	76.8	64.0	74.7	77.7
健康中心	74.5	53.7	48.7	36.4	48.1	50.4
运动设施	92.7	88.8	91.6	84.9	88.1	88.9
学生宿舍	72.7	35.9	39.6	41.9	40.4	48.7
宾馆	44.5	30.9	23.5	21.7	22.8	27.4
教师宿舍	47.3	36.9	19.8	18.4	20.7	28.2
餐厅	80.0	77.1	74.8	49.3	64.6	70.1
休息室	30.9	23.8	19.1	9.7	16.1	189.7
福利计划	49.1	45.5	48.0	35.4	42.8	44.2
健身房	8.2	7.1	3.0	3.6	4.2	5.3
多功能厅	20.9	11.7	7.7	7.1	9.1	10.4

资料来源：NAAC年度报告。

NAAC已对高校教育质量评估发出正确而积极的信号，并不断加速认证评估时间。高等教育质量的提升是一个持续的过程，基于此，经评审合格后的高校须完善自身监管机制。即建立内部质量管理体制（IQAC），实现卓越的学术及行政效率。各校周期性评估可由 IQAC 自主进行，作为 NAAC 质量评估认证的后续工作机制。在不影响教学进度情况下，确保教师最大限度参与各种工厂、学院和会议，即使更新与升级课程内容体系。

NAAC 的认证评估参数也在不断进行审视与完善，且不断扩大评估体系及指标的国际化视野。现行的 NAAC 认证评估方式也许不能真实反映高校系一级的情况，今后其将在教学、科研与实践的基础层面着力。

2.NBA

ATCTE 要求 NBA 对技术类高校进行强制评估。NBA 秉持外部同行评议原则，其方式为：通过分数一元制实现评审等级。即 650 分以下为未通过评审，650 到 1000 分之间为通过。获 750 分以上的高校 5 年为一个评审周期，650-750 之间的为三年。仅以 2007 年 NBA 的评审情况为例此进行说明。见表 5—3：

表 5—3　NBA 评审情况

学科	总数量		有参与评审资格的数量		通过评审的项目	通过评审的百分比
	机构	项目	机构	项目		
工程	1617	7276	1209	5310	1966	36
制药	736	1472	345	675	67	10
管理学	1150	1726	936	1132	116	10
HMCT	80	80	46	46	4	9
MCA	999	999	995	99*5	59	6
文凭类	1766	7064	1460	3996	289	7
总计	6348	18617	4991	12154	2501	20

资料来源：AICTE 关于印度技术教育发展全国学术会议的背景下报告。

由上表可知，工程技术教育类项目通过率为 30% 之上。尽管只有三分之二的项目以其拥有两届毕业生而拥有参与评审的资格。但从总体评估的低通过率可知 NBA 评审的严格性。

在2009年，NBA对评审的指标体系做了相应修改，见表5—4.

表5—4 修正后的评审指标

指标序列号	指标内容	最高分	及格分
1.	组织和管理资源，高校的支持情况，发展及规划	150	90
2.	教学评价及学习	175	105
3.	学生的入学及产出	150	100
4.	教员的贡献	150	100
5.	设备和技术支持	75	
6.	持续性的提高	75	
7.	课程	125	
8.	教育项目的目标—预期及成果	100	

资料来源：Tabassum Naqvi. NBA's outcome based accreditation process The Indian Journal of Technical Education，2011（34）1，46.

AB为主要进行农业教育评审的中介机构。其余高等教育评审机构还有著名的DGS，CRISIL，ICRA等。强大的评审中介机构为印度高等教育及其工程技术教育质量监控的一大特征，也为其提升整体质量作出极大贡献。此外印度也试图以有期限的项目来推动工程技术教育质量的发展，如始于2002年终于2008年的Technical Education Quality Improvement Programme（TEQIP）。该项目每年能使10000毕业生在技能与训练方面受益，也使每年1000左右教师在职业发展提升中受益。[①] 目前印度仍在探索公共信息系统的构建，提高教育质量的国家标准及实现质量监控体系的国际化，以求在工程技术教育质量上继续有所突破。

在教育质量保障方面，印度高校为保障学术质量与标准，一直在探索合适的评估认证机制。在多个团体同时展开高校评估认证工作时，努力使这些机构团体相互协调，从更广泛的社会角度来看待和解决高等教育相关问题。尽管目前有多元化的中介机构进行质量监管，印度仍在努力构建完

① 《印度年度报告（2005—2006）》，第243页。

备的质量监管体系。这是值得我们学习之处。我国高等教育的评估及专业高等教育评估均由同样的部门与机构来实现，既无法实现有效监管，更无法解决二者特殊性问题，在适切性方面有所欠缺。此外，我国进行质量监管的中介机构与组织极少，以政府为主导的质量监管模式有系列弊端。我们应学习印度的做法，调动中介组织与机构的积极性，确保高等教育质量监管中的公正性，在此基础上实现对普通高等教育与专业高等教育的分类监管。

二　寻求全面的教育政策支持

高等教育政策的内容有很多方面，前文已从法律形态和非法律形态两个维度对工程技术教育相关政策进行了研究。在此将从准入、收费、招生及拨款政策四个方面进行微观层面分析研究。

（一）准入政策

印政府对工程技术院校的准入据学校类型有所不同。IITs 和 NITs 由国家统一规划，邦立及私立学院的准入政策由所在邦政府制定。但通观印度现状，邦政府对三四层级工程技术学院都是大力支持。一方面是因为这与其基本国策一致，另一方面是因为学院并无学位授予权，因而邦政府对其持宽松态度。尤其是私立学院中的一批既不需要政府资金支持，也无须政府认可的院校，其合法性仅需市场认可，政府在此类院校的准入上几不过问。但各邦政府对这些学院的准入仍有相当权利。如奥利萨邦的 *Orissa Education*（Establishment，Recognition and Management of Private Colleges）Rules（奥利萨邦私立学院创建、认证与管理规程，1991）。但政府对私立大学的准入相当严格。UGC 在 2003 年颁布《私立大学创建与质量维持规章》，其中对大学的专业设置、招生、学位等均有所规范。在邦政府一级，各邦政府对私立大学的准入体现在相关私立大学法中。如 *Rajasthan Self-financed Private Universities Ordinance*（拉贾斯坦邦私立大学条例，2004），*Himnachal*

Pradesh Private Universities Bill (Establishment and Regulation)（喜马偕尔邦私立大学法案，2006）。

（二）收费政策

在印度高校经费来源中，除公共拨款外，学费是最大来源。但印度长期以来学费非常低，使高等教育具有明显福利性质。直到 20 世纪 90 年代后期，政府将教育资助重心转向基础教育，对高等教育经费预算实施缩减，相关委员会开始建议逐渐增收学费，提高学费在运行经费中的比例。

工程技术教育相关专业的学费向来高于普通教育。同一高校中，工程类专业的学费也远高于其他专业。一二层级的两类高校如此，私立学院则更甚。IITs 与 NITs 虽为国家重点学院，但相较于其他学费低廉的中央大学，其学费则高出很多。这是由理工学院法案与国立技术学院法案规定的。在私立学院中，其收费有三种情况：第一类是学费仅是办学的部分成本，与政府资助和捐赠等收入一同维持学校运转；第二类是学费为全部办学成本，但不盈利；第三类是收取高额学费以盈利。有关私立高校的收费相关政策分别有两项，即 1997 年的《非受助私立高等教育及技术教育收费政策》和 2005 年的《私立专业教育学院招生及费用法案》。前者在对费用方面的规定包括：首先是费用结构的组织规定。进行技术教育的学院和非受助附属学院的费用由各邦委员会决定。工程技术类准大学则由 AICTE 组织专家委员会决定；其次是费用确定的程序。以上两个委员会三年一任，自由决定费用程序。费用结构决定后则三年维持不变。并保证费用结构不致盈利。后者《私立专业教育学院招生及费用法案》中有关费用的规定包括：收费管理委员会的构成、权力和程序。并对决定费用的因素进行规定。该法案也禁止盈利及商业化，但规定 10%–15% 的盈余为合理范围。不同的是 05 法案在收费委员会构成方面有所变化，对邦政府权力有所削弱。除国家政策外，各邦皆根据自己情况制定相应的本邦政策。如 Karnataka（卡拉塔卡邦）于 2006 年制定的招生与收费法案，Madhya Pradesh（中央邦）于 2007 年制定的收费法案等。

总体而言，在收费政策方面，一二级高校的收费由中央政府及各校法案规定。邦立和私立院校的收费政策由 AICTE，邦教育主管部门和附属大学等协同决定。对其收费的原则，构成，程序，费用管理等都有规定。

（三）招生政策

印度高等教育招生制度具有多元化特点，尤其是专业教育有全国、邦及高校级的招生考试。且专业教育的考试可独立组织进行（如工程专业的全印工程研究生能力测试等），也可几类专业或不分专业共同招生考试（如全印工程 / 建筑招生考试，全印医学、工程联合考试等）。其招生考试体制总体呈分权与公平特征。

在分权方面，首先此种体制为学生提供多种考试途径，增加考取机会；其次重点院校的自主招生考试维护了办学自主权，并确保国内范围优秀学生的录取；各邦政府在招生考试中发挥重要作用，利于促进本邦教育水平的一致。同时作为国家与邦两个层次间的一种选择节省了教育资源。

在教育公平方面，印度工程技术教育招生中存有保留制。即在招生名额分配中，对表列种姓、表列部落及弱势群体等保留一定比例的名额。种姓保留制是条不成文的规定，但确实彰显了其招生政策中远见性与公正性。

（四）拨款政策

印度高等教育的拨款经费来自中央和邦政府两级。拨款经费包括计划经费（发展经费）和非计划经费（维持经费）两种。此外还有学费、捐赠和慈善款等。但公共拨款经费一直都占绝大比例，也使高等教育呈极强公共性。随着私立学院大发展，尤其是自筹经费学院的发展，公共经费比重极大下降。在 Pawan Agarwal 先生 2006 年的研究中就已表明，高校学费收入占总收入的 49.7%。在中央政府与邦政府间，邦政府教育拨款占到 80%。[①] 印度国家信息中心对 2003–2004 年高等教育公共拨款的统计显示，中央与邦政府经费比例分别为 25.7% 和 74.3%。

---

① 顾明远，梁忠义主编：《世界教育大系：印度教育》，吉林教育出版社 2000 年版，第 395 页。

在工程技术教育领域，不同类型高校享有不同拨款政策。理工学院和国立技术学院经费由中央政府统一划拨。且拨款经费中包括了计划经费和非计划经费两类。邦立学院可在计划经费中获得一定的中央经费，其非计划经费均来自本帮政府。而私立学院中只是相当少的高校（受助私立学院）获得政府资助的计划经费（十五计划之前），自“十五计划”之后，UGC 取消了这一资助。但相当数量的私立学院为附属学院，其经费有一部分来自附属大学。作为主体的私立工程技术院校在政府公共拨款政策中几无受益，但也正因经费控制手段的缺失，提供给其巨大发展空间。

在工程技术教育的政策支持方面，其准入政策、收费政策、招生政策及拨款政策皆以其独有优势与特征共同保证教育质量的提升。政策保障是高等教育发展的一项基础，我国在工程教育领域及整个高等教育领域皆应不断完善政策体系，从体制基础层面保障教育质量的提高。

三　加快高等教育国际化发展

在高等教育日趋国际化的今天，各国高等教育发展应善于发现与挖掘可为己用的他国教育资源，通过国际合作与交流等方式，加速自身发展。在印度高等教育发展史上，多元化历来是其一大特征。文明古国的背景，历史悠久的教育传统使印度在中世纪便拥有“世界大学”美誉。17 世纪随着英国殖民统治确立，欧洲教育模式引入。独立后，印度又积极学习美国教育模式。东西文化与教育的碰撞交融，使印度教育尤其是高等教育呈现独特气质。且“国际化”遗产至今对印度高等教育影响深远。在工程技术领域，印政府积极引导国内高校进行各种方式途径的国际交流合作，以此加速国际化进程。目前工程技术教育已呈现出极强国际化办学特色。

自第一所理工学院建立起，印度就在美国、苏联及联合国大力支持下，以 MIT 为母板，构建一整套与国际接轨的大学制度，在学术、教学、管理体制及师资队伍等方面以世界一流大学的目标严格要求自己。一流大学制度的基础上，IITs 的大学自治、学术独立等相关权力才能得到保障。也因此

IITs 迅速在世界大学体系中崛起，打造出工程技术教育品牌。其余三类工程技术教育机构同样拥有或正致力于追求国际化大学制度建设。无论政府对这些高校的管理，还是各校内部的管理体制层面，皆呈现出高度一致的国际化大学制度特征。就外部管理体制而言，政府不进行直接干预，而以成员背景多元的管理委员会实现管理。国家总统或各邦政府领导的视察员头衔仅为荣誉称号，并不发挥实际作用。在各校内部管理中，学校皆采取学术权力与行政权力分开的管理体制，使学校之科研与教学拥有最大程度独立自主权，实现与国际化大学制度的接轨。

一流的大学制度方能造就一流的大学，正是在国际化一流大学制度基础上，印度工程技术教育取得世界瞩目成就。我国自“985”概念提出后，即投入轰轰烈烈创建世界一流大学的浪潮之中。国家为此投入巨大财力物力，相关高校为此进行大肆合并与扩张。可“此大非彼大”，由于国际化大学制度保障的缺失，其他方面所有的“大”，也无法将我国大学带入国际一流大学之列。因而在国际化方面，我们首先应借鉴印度国际化一流大学制度经验，此乃高等教育发展之精髓与基础。

国际化的第二层含义为加强国际的合作与交流。印度经济总体并不发达，却拥有世界知名的工程技术学院和顶尖 IT 人才，这与联合国教科文组织（UNESCO）、世界银行及发达国家的资助，合作与支持分不开。从尼赫鲁时期开始，印政府便意识到，发展中国家要提升科技教育水平，必须开展国际合作以借助发达国家的经验和技术支持。IITs 的创建就先后接受苏联、美国、英国与德国等国的技术及学术援助，始终与世界上最发达的国家及最顶尖的大学建立人员、学术及研究等方面全方位的密切联系。因此国际高等教育最新动态及世界科技发展最新成果会迅速为印度掌握与吸收。同时印度很多高等教育机构在学术与科研方面均与国外知名高校有联系，通过与发达国家及非发达国家在科研、经费、设备、人才、课程等方面都开展广泛深入的国际交流与合作，不断吸收国外先进经验以提高自身国际地位。

我国《卓越计划》中明确提出要培养造就面向世界的工程技术人才。这需要高等教育加强与他国的合作交流，并应广泛涉及学术、教学、人才培养模式等各方面，进行深入而全面的交流合作。唯其从整体上提升工程教育的国际化程度，方能拥有国际化视野与教育教学理念、办学目标与方式，为我国工程技术教育发展注入强大活力。

学生的跨国流动是印度工程技术教育国际化又一显著特征。印度与世界多个国家签订留学生交换计划。在公派留学、学校推荐及自费留学外，印度国内各大财团有着资助优秀学生出国深造的传统做法。印度境内日益增多的跨国公司也都与高校在课程开发、设备捐赠、师资培训及奖学金方面有合作或意向。印度也积极吸收外国学生来印留学。学生跨国流动既能丰富高等教育内涵与理念，也利于增强高等教育多元化特性，更能全面提高学生国际化素质。我国高等工程教育的发展，既已明确提出造就面向世界的人才，就不能忽视学生跨国流动这一有效途径。在各高校积极实施多形式，多渠道的出国留学活动，努力为学生提供走出国门的机会，扩大学生国际视野，拓展其知识结构，致力于“面向世界”这一目标有效实现。

印度工程技术教育国际化取得成功的一项重要保证就是国家政策的保障。印政府长期以来致力于为高等教育国际化制定相应法律基础和制度环境基础。如印度教育委员会 1966 年发表的《教育与国家发展》报告，明确提出创建少数国际水平的大学；1968 年的《国家教育政策》首次以法律形式对印度高等教育制度化、规范化与国际化提供科学依据和法律保障。政策及法规是工程技术教育发展的又一基础性保障，它与大学制度、经费三者一起铺垫着印度工程技术教育国际化发展之路。反观我国高等教育的发展，在政策与法规制定方面较落后，至今尚无《大学法》出台。政策法规基础的缺失，加上大学制度的不健全，三大基础我国已缺失有二。这些均须引起我们的重视。

四　建设合理有序的高等教育生态环境

印度工程技术教育机构分为四个不同层级，学习程度及能力各异的学生可分流进入四个不同层级中的各类的院校。这四个层级院校的毕业生虽获得相同层次的学位文凭，但其含金量则大为不同。各级院校的毕业生最终分工于社会不同层次的岗位，与印度社会分层理论相吻合，也因此得到社会公众认可。

印度工程技术教育机构的严格层级之分是联邦政府特意为之。不同层级的高校旨在培养国家社会经济发展中需求的特定人才，各类高校定位与发展目标明确，从整体上满足国家发展对各层级各类型人才的不同需求。由于不同层级教育机构从招生考试到人才培养模式，从专业与课程设置到最终学位授予均有极大差别。由此所生发的学位含金量差异问题被高校，学生及其家长，用人单位一致认可。这种多层级的教育机构设置，不但没有降低教育质量，反而成为其高等教育的一大特色与优势，有效实现了精英教育与大众教育的分层实施。这种分层从实际上保护了印度高等教育的精英性。四个层级院校自成体系，彼此独立但整体上又相互弥补的印度“双轨制”，必然存在着不足。但办学方向与目标明确的不同培养模式，使精英教育和大众教育得以有效结合，极大程度避免了两种教育交叉所产生的教育目标混乱及教育质量的整体下降。这对我国如何定位高校发展方向，如何保证高等教育质量都很有借鉴意义。

我国已先于印度实现高等教育大众化发展，但我国的大众化是建立在原有高校扩招基础上。扩招首先使高校教学质量无从保证，且极大冲击长期以来我国高等教育所形成的精英性。其次，我国虽通过在原高校基础上的扩招来发展大众教育，但各高校的人才培养模式依旧沿袭之前的精英教育做法。高等教育整体上办学层次单一，同质性极强。从重点大学到普通大学再到一般地方性学院，其定位无一例外都是倾向于培养精英。培养目标的严重错位与混乱，不仅极大干扰了精英教育与大众教育的双向发展，也严重影响高等教育的整体质量，更破坏了高教系统有效的生态平衡。如今一个不争的事实就是：我国各级学位的含金量都已大打折扣，毕业生就业之难一年胜一年。其中很大一部分原因就是我国高等教育合理而有序的生态环境没有形成。大众化之后高等教育的精英特性并不会消失，反而愈发收到尊崇与追求。这需要有效引导，实现各层级高校的合理定位，确保精英与大众并行不悖。

因此，我国高等教育改革必须致力于整体大环境的完善，在此基础上才是体制、师资、经费等问题的解决。使众多高校办学目标与定位明确合理，各有正确的理念支持，办出有特色有优势的不同层次不同类型高校，实现多远化的发展。

五　高等教育的学术性与职业性并重

印度工程技术教育每一阶段都兼顾学术能力与实践能力的培养，注重学术性学位与职业性学位的发展。

第一阶段为 undergraduate 阶段，修业年限一般为 4 年，教育内容分为 Diploma course 和 Bachelor of Degree Course 两种。四年学习结束之后，前者可取得工程技术教育领域的学历证书，后者则取得技术学学士学位（B.Tech. degree）。前者为指向职业性的学历教育，后者则是指向学术研究的学位教育；在侧重培养学生独立科研能力的第二阶段 graduate 阶段中，修业年限一般为 2–3 年，学习结束后可取得技术类硕士学位，该学位也有有学术性与职业性之分；第三阶段 postgraduate 阶段，进行研究性与专业性的高深教育，学习年限一般最少为 3 年，学习结束及通过论文答辩可获得博士学位。在工程技术教育领域，博士学位均为哲学博士学位，尚无专业博士学位。

在第一阶段，职业性的学历教育远远超过学位教育的发展。由“二五”计划中的数据得知，印度独立初期，工程技术教育领域的学历教育发展规模便已大于学位教育。见表 5—5。

表 5—5　印度“一五”计划前后工程技术教育增长情况

		1950-1951	1955-1956	1960-1961
工程学	学位教育机构	41	45	54
	学历教育机构	64	83	104
	学位获得者总数	1700	3000	5480
	学历获得者总数	2146	3560	8000

续表

技术学	学位教育机构	25	25	28
	学历教育机构	36	36	37
	学位获得者总数	498	700	800
	学历获得者总数	332	430	450

资料来源：印度“二五计划”

由上表可知，工程学和技术学两个领域中，在1950–1951，1955–1956，1960–1961三个不同年度内，职业性学历教育的规模都大于学术性学位教育的规模。

而2006–2007年的AICTE年度报告中相关数据也说明了工程技术职业性学历教育的高速发展。见表5—6。

表5—6　　高等技术教育领域学历教育机构数量及招生容量情况

学科专业	教育机构数量	招生容量
工程技术	1288	300501
酒店管理及服务技术	78	4570
制药	534	32551
建筑	13	500
应用艺术及工艺	4	480
总计	1917	338602

资料来源：AICTE2006-2007年度报告

由上表可知，截至2007年3月31日，工程技术教育领域进行职业性学历教育的教育机构数量为1288所，招生容量为300501人。

在印度4层级工程技术教育机构中，学术性的学位教育较集中在印度理工学院和国立技术学院中进行，邦立及私立学院更多倾向于职业导向的学历教育。

就我国高等教育而言，不论是受教育者本人还是高校及教师，无一例外将学术性的科学学位获得作为学习之终极目的。虽然在硕士学位教育和博士学位教育中，我国自1991年以来，国务院学位委员会批准设置了39种专业硕士学位，6种博士专业学位，以适应社会经济发展的要求，但职业性专业学位的发展空间仍很大。由于学位严重缺乏职业性，教育与就业脱节，许多高校为增加学位的就业指向，附加上文秘、翻译、经贸等应用性强就业方向，以此为学生增加就业机会。但此举并不规范，容易误导用人单位及学生、家长。目前我国职业指向的专业学位仅集中在工商管理、工程、法律及教育等有限领域，其他专业学位发展还很不成熟，因此有必要在更广泛学科领域中发展职业性的专业学位。

另一个问题是，在本科阶段，我国只有科学学位教育，无职业性的专业学位教育，就业指向不明确，学术学位社会认可度不高，也与我国社会经济发展需求不相一致。大量毕业生失业的同时，许多岗位招不到合适人才，这种结构性的错位失业很大部分原因就是本科教育注重了学术性而忽略了职业性。随着社会对高级专业人才需求的增长，我们既需要推开研究生教育的专业性，更需要大量增设专业学士学位，以达到完善专业学位教育结构层次的目的。

学位不仅要适应高等教育的内部学术性要求，在高等教育成为社会发展轴心的当今，学位更需要适应社会的发展。只有在适应社会发展的基础上，学位的学术标准才能更好地实现。我国应进一步改革高等教育领域中的学位制度，力求在结构与类型上同时实现学术性与职业性并重的发展局面。印度职业性与学术性并重的教育模式在我国学位制度改革中极具启示意义。

六　引入分权式民主化管理体制

印度工程技术教育之所以能取得巨大成就，是与其独特管理体制分不开的。印度在独立后坚持议会政治原则，其工程技术教育领域甚至整个高等教育领域独特的管理体制都深植于民主化政体之中，是纵向的联邦政府与邦政府间的分权管理与横向层面上各种行政机构、学术机构与社会性中介组织分权管理的结合。这种分权式民主管理体制赋予工程技术教育机构最大程度的独立自治权，从体制上保障了教育的发展与进步。虽然我国与印度政体不同，但其管理体制的优势仍有可鉴之处。

从印度工程技术教育外部管理体制的政府与高校关系而言，政府不直接对高校进行干预，只通过 AICTE 等中介性组织实现其宏观性调控及监督。这对我国高等教育的发展具有极强借鉴意义。我国高等教育由政府统一管理，学术监管成为政府一大只能。这种管理具化到高校招生人数、专业设置、师资评聘及学位授予资格认定等。政府与高校间的关系为行政性的上下级管理关系，且具有直接性特征，并无相应中介性组织从中进行缓和与调节。这直接导致我国高等教育学术自治权的缺失。

在各级工程技术教育机构的内部管理体制上，也呈现相同的民主与自治特征。印度四层级工程技术教育机构高校总数繁多，很难一一比较做出相应归纳。但通过对既有各层级相关样本校研究可知，其内部管理体制大致相同，为独特的五级管理体制。第一级为视察员，IITs 和 NITs 的视察员由总统担任，邦立和私立工程技术学院的视察员由各邦领导担任。视察员不在实质上干扰各校行政与学术事务；第二级是理事会，其成员由中央政府相关部门代表及国会议员组成。理事会重在对学院工作进行协调与督察，实现宏观层面的调控，不干涉学校内部事务；第三级为管理委员会。成员包括主席一名、校长一名、学校所在地政府任命的深具声望的企业家或技术专家一名。由理事会任命的在教育领域或工程与自然科学领域兼具特殊知识与实践经验的人士 4 名。由议事会任命的本校知名教授 2 名。校长的权力并不会因不是主席便受到削弱，实际上在本校教职员工与管理委员会相关决策间有所冲突时，校长则成为两者间最好的沟通协调者，这利于学校的稳定与发展。管理委员会负责对学校办学方向和办学定位进行确定。对学校一般性行政与学术事务进行管理，负责制定学校各项规章律例制度，有权对议事会的各项制度进行审查。包括对学校相关管理政策中的问题进行决议，对各校课程设置进行管理，制定相关章程，对学校学术职位及其他职位人员进行任命，审议和调整或者取消相关法规制度等。管理委员会成员的校外人员背景，使其职能更多侧重于协商，这在很大程度上保证了本校学者依据学校实际情况做出各项决策，以此矫正和对抗行政权力对学术权力的过度干预；第四级为议事会，这是高校的重要权力机构组织。议事会包括主席一名、由各校校长担任，从事教学的教授数名、由管理委员会和校长联合任命的在自然科学、工程学或人文社科领域拥有声望的学者三名、其他人员数名。其主要职责是对学校常规运行进行有效控制，具体包括教学与学术活动方针及政策制定，课程计划与培养方案制定实施，考试质量与结果监控，各教学单位教学、科研与实训活动的考察与评估，对学校相关争议和问题进行审定裁决等。议事会主要成员由教授学者组成，确保高校独立行使学术管理的权力，其学术本位导向也使学术自治和教授治校得以推行实践；最后一级为具体负责高校日常性行政与学术事务的中层管理者，包括各学系主任，学生注册中心主任、监护委员会的主席等。

五级管理体制中第一级视察员和第二级理事会实际上仅发挥协调作用，并不干预学校内部具体决策。他们虽具有强大政府背景，但与高校间关系绝非我国现行上下级行政关系。三四级的管理委员会和议事会为各校实际权力部门，对学校教学与科研，学术与行政事务进行总体规划与管理。其成员为教授、学者及相关内行人士，这确保了学术独立与学术自治。第五级系主任等为学校各项决策的具体实施者，确保学校正常运行。独特五级管理体制之内核便是确保高校之学术独立与学术自治权，营造学术独立和教授治校的学术自由氛围。

在我国高校内部管理体制中，原则上均为党委领导下的校长负责制。以校长为代表的行政体系力量总体过大。学术与行政确是分开的，但基本上行政决定着学术事务运行，学术则无权对行政加以过问。同行及外界人士介入在管理中几无所见。这也是我们的大学不能得以自治，学术无法得以独立的原因所在。我国高等教育的内部管理应借鉴印度工程技术教育机构的五级管理体制，建立管理委员会及议事会，以此外御社会风险，同时内矫行政偏差。更以其成员背景的多元化及教授学者的参与确保高校学术独立与自治成为一种可能。

七 私立教育与公立教育的并行

在印度工程技术教育领域，几乎76%的工程技术院校为私立院校，庞大的私立高等教育体系支撑着印度高等教育大众化发展。印度私立高等教育拥有很长发展历史，现代意义上的私立高校最早出现于独立后，即当时的赞助费学院。到20世纪80年代，随着印度高等教育规模扩张，政府公共教育经费日趋紧张，印度私立高等教育迅速发展起来。

若从私立高校的学科专业结构来看，在20世纪80年代以前，私立高校更多在于传承文化，集中在人文社科类教育，工程技术类专业教育很少。在80年代后，绝大多数新建私立高校开始以市场需求为办学目标与方向，而在印度，工程技术类专业最受市场欢迎。因此，工程技术类私立高校便在80年代后异军突起，仅迅速成为私立高等教育的主体。

如今私立高等教育已经成为印度的重要教育力量，印政府对此制定系列相关政策，以确保其良性发展。在联邦政府层面，UGC于2003年制定《私立大学创建与质量维持规章》，对私立大学的招生、专业设置、教学及学位授予等做出相应规范。且许多邦都制定了本邦私立大学法，如《拉贾斯坦邦私立大学条例（2004）》和《喜马偕尔邦私立大学法案（2006）》。各邦政府对私立学院的准入也有相应权利，也会制定相关私立学院的准入政策，如奥瑞萨邦1991年出台的《奥里萨邦私立学院创建、认可与管理规则》。即私立大学的准入由各邦各私立大学法或各邦与中央共同的私立大学法案规定，私立学院的准入则由各邦政府制定的其他相关法规规定；在收费政策方面，先后有1997年的《非受助私立高等教育及技术（包括管理）教育收费政策》及2005年的《私立专业教育学院招生及费用确定法案》；在招生政策方面，主要依据各私立大学法中有关招生规定，如2005年的《私立专业教育学院招生及费用确定法案》和2007年的《UGC准大学规章》；在私立高等教育的质量保障方面，NAAC会对部分私立学院进行评估及质量认证，此外，还有一些其他机构如AICTE下属的工程技术教育鉴定委员会等，都会对私立学院的质量进行监督与管理。且印度政府会对相当部分私立学院给予经费资助，这也有效地促进了私立高等教育的发展。

私立高等教育已成为印度高等教育的重要力量，私立与公立教育的共存对高等教育整体运行质量意义颇大，二者和谐发展保证了印度高教系统有效竞争。有学者提出公立高等教育与私立高等教育的共存状态有适度竞争及优势互补两种。前者可使公立和私立教育均感到对方带来的生存与发展压力，进而刺激两者分别提高效率和质量；后者指公立和私立教育以各自优势互补共存。

我国私立高等教育发展已有 30 年历史，但私立高等教育似乎一直作为“替补者”角色存在。在国人心目中，唯其入公立高校无门者才会选择私立高校。这固然与我国私立高等教育质量有关，但其背后的深层原因却在于国家从未将私立高等教育的发展置于公立高等教育发展相同的制度环境中。近年来我国高考录取比例约为 50% 左右，尚属于高等教育卖方市场。虽然教育经费总投入呈逐年增加趋势，但在 GDP 中的比例从未达到 4%。即我国公共教育经费仍然紧缺。因而要满足人民对高等教育的需求，满足社会对高素质人才的需求，仅靠公立高等教育是不可行的。且因无私立高等教育的适度竞争，令公立教育质量堪忧。这是高等教育系统生态平衡的必然。所以，为促进教育公平的实现，使更多人接受高等教育，为培养更多社会经济发展所需的高素质人才，同时为了公立高等教育与私立高等教育有效竞争促使高教系统整体质量的提升，都应大力发展我国的私立高等教育。

八　促进国家、市场与高等教育系统三螺旋的共同上升

在对印度工程技术教育发展的动力机制进行研究时发现，在国家、市场与高等教育系统组成的学术三角中，一二层级的印度理工学院和国立技术学院趋近于国家动力一极，而第四层级的私立工程技术学院趋近于市场动力一极，第三层级的邦立工程技术学院并不趋近于任何动力极，其在三

角中的位置比较靠近中间。从几类工程技术教育机构所趋近的动力极便可看出其在国家发展中所处的位置，以及在整个工程技术教育领域中所处的位置。一二层级的印度理工学院和国立技术学院处在国家的大力扶持之下，承担本国精英教育的重任，也承担着培养一流卓越工程师的重任；而第四层级的私立工程技术院校与市场联系密切，紧随市场变化对教育教学做出适度调适，承担着本国大众教育的重任，同时承担着培养大批量技术蓝领的重任；第三层次的邦立工程技术学院处在学术三角中间位置，其发展很难说明确受哪一因素的影响。但可以肯定的是，邦立工程技术学院为各邦培养了大量工程技术人才，它也同是印度大众教育的承担者。

而若从三重螺旋模型的角度对国家、市场与高等教育系统进行探讨时，发现三者间的螺旋上升存在三大问题。首先，由于三重螺旋模型注重各因素间的共生协调作用，也更加强调高等教育系统力量的发挥。而在印度工程技术教育的发展中，恰恰是高等教育系统对其影响力最弱，加之国家、市场、高等教育系统三因素的联系太过松散，甚至三者间互相存有一定矛盾，如附属制对市场因素的抵制，市场因素与国家因素的抗衡等。由于三螺旋间存在的矛盾，导致三者无法螺旋式正向上升；其次，对不同层级的工程技术院校而言，三重螺旋的影响力度各不同。对第一层级进行精英教育的印度理工学院而言，属“大政府小市场”的状况。而对第四层级的私立工程技术院校来说，则属“小政府大市场”的状况。从持续发展的角度看，这两种情况都有问题。对市场主导型的私立工程技术院校而言，国家应加强宏观调控的作用。而在国家主导型的一流工程技术院校中，国家力量可适当弱化，加强市场对其的调节作用。即在工程技术教育的发展中，应找到政府与市场间的平衡点；第三个问题，三重螺旋模型很注重高等教育系统的引领性作用，同时尝试打破国家、市场、高教系统三者间的界限，力求通过三者职能的转化与共生促使螺旋上升。就印度工程技术教育发展而言，高等教育系统的力量对其影响最弱，处于隐性地位。也即在三螺旋模型中，高等教育系统一轨的力量严重缺失，这严重影响了螺旋的整体上升速度与力度。因而在工程技术教育发展中，应加强高等教育系统的影响力量，使其能与国家、市场因素处于同一层面。三重螺旋模型强调各子螺旋的动态上升，但更注重三螺旋间的交互作用所带来的螺旋整体上升。对印度工程技术教育及其所带来的国家整体创新力而言，国家、市场、高教系统三螺旋既没做到各子螺旋的均衡上升，也没能做到三者协调交互共同促进创新螺旋的整体上升。这也可以解释为何印度工程技术教育发展中存在着发展失衡、师资缺乏、就业率总体不高等问题。

印度工程技术教育发展中国家、市场、高教系统三螺旋的非常态发展及其引发的问题应引起我们重视，进而避免在我国高等教育发展中出现相同的问题。若同样以国家、市场、高教系统三螺旋模型对我国工程技术教育发展进行分析可知，我国的状况则是市场因素力量的缺失。这同样影响到三个子螺旋的动态上升进而影响到螺旋的整体上升。因而在我国工程技术教育发展过程中应注重加强市场因素的影响力度，使国家、市场与高教系统三因素的影响达到较为平衡的状态，从而促使工程技术教育的良性发展，进而培养我国社会经济发展所需的各类型高质量工程技术人才。三螺旋的共同上升也对我国高等教育的整体发展有所借鉴与启示。

结　语

印度是一个拥有灿烂历史文明的文化古国，早在中世纪便有“世界大学”之称，也因此闻名于世。当最终文明走向没落，印度也随之默默无闻。现代的印度以其年均8%的经济增长率及优质的工程技术教育重新得到世人的关注。

印度工程技术教育的发展只有很短历史，但目前已拥有卓越的工程技术教育系统。印度工程技术教育的发端可追溯至殖民地时期，彼时这片曾拥有灿烂文明的古老土地上刚建立起现代意义的高等教育制度。工程技术类专业高等教育只是高等教育很小的组成部分，但较之传统东方式宗教性教育而言，这已是很大的进步。1947年印度独立后，尼赫鲁政府便将工程技术教育的发展作为实现真正独立和复兴国家的一项战略，大力发展工程技术教育。第一所印度理工学院便在这样的背景下建立，之后是地区工程学院的成立。到20世纪80年代后，随着国家发展战略进一步调整，地区工程学院全部升格为国立技术学院。且伴随着全球高等教育改革及私立高等教育的大发展，印度私立工程技术教育开始蓬勃发展起来，并逐渐成为工程技术教育的主体力量。

目前在印度工程技术教育领域中，教育机构共分为四个层级。第一层级便是印度理工学院，进行完全化的精英教育，是印度工程技术教育的世界性标志与品牌；第二层级教育机构为国立技术学院，理论上讲，国立技术学院亦进行精英教育，其办学目的更多侧重地区多元文化的发展；第三层级教育机构为邦立工程技术学院，是大众教育的承担者。邦立工程技术学院的办学目的更多在于为本邦经济发展做出应有贡献；第四层级的教育机构为私立工程技术学院，这是印度大众高等教育的主要力量所在，也是工程技术教育的主体部分。

印度工程技术教育的优势特征主要有：工程技术教育的国家性、工程技术教育机构的多样性、工程技术教育管理结构的分权性及人才培养体系的独特性。

印度工程技术教育现存的问题主要有：工程技术教育教育的失衡性发展（表现在工程技术教育质量两极分化严重、学位结构的不平衡、教育机构地区性分布数量的不平衡）、工程技术教育系统师资整体性紧缺、管理体制缺乏灵活性（尤指高等教育附属制度）、工程技术教育领域失业与人才外流问题严重。

国家、市场与高等教育系统是印度工程技术教育发展最为重要的三因素，国家力量总体处于主导地位，尤其对一二层级的印度理工学院及国立技术学院而言，其发展更多以国家需求为重。对三四层级的邦立工程技术院校和私立工程技术院校而言，其发展更多以市场需求为重。即若将工程技术教育置于国家、市场、高教系统学术三角中，可清晰看出一二层级工程技术院校趋近于国家动力一极，第四层级的私立工程技术学院则趋近于市场动力一极。

我国与印度同为发展中国家，两国有诸多相似之处，相较于欧美等发达国家而言，印度工程技术教育发展的经验更易为我国要学习借鉴，而其发展过程中所存在的问题也更易被我国所避免。这也是研究印度工程技术教育发展的初衷所在。

参考文献

学术专著部分

中文参考书

[1]［美］弗兰克尔：《印度独立后政治经济发展史》，孙培钧等译，中国社会科学出版社 1998 年版。

[2]［日］佐佐木教悟等：《印度佛教史概说》，杨曾文、姚长寿译，复旦大学出版社 1989 年版。

[3]［印］D.D. 高善必：《印度古代文化与文明史纲》，商务印书馆 1998 年版。

[4]［印］R.C. 马宗达等：《高级印度史》，商务印书馆 1986 年版。

[5]［印］塔帕尔：《印度古代文明》，林太译，浙江人民出版社 1990 年版。

[6]［英］埃利奥特：《印度教与佛教史纲第一卷》，李荣熙译，商务印书馆 1982 年版。

[7]［英］麦唐纳：《印度文化史》，龙章译，上海文化出版社 1989 年版。

[8]［英］握德尔：《印度佛教史》，王世安译，商务印书馆 1987 年版。

[9]［荷］弗兰斯·F. 范富格特：《国际高等教育政策比较研究》，王承绪等译，浙江教育出版社 2003 年版。

[10]［加］约翰·范德格拉夫：《学术权力——七国高等教育管理体制比较》，王承绪等译，浙江教育出版社 2003 年版。

[11]［美］巴巴拉·伯恩等 :《九国高等教育》，上海师范大学外国教育研究室译，上海人民出版社 1973 年版。

[12]［美］博顿·克拉克 :《探究的场所——现代大学的科研和研究生教育》，王承绪译，浙江教育出版社 2003 年版。

[13]［美］博顿·克拉克 :《高等教育新论——多学科的研究》，王承绪等译，浙江教育出版社 2003 年版。

[14]［美］德里克·博克 :《走出象牙塔——现代大学的社会责任》，徐小洲，陈军译，浙江教育出版社 2001 年版。

[15]［美］克拉克·克尔 :《高等教育不能回避历史——21 世纪的问题》，王承绪译，浙江教育出版社 2003 年版。

[16]［美］罗伯特·M. 赫钦斯 :《美国高等教育》，汪利兵译，浙江教育出版社 2003 年版。

[17]［美］约翰·S. 布鲁贝克 :《高等教育哲学》，王承绪等译，浙江教育出版社 2003 年版。

[18]［美］约翰·亨利·纽曼 :《大学的理想》，徐辉等译，浙江教育出版社 2003 年版。

[19]［美］詹姆斯·杜德斯达 :《21 世纪的大学》，刘彤译，北京大学出版社 2004 年版。

[20]［西班牙］奥尔特加·加塞特 :《大学的使命》，徐小洲等译，浙江教育出版社 2003 年版。

[21]［英］阿什比 :《科技发达时代的大学教育》，腾达春等译，人民教育出版社 1983 年版。

[22]R.C. 马宗达 :《高级印度史》，张澎霖等译，商务印书馆 1986 年版。

[23] 安双宏 :《印度高等教育 : 问题与动态》，黑龙江教育出版社 2001 年版。

[24] 阿马蒂亚·森，让·德雷兹 :《印度 : 经济发展与社会机会》，社会科学文献出版社 2006 年版。

[25] 阿马蒂亚·森 :《惯于争鸣的印度人 : 印度人的历史、文化与身份

论集》，刘建译，生活·读书·新知三联出版社 2007 年版。

[26] 埃德蒙·金著：《印度教育》，杭州大学教育系外国教育研究室译，杭州大学出版社 1983 年版。

[27] 曹孚：《外国教育史》，人民教育出版社 1979 年版。

[28] 陈佛松：《印度社会中的种姓制度》，商务印书馆 1983 年版。

[29] 陈恒：《失落的文明：古印度》，华东师范大学出版社 2001 年版。

[30] 陈平原：《中国大学十讲》，复旦大学出版社 2002 年版。

[31] 崔连仲：《从佛陀到阿育王》，辽宁大学出版社 1991 年版。

[32] 戴维·史密斯 . 龙象之争：《 中国、印度与世界新秩序》，当代中国出版社 2007 年版。

[33] 丁学良：《什么是世界一流大学？ 》，北京大学出版社 2004 年版。

[34] 方广锠：《渊源与流变：印度初期佛教研究》，中国社会科学出版社 2004 年版。

[35] 费尔南·布罗代尔：《十五——十八世纪的物质文明、经济和资本主义》，生活·读书·新知三联书店 1992 年版。

[36] 郝新生：《比较职业教育》，延边大学出版社 1987 年版。

[37] 贺国庆等：《外国高等教育史》，人民教育出版社 2003 年版。

[38] 黄福涛：《外国高等教育史》，上海教育出版社 2003 年版。

[39] 黄硕风：《大国较量：世界主要国家综合国力国际比较》，世界知识出版社 2006 年版。

[40] 蒋建白：《印度教育概览》，商务印书馆 1946 年版。

[41] 金耀基：《大学之理念》，三联书店 2001 年版。

[42] 瞿葆奎主编，赵中建等选编：《教育学文集——印度、埃及、巴西教育改革》，人民教育出版社 1991 年版。

[43] 康内尔：《二十世纪世界教育史》，张法琨等译，人民教育出版社 1990 年版。

[44] 孔宪铎：《东西象牙塔》，北京大学出版社 2004 年版。

[45] 李兆乾：《德里大学》，湖南教育出版社 1993 年版。

[46] 林承节：《印度独立后的政治经济社会发展史》，昆仑出版社 2003

年版。

[47] 林承节 :《印度古代史纲》，光明日报出版社 2000 年版。

[48] 林承节 :《印度近现代史》，北京大学出版社 1995 年版。

[49] 林承节 :《印度史》，人民出版社 2004 年版。

[50] 林承节 :《殖民统治时期的印度史》，北京大学出版社 2004 年版。

[51] 刘国楠、王树英 :《印度各邦历史文化》，中国社会科学出版社 1982 年版。

[52] 刘欣如 :《印度古代社会史》，中国社会科学院出版社 1990 年版。

[53] 刘新科 :《国外教育发展史纲》，中国社会科学出版社 2002 年版。

[54] 罗炳之 :《外国教育史》，江苏人民出版社 1981 年版。

[55] 马骥雄 :《外国教育史略》，人民教育出版社 1991 年版。

[56] 马加力 :《当代印度教育概览》，河南教育出版社 1994 年版。

[57] 欧东明 :《佛地梵天：印度宗教文明》，四川人民出版社 2002 年版。

[58] 培伦 :《印度通史》，黑龙江人民出版社 1990 年版。

[59] 邱永辉、欧东明 :《印度世俗化研究》，巴蜀书社 2003 年版。

[60] 人民教育出版社外国教育丛书编辑组编 :《二十国教育概况》，人民教育出版社 1981 年版。

[61] 瑞士国际管理发展学院编著 :《IMD 世界竞争力年鉴》，姚俊梅译，中国财政经济出版社 2002 年版。

[62] 尚会鹏 :《印度文化传统研究：比较文化的视野》，北京大学出版社 2004 年版。

[63] 尚会鹏 :《种姓与印度教社会》，北京大学出版社 2001 年版。

[64] 尚劝余 :《莫卧儿帝国》，三秦出版社 2001 年版。

[65] 史静寰 :《印度普及义务教育》，人民教育出版社 1986 年版。

[66] 孙培均、华碧云 :《印度国情与综合国力》，中国城市出版社 2001 年版。

[67] 孙士海、葛维钧 :《印度》，社会科学文献出版社 2003 年版。

[68] 孙士海 :《印度的发展及其对外战略》，中国社会科学出版社 2000 年版。

[69] [印] 泰戈尔：《高级印度史》，谭仁侠译，商务印书馆 1986 年版。

[70] 滕大春：《外国近代教育史》，山东教育出版社 1992 年版。

[71] 滕大春主编，戴本博、单中惠第五卷主编：《外国教育通史》，山东教育出版社 1993 年版。

[72] 王长纯：《世界教育大系－印度教育》，吉林教育出版社 2000 年版。

[73] 王长纯：《世界教育大系—印度教育》，吉林教育出版社 2000 年版。

[74] 王天一等编著：《外国教育史》，北京师范大学出版社 1993 年版。

[75] 吴式颖：《外国教育史话》，江苏人民出版社 1982 年版。

[76] 吴式颖：《外国现代教育史》，人民教育出版社 1997 年版。

[77] 吴式颖等：《外国教育史简编》，教育科学出版社 1988 年版。

[78] 夏之莲主编，北京师范大学教育系教育史组选编《外国教育发展史料选粹》，北京师范大学出版社 1999 年版。

[79] 杨德广、王一鸣主编：《世界教育兴邦与教育改革》，同济大学出版社 1990 年版。

[80] 杨东平：《大学精神》，文汇出版社 2003 年版。

[81] 杨东平：《大学之道》，文汇出版社 2003 年版。

[82] 袁锐锷：《新编外国教育史纲》，广东高等教育出版社 2005 年版。

[83] 曾向东：《印度现代高等教育》，四川大学出版社 1987 年版。

[84] [意] 詹尼·索弗里：《甘地与印度》，李扬译，生活·读书·新知三联书店 2006 年版。

[85] 张双鼓，薛克翘，张敏秋：《印度科技与技术发展》，人民教育出版社 2003 年版。

[86] 张维迎：《大学的逻辑》，北京大学出版社 2004 年版。

[87] 赵伯乐：《永恒涅槃—古印度文明探秘》，云南人民出版社 1999 年版。

[88] 赵鸣歧：《印度之路：印度工业化道路探析》，学林出版社 2005 年版。

[89] 赵祥麟：《外国现代教育史》，华东师范大学出版社 1987 年版。

[90] 赵中健：《战后印度教育研究》，江西教育出版社 1992 年版。

[91] 郑瑞祥：《印度的崛起与中印关系》，当代世界出版社 2006 年版。

[92] 朱明忠、尚会鹏：《印度教：宗教与社会》，世界知识出版社 2003 年版。

[93] 邹进：《印度中等教育》，光明日报出版社 1987 年版。

[94] 左学金：《龙象共舞——对中国和印度两个复兴大国的比较研究》，上海社会科学院出版社 2007 年版。

外文参考书

[1]A.Biswas and S.P.Agrawal, *Development of Education in India:A Historical Survey of Educational Documents before and after Independence*, New Delhi：Concept Publishing Company, 1986.

[2]A.L.Basham, *Culture History of India*, Oxford India Paperbacks, 2002.

[3]A.P. Sharma, *Contemporary Problems of Education , with special referent to India*, New Delhi：Vikas Pub., 1986.

[4]A.P.Sharma.Contemporary Problems of Education:with Special Reference to India[M].Vikas Publishing House Pvt.Ltd, New Delhi, 1986.

[5]A.Varge, *University Research and Regional Innovation:a Spatial Econometric Analysis of Academic Technology Transfers*, Boston：MA:Kluwer Academic Publishers, 1998.

[6]Aggarwal and J. C, *Recent developments and Trends in Education : with special reference to India*, New Delhi：Shipra, 2009.

[7]Aggarwal, J. C, *Education Policy in India:1992 and Review 2000 and 2005, 1992–2005*, Delhi：Shipra Publications, 2009.

[8]Aggarwal and J. C, *Recent Developments and Trenda in Education : with special reference to India*, Shipra Publications, 2009.

[9]Altbach, Philip G., Chitnis and Suma, *Higher Education Reform in India*, New Delhi：Sage Publications, 1993.

[10]Anand Patwardhan, *Knowledge-based Industries and the National System of Innovation : Experiences from India*, Technology Information,

Forecasting and Assessment Council.

[11]Anil Kumar Thakur and Md. Abdus Salam, *Economics of education and health in India*, New Delhi : Deep & Deep Publications, 2008.

[12]Anthony P.Dcosta, *Exports, University-Industry Linkages, and Innovation Challenges in Bangalore, India*, World Bank Policy Research Working Paper 3887. Apny 2006.

[13]Aparna Basu, Essays in the History of Indian Education, New Delhi : Concept Publishing Company, 1982.

[14]Arimoto. A. (ed.): *Survey Report on theImprovement of Academic Research*, Hiroshima : Institute for Higher Education, Hiroshima University, 1991.

[15]Ashish Arora and Jai Asundi, *Quality Certification And The Economics of Contract Software Development:A Study of the Indian Software Indutry*, Massachusett: National Bureau of Economic Research Working Paper 1999.

[16]Azad and J. L, *Financing and Management of Higher Education in India : the Role of the Private Sector*, Gyan Publishing House, 2008.

[17]B.C.Rai, *History of Iindian Education and Problems*, Lucknow : Prakashan Kendra, 1980.

[18]Burton.R.Clark, *Sustaining Changes in Universities:Continuities in Case Studies and Concepts*, Society for Research into Higher Education & Open University Press, 2004.

[19]C.V.Khandelwal, *National Conference On Skill Building Through Public-Private Participation: Opportunities & Constraints*, New Delhi : Oct 5–6, 2007.

[20]Chatterjee, Partha et. al, Social Science Research Capacity in South.

[21]*Asia*, New York: SSRC, 2002.

[22]Chitrangada Singh, *National Policy on Education*, New Delhi : Dominant Publishers And Distributors, 2005.

[23]Clark Kerr, *The Uses of the University*, Harvard University Press, 1963.

[24]D.R.Powers，M.F.Powers and F.Berz，*Higher Education in Patnership with Industry*，Ossey–Bass Inc. Publisher，1988.

[25]D'Este P and Patel P，*University-Industry Linkages in the UK:What are the factors underlying the Variety of Interactions with Industry?*，Research Policy，Vol. 9，No. 36，2007.

[26]Dutz and Mark A，*Unleashing India's Innovation:Toward Sustainable and Inclusive Growth*，The World Bank，2007.

[27]Gautam Biswas，K.L.Chopra，C.S.Jha and D.V.Singh，*Profile of Engineering Education in India-Status, Concerns and Recommendations*，Narosa Publishing House，2010.

[28]Geeta Kingdon and Mohd. Muzammil，*The Political Economy of Education in India: Teacher Politics in Uttar Pradesh*，New York：Oxford University Press，2003.

[29]Ghanshyam Thakur，*Challange and Problems in Reforming Higher Education in India*，New Delhi：Sanjay，2004.

[30]Ghanshyam.Thakur，*Challenges and Problems of Management and Administration of Higher Education in India*，New Delhi: Somnath Dhall Sanjay Prakashan，2006.

[31]Ghanshyam.Thakur，*Challenges and Problems of Reforming Higher Education in India*，New Delhi: Somnath Dhall Sanjay Prakashan，2004.

[32]Gibb and Allan，*Towards the Entrepreneurial University:Entrepreneurship Education as a Lever for Change*，UK：National Council for Graduate Entrepreneurship，2005.

[33]Gupta and Asha，*Linkage Between Academic Studies and Policy Process:A Shift in Paradigm*，Hawaii :the ISA Convention，March.1–5，2005.

[34]Gupta and Asha，*Looking Beyond Universities:A Political Economic Analysis*.

[35]Bernd Baumgartl，Jochen Fried and Anna Glass（eds），From Here to There:Mileposts in Higher Education Austria:Navreme Knowledge Development，

2007.

[36]H.S. Singh, *School Education in India: Contemporary Issues and Trends*, New Delhi : Sterling Publishers, 1991.

[37]Hans Nagpaul, *Culture, Education and Social Welfare:Need for Indigenous Foundations*, New Delhi : S.Chand &Company Ltd, 1980.

[38]J. C. Aggarwal, *Development and Planning of Modern Education: with Special Reference to India*, Nwe Delhi : Vikas Pub., 1985.

[39]J. C. Aggarwal, *Education Policy in India , 1992 and review 2000 and 2005*, Delhi : Shipra Publications, 2009.

[40]J.L. Azad, *Financing and Management of Higher Education in India*, New Delhi : Gyan Publishing House, 2008.

[41]Jagannath Moharty, *Dynamics of higher education in India*, New Delhi : Deep & Deep Pub, 1993.

[42]Jayaram N, *Higher Education in India , Massification and Change. Philip G. Altbach P.& Umakoahi, T.(ed.)Asian Universities: Historical Perspective and Contemporary Challenges*, Baltimore & London: The Johns Hookins Univereitv Press, 2004.

[43]Johanson and F.Wiedersheim-Paul, *The Internationalization of Four Swedish Cases*, The Internationalization of Firm, Internatonal Thomson Publication ed. By buckley&Ghauri, 1999.

[44]K Venkata Redly, *New Directions in Higher Education in India*, New Delhi : Creative Books, 1996.

[45]K. Sivadasan Pillai, *Non-Formal Education in India*, New Delhi : Criterion Publications, 1990.

[46]Kapur. Devesh and Pratap B. Mehta, *Indian Higher Education Reform: From Half-Baked Socialism to Half-Baked Capitalism*, New Delhi: the Brookings- NCAER India Policy Forum, 2007.

[47]Kothari.S.and Fowler.M, *Fostering Entrepreneurship and Enterprise in the Biological and Clinical Sciences*, Italy, A paper presented at the OECD

International Conference on Fostering Entrepreneurship:The Role of Higher Education, Trent, Vol. 2, June, 2005.

[48]Kulkarni and Narayan, *Fostering Growth Through Bioclusters*, New York : Bio Spectrum, 2005.

[49]Kumar and Krishana, *challange and Problems in Teaching Higher Education in India*, New Delhi : Sanjay Prakashan, 2005.

[50]Leslie, David W.and Fretwell, E.K.Jr, *Wise Moves in Hard Times:Creating and Managing Resilient Colleges and Universities*, USA : San Francisco, Jossey- Bass, 1996.

[51]Levy.Daniel, *Private-Public Interfaces in Higher Education:Two Sectors in Sync?*, The World Bank RegionalBank Conference on Development Economics, 2007, January .

[52]Lric Ashbv, *Universities:British.lndian.African:A Studv in the Ecology of Higher Education*, London:The Weldenfeld and Nicolson Press, 1966.

[53]M .Pinto, *Federalism and Higher Education:The Indian Experience*, Bombay:Orient Longman, 1984.

[54]M. Shahnaz Suri, *American Influence on Higher Education in India: a Study of Post-Independence Era*, New Delhi : Sterling, 1979.

[55]M.Giri, *Centre-State Relations in Higher Education*, NewDelhi: Northern Book Centre, 1992.

[56]Marmar Mukhopadhyay and Madhu Parhar, *Education in India: Dynamics of Development*, Delhi : Shipra Publications, 2007.

[57]Meenu Agrawal, *Education in Third World and India : a Development Perspective*, New Delhi : Kanishka Publishers, Distributors, 2008.

[58]Mishra.Sharda, *UGC and Higher Education System in India*, Jaipur : Book Enclave, 2006.

[59]Moonis Raza and Nirmal Malhotra, *Higher Education in India: a Comprehensive Bibliography*, New Delhi : Concept, 1991.

[60]Murali Patibandla and Rafiq Dossani, *Prepating for a Services*

Economy:an Evaluation of Higher Education in India, Bosto:Annual Conference of Industry Studies, May, 2008.

[61]N. Jayapalan, *History of Education in India*, New Delhi: Altantic Publishers And Distributors, 2000.

[62]Nasscom, *Nasscom- McKinsey Report 2005:Extending India, s leadership in the global IT and BPO industries*, June 2005.

[63]National Association of Software and Service Companies, *Nasscom-Annual-Report*, New Delhi : International Youth Centre, Teen Murti Marg, Chanakyapuri, 2009-10.2.

[64]Naushad Forbes, *Higher Education, Scientific Research and Industry:Reflections on Priorities for India(Prepared for Conference on India's Economic ReformsCenter for Research on Economic Development and Policy Reform)*, Science, Technology and Society, Stanford University, Oct, 2003.

[65]NKC, *National Knowledge Commission Note on Higher Education*, New Delhi:New Concept Information Systems Pvt. Ltd, 2006.

[66]OECD, *Benchmarking Industry-Science Relationship*, Paris:Organization for Economic Co-operation and Development, 2002.

[67]OECD, *National Innovation Systems*, Paris, 1997.

[68]P. Bala Bhaskaran, *Innovating for Competitiveness*, Nirma International Conference on Mamagement, 2002.

[69]P.C.Patanjali, *Development of Higher Education in India*, New Delhi:Shree Publishers & Distributors, 2005.

[70]P.D. Shukla, Towards the New Pattern of Education in India, New Delhi : Sterling, 1984.

[71]P.Patel and K.Pavitti, *The Nature and Economic Imortance of National Innovation System*, OECD, 1994.

[72]Partha Mukhopadhyay and Rakesh Basant, *An Arrested Virtuous Circle?Higher Education and High-Tech Industry in India*, Cape Town: Annual Bank Conference on Development Economics, 2008.

[73]Pawan Agarwal, *Higher Education in India:The Need for Change*, New Delhi:ICRIER (India Council for Research on International Economic Relations), 7, June, 2006.

[74]Pawan Agarwal, *Indian Higher Education*, New Delhi:SAGE Publications India Pvt Ltd, 2009.

[75]Philip G. Altbach and Suma Chitnis, *Higher Education Reform in India: Experience and Perspectives*, New Delhi : Newbury Park, Calif. : Sage Publications, 1993.

[76]Pruthi. R. K, *Education in Modern India*, New Delhi : Sonali Publications, 2005.

[77]Rakesh Basant and Pankaj Chandra, *Role of Educotionol and R&D Institutions in City Clusters:An Exploratory Study of Bongolore and Pune Regions in India*, Ahmedabad:Indian Institute of Management, 2006.

[78]Rakesh Basant and Partha Mukhopadhyay, *An Arrested Virtuous Circle? Higher Education and High-Tech Industry in India*, Cape Town: Annual Bank Conference on Development Economics, 2008.

[79]Rakesh Basant, *An Arrested Virtuous Circle? Higher Education and High-Technology Industries in India*, Annual World Bank conference on development economics, 2009, Global : people, politics, and globalization / edited by Justin Yifu Lin and Boris Pleskovic..

[80]Ram Nath Sharma and Rajendra K. Sharma, *History of Education in India*, New Delhi : Atlantic Publishers and distributors, 1996.

[81]Ramachandran, *Problems of Higher Education in India: a Case Study C.M.*, Delhi : Mittal Publications, 1987.

[82]Rangan Banerjee and Vinayak P.Muley, *Engineering Education in India*, Powai, Mumbai, 2007.

[83]S.K. Gupta, *Career Education in India: the Institutes of Higher Learning*, New Delhi : Mittal Publications, 1994.

[84]S.K.Kochhar, *Pivotal Issues in Indian Education*, New Delhi : Sterling

Publishers Private Limited，1984.

[85]Saraswathi Balasubramaniam，*Patterns on Non-Formal Education at the University Level in India, UK, USA, and VSSR*，New Delhi：Uppal Pub. House，1991.

[86]Sharma and Yashpal，*Challange and Problems in Financing Higher Education in India*，New Delhi：Sanjay，2004.

[87]Singh and Vachan，*Development of Education in India*，Delhi：Akansha Publishing House，2005.

[88]Singh and Vanita.Singh，Nirmala: *Development of Higher Education in India*，New Delhi：Alfa Publications，2008.

[89]Singh and Amrik，*Fifty Years of Higher Education in India: the Role of the University grants Commission*，New Delhi：Thousand Oaks，Calif :Sage Publications，2004.

[90]V C. Kulandai Swatmy，*Higher Education in India: Crisis in Management*，New Delhi: Viva Books Private Limited，2003.

[91]Vanita Singh and Nirmala Singh，*Development of Higher Education in India*，New Delhi：Alfa Publications，2008.

[92]Vashist，S. R.，Sharma and Ravi P，*History of Education in India*，New Delhi：Radha Publications，1997.

[93]Ved Prakash，*School Education in Rural India*，New Delhi：Mittal Publications，1993.

[94]World Bank Policy Research Working Paper，Apil，2006.

[95]Yogendra K.Sharma，*History and Problems of Education*，New Delhi: Kanishka Publishers Distributors，2001.

学位论文

[1] 安林瑞:《印度的大国战略及对我国的影响》，博士学位论文，兰州大学，2006 年。

[2] 白阁 :《印度现代高等教育的成绩和问题分析》，郑州大学，2007年。

[3] 陈群 :《英属印度高等教育的殖民化》，华东师范大学，2009 年。

[4] 陈依依 :《印度理工学院办学特点研究》，湖南师范大学，2009 年。

[5] 崔金宁 :《印度教育现代化的历史演进研究》，西北大学，2006 年。

[6] 戴伟伟 :《印度高等工程教育发展研究——以印度理工学院为例》，华东师范大学，2009 年。

[7] 戴永红 :《印度软件企业国际化研究》，四川大学，2006 年。

[8] 葛颖 :《印度经济改革与经济发展》，中国社会科学院，2003 年。

[9] 郭斌 :《 别具一格的印度高等院校评估：NAAC 的经验与借鉴》，复旦大学，2009 年。

[10] 黄金海 :《中印两国科技发展比较研究》，广西大学，2002 年。

[11] 纪方 :《跨文化视角下的印度教师教育课程制度》，四川师范大学，2008 年。

[12] 李杰 :《中国、印度软件产业国家创新系统对比研究》，内蒙古大学，2005 年。

[13] 李敏 :《教育国际交流：挑战与应答》，华东师范大学，2008 年。

[14]刘宁 :《阿育王的佛教信仰及其对中国的影响》，西北大学，2009年。

[15] 刘艳菲 :《印度理工学院的 IT 人才培养研究》，西南大学，2008 年。

[16] 吕月英 :《宗教对当代印度政治的影响》，河北师范大学，2004 年。

[17] 任佳 :《印度工业化进程中产业结构演变的内在机理》，复旦大学，2006 年。

[18] 宋鸿雁 :《印度私立高等教育发展研究》，华东师范大学，2008 年。

[19] 王丽娜 :《印度高等教育管理研究》，西北师范大学，2001 年。

[20]吴春燕 :《印度教育的发展与印度现代化》，福建师范大学，2007年。

[21] 杨冬云 :《印度经济改革与发展的制度分析》，华东师范大学,2005 年。

[22] 杨思帆 :《当代印度高校与高技术产业的联结研究》，西南大学，2010 年。

[23] 叶丽芳 :《印度大学附属制度研究》，浙江师范大学，2007 年。

[24] 叶燕 :《印度穆斯林教育的历史研究》，中央民族大学，2007 年。

[25] 赵芹 :《印度高等教育附属制度研究》，厦门大学，2007 年。

学术期刊部分

中文参考

[1]A. 斯米尔诺夫、张捷:《印度教育发展状况》,《国外社会科学》1982年第10期。

[2][美]Gary Gereffi，Vivek Wadhwa，Ben Rissing，Ryan Ong:《美、中、印工程教育质量与数量的实证分析》,孙琪、王景枝译,《高等工程教育研究》2009年第4期。

[3]“德、法工程师文凭”教育研究课题组:《法国高等工程教育的培养规格及指导思想》,《职业技术教育研究》2004年第4期。

[4]R. 阿诺维，刘霓:《中国和印度教育制度的比较》,《国外社会科学》1985年第4期。

[5]安双宏:《结构完善的印度开放教育系统》,《开放教育研究》1996年第1期。

[6]安双宏:《近期印度高等教育发展趋势——兼析私立高等教育发展迅速之缘由》,《全球教育展望》2009年第2期。

[7]安双宏:《论印度大学考试制度的弊端》,《比较教育研究》2004年第6期。

[8]安双宏:《论印度普通大学内部管理的特色》,《比较教育研究》2005年第8期。

[9]安双宏:《印度大学拨款委员会及其对我们的借鉴意义》,《比较教育研究》2003年第12期。

[10]安双宏:《印度大学拨款委员会及其对我们的借鉴意义》,《比较教育研究》2003年第12期。

[11]安双宏:《印度高等教育的经费紧缺及其对策》,《外国教育研究》2001年第3期。

[12]安双宏:《印度高等教育规模快速扩充的后果及其启示》,《教育研

究》2000 年第 8 期。

[13] 安双宏 :《印度高等院校中的双语教学问题及其启示》,《比较教育研究》2007 年第 3 期。

[14] 安双宏 :《印度高科技人才的摇篮——谈印度理工学院的体制创新》,《中国高等教育》2000 年第 22 期。

[15] 安双宏 :《印度高校教师的工作量与工资待遇》,《南亚研究季刊》2002 年第 3 期。

[16] 安双宏 :《印度高校教师的任用与晋升》,《黑龙江高教研究》2002 年第 3 期。

[17] 安双宏 :《印度国立开放大学的发展及其启示》,《比较教育研究》2007 年第 12 期。

[18] 安双宏 :《印度基础教育发展热点问题评析》,《教育发展研究》2010 年第 4 期。

[19] 安双宏 :《印度教育近况》,《比较教育研究》1997 年第 12 期。

[20] 安双宏 :《印度科技人才的培养机制探析》,《比较教育研究》2010 年第 5 期。

[21] 安双宏 :《印度落后阶级受高等教育的机会》,《外国教育研究》2001 年第 3 期。

[22] 安双宏 :《印度女性接受高等教育的机会》,《比较教育研究》2001 年第 7 期。

[23] 安双宏 :《印度信息技术人才培养的经验与不足》,《比较教育研究》2007 年第 3 期。

[24] 安双宏 :《印度政府对高等教育的管理》,《比较教育研究》2006 年第 8 期。

[25] 安双宏 :《影响印度高等教育质量的几个因素》,《江苏高教》2000 年第 4 期。

[26] 安双宏 :《中印高教收费和学生资助的比较研究》,《全球教育展望》1995 年第 5 期。

[27] 蔡瑜琢 :《瑞典、芬兰和丹麦的高等工程教育》,《高等工程教育研

究》2005年第3期。

[28] 陈利君 :《印度——正在崛起的生物技术大国》,《南亚研究》2006年第2期。

[29] 陈伟 :《高等工程教育中的理性和谐》,《中国成人教育》2009年第1期。

[30] 陈义 :《法国工程技术教育的特色及其借鉴意义》,《漯河职业技术学院学报(综合版)》2005年第2期。

[31] 高子平 :《印度软件人才队伍建设的经验与启示》,《南亚研究季刊》2009年第2期。

[32] 关松林 :《古代印度教育述论》,《教育评论》1990年第4期。

[33] 郭斌,张晓鹏 :《印度高等教育评估与鉴定新方法的特点及启示》,《现代教育科学》2008年第5期。

[34] 韩骅 :《挣扎前行的印度师范教育》,《比较教育研究》1995年第2期。

[35] 何滢 :《高等工程教育与人文教育的融合规律》,《大学教育科学》2006年第3期。

[36] 胡风 :《印度高等教育大发展的原因与得失》,《安徽大学学报》2001年第5期。

[37] 孔令帅 :《教育均衡发展与政府责任——试论印度政府在基础教育均衡发展中的作用》,《比较教育研究》2010年第5期。

[38] 寇有志 :《美国工程技术教育专业鉴定制度的特色与借鉴》,《高等教育与学术研究》2006年第6期。

[39] 李建忠 :《印度高校内部人力资源配置和管理》,《比较教育研究》2001年第12期。

[40] 李健伟 :《当代印度基础师范教育》,《课程.教材.教法》1994年第12期。

[41] 李为 :《科学技术与社会教育模式高等工程教育的人文化》,《中国高教研究》2000年第6期。

[42] 李云霞,汪继福 :《印度高等教育跨越式发展的动因及影响》,《外国教育研究》2006年第11期。

[43] 梁保国：《工程教育的生态学透视》，《有色金属高教研究》1998 年第 5 期。

[44] 刘向东：《我国高等工程教育的回顾与趋势分析》，《黑龙江教育（高教研究与评估）》2007 年第 7 期。

[45] 刘亚敏：《规模与质量：印度高等教育发展问题及其对我国的启示》，《云南教育》2001 年第 25 期。

[46] 马骥雄：《古代印度的教育》，《杭州大学学报（哲学社会科学版）》1985 年第 2 期。

[47] 马涛，何仁龙：《高等工程教育：迎接学科交叉融合的挑战》，《理工高教研究》2007 年第 2 期。

[48] 钮维敢，钟震：《试论印度现代高等教育发展与知识经济崛起》，《南亚研究季刊》2010 年第 2 期。

[49] 钮维敢：《论印度高等教育在科技方面的外向开拓》，《南亚研究季刊》2005 年第 3 期。

[50] 戚兴宇，谢娅：《印度政府与大学的关系及启示》，《南亚研究季刊》2010 年第 2 期。

[51] 邱占勇：《工程技术教育中科学精神与人文精神的培养》，《辽宁工程技术大学学报（社会科学版）》2002 年第 4 期。

[52] 曲恒昌：《打造大学的核心竞争力，提升我国高教的国际竞争优势》，《比较教育研究》2005 年第 2 期。

[53] 曲恒昌：《独具特色的印度大学附属制及其改革》，《比较教育研究》2002 年第 8 期。

[54] 曲恒昌：《印度普及义务教育的目标期限为何一再推延》，《比较教育研究》1994 年第 4 期。

[55] 荣黎霞：《发展中国家如何致力于更加公平的教育——以印度和南非为例》，《比较教育研究》2007 年第 2 期。

[56] 施晓光：《印度高等教育政策的回顾与展望》，《北京大学教育评论》2009 年第 7 期。

[57] 时铭显：《高等工程教育必须回归工程和实践》，《中国高等教育》

2002年第22期。

[58] 水志国：《美国高等工程教育“工程化”发展研究》，《中国电力教育》2006年第2期。

[59] 宋秀琚：《印度农村基础教育服务及其启示》，《外国教育研究》2008年第5期。

[60] 孙健、王沛民：《基于资源观的大学发展战略初探——以印度理工学院为例》，《高等工程教育研究》2008年第3期。

[61] 万晓玲等：《印度高校毕业生就业状况评估及启示》，《比较教育研究》2006年第2期。

[62] 汪辉：《日本高等工程教育的质量评估机制》，《高等工程教育研究》2005年第3期。

[63] 王伟龙：《独立后印度大学科研发展的回顾与分析》，《高等教育研究》1992年第2期。

[64] 王晓丹：《印度妇女与教育》，《南亚研究》1994年第4期。

[65] 王雁：《跨国学术合作组织：高等工程教育国际化合作的成功模式》，《中国高教研究》2010年第6期。

[66] 邬峻：《21世纪的高等工程教育——循环创新模型与21世纪大学建构》，《高等工程教育研究》2002年第5期。

[67] 吴启迪：《“全球化”与中国工程教育发展战略》，《高等工程教育研究》2000年第4期。

[68] 吴秋凤：《构建高等工程技术人才KAQ培养模式》，《建材高教理论与践》2000年第2期。

[69] 熊志卿：《工程技术型本科教育定位的研究》，《南京工程学院学报（社会科学版）》2007年第2期。

[70] 徐辉：《印度普及高中教育政策及其价值取向》，《中国教育学刊》2007年第5期。

[71] 徐理勤：《论联邦德国高等工程教育的发展趋势和改革措施》，《外国教育研究》2002年第4期。

[72] 徐小洲：《当代韩国高等工程教育的若干特征》，《高等工程教育研

究》2002 年第 4 期。

[73] 许立新 :《印度教师教育的课程变迁、理论研究与现实挑战》,《外国教育研究》2009 年第 10 期。

[74] 薛蕴茹 :《试论影响印度软件产业发展的市场环境因素》,《南亚研究季刊》2005 年第 3 期。

[75] 阎凤桥等 :《在全球和知识经济背景下，印度高等教育对经济增长的贡献》,《北大教育经济研究（电子季刊）》2008 年第 1 期。

[76] 杨洪 :《试析印度高等教育经费筹措模式》,《贵州教育学院学报》2001 年第 1 期。

[77] 杨伟 :《GATS 给印度教育带来的忧虑及印度的对策》,《比较教育研究》2002 年第 12 期。

[78] 叶晓雁 :《产学研合作教育是培养高质量工程技术人才的必由之路》,《清华大学教育研究》2000 年第 3 期。

[79] 易红郡，王晨曦 :《印度高等教育发展中的问题、对策及启示》,《清华大学教育研究》2002 年第 5 期。

[80] 俞仲文 :《关于发展高等技术教育的若干思考》,《高等工程教育研究》2005 年第 2 期。

[81] 郁秋亚 :《产学研合作教育是中国高等工程教育改革的有效途径》,《中国高教研究》2000 年第 9 期。

[82] 袁广林 :《高等工程教育的理性回归》,《辽宁教育研究》2008 年第 9 期。

[83] 张国忠 :《今日印度教育的特殊政策》,《外国教育研究》1988 年第 3 期。

[84] 张加圣 :《高等工程教育面临的新挑战》,《西北工业大学学报（社会科学版）》2008 年第 3 期。

[85] 张娟娟 :《印度高等教育的扩张》,《比较教育研究》2002 年第 2 期。

[86] 张立艳 :《印度大学创业教育的缘起与发展特色》,《教育评论》2005 年第 3 期。

[87] 张世辉 :《印度基础教育课程改革的特点及启示》,《中国民族教育》

2009 年第 11 期。

[88] 张维 :《近现代中国科学技术和高等工程教育发展的回顾与展望》,《高等工程教育研究》2001 年第 2 期。

[89] 张彦通 :《继续推进高等工程教育改革与发展对策研究》,《高等工程教育研究》2005 年第 2 期。

[90] 张媛 :《为了更加公平的教育——由印度的基础教育改革历程着眼》《外国教育研究》2008 年第 5 期。

[91] 赵中建 :《结构完善的印度开放教育系统》,《开放教育研究》1996 年第 1 期。

[92] 郑勤华 :《印度的高等教育扩展与知识失业》,《教育与经济》2005 年第 8 期。

[93] 郑信哲 :《印度政府对表列种姓表列部落的特殊教育政策》,《世界民族》1998 年第 2 期。

[94] 中国工程院"创新人才"项目组 :《走向创新——创新型工程科技人才培养研究》,《高等工程教育研究》2010 年第 1 期。

[95] 钟秉林 :《我国院校高等工程教育的改革与发展》,《中国机械工程》2000 年第 2 期。

[96] 周采 :《印度高等教育发展及其启示》,《南京师范大学学报(社会科学版)》2008 年第 2 期。

[97] 朱勃 :《印度教育见闻》,《外国教育》1980 年第 3 期。

[98] 朱高峰 :《关于中国工程教育的改革与发展问题》,《高等工程教育究》2005 年第 2 期。

[99] 朱永东,叶玉嘉 :《美国工程教育专业认证标准研究》,《现代大学育》2009 年第 3 期。

[100] 邹宏如等 :《印度科技人才培养及其启示》,《贵州大学学报(社会科学版)》2006 年第 4 期。

外文参考

[1]Agrawal A and Henderson R, "Putting Patents Incontext:Exploring

Knowledge Transfer From MIT." *Journal of Management Science*, 2002.

[2]Aradhna Aggarwal, "Technology Policies and Technological Capabilities in Industrp:A Comparative Analysis of India and Korea " *Journal of Science Technology & Society*, Vol. 6, No. 2, 2001.

[3]Asha GuPta, "Higher Edueation and Economic Growth:India and China" *A Talk Delivered at the Peking University, Beijing, China*, April 10, 2007.

[4]B.S.Pani, "Privatization–some issues" *Journal of Higher Education*, 1998.

[5]Ben–David · J and Zloczowe · A, "University and Academic Systems in Modern Societies" *European Journal of Sociology*, 1962.

[6]Clive Whitehead, "The Historiography of British Imperial Edueation Policy" *Partl:India, History of Edueatioin*, 2005.

[7]Cohen.W.M., Nelson.R.R. and Walsh.J.P, "Links and Impacts:The Influence of Public Research on Industrial R&D" *Journal of Management Science*, 2002.

[8]Etzkowitz, Henry, and Loet Leydesdorff, "The Triple Helix of University –Industry–Government Relations: A Laboratory forKnowledge–Based Economic Development." *EASST Review*, 1995.

[9]Etzkowitz.H., Webster.A., Gebjardt.C. and Cantisano Terra.B.R, "The Future of the University and the University of the Future:Evolution of Ivory Tower to Entrepreneurial Paradigm." *Research Policy*, Vol.29.

[10]Granger, C.W.J. Investigating Causal Relations by Econometric Models Cross Spectral Methods." *econometrics*, 1996.

[11]Henry Etzkowitz, "The European entrepreneurial university." *Journal of Industry and Higher Education*, Vol. 17, 2003.

[12]Henry Etzkowitz, "The evolution of the entrepreneurial university." *International Journal of Technology and Globalization (IJTG)*, 2004.

[13]J.B.Gtilak, "The Dilemma of Reforms in Financing Higher Education in India." *Journal of Higher Education Poliey*, Vol. 10, No. 1, 1997.

[14]Jacob.M, Hellstrom.T, Adler.N.and Norrgren.F, "From Sponsorship to Partnership in Academy–industry Relations." *Journal of R&D Management*, 2000.

[15]Kamna Solanki, Sandeep Dalal and Vishal Bharti, "Software Engineering Education and Research in India–A Survey." *International Journal of Engineering Studies*, Vol. 3, 2009.

[16]Kamna Solanki and Sandeep Dalaland Vishal Bharti, "oftware Engineering Education and Research in India:A Survey ? " *International Journal of Engineering Studies*, Vol. 3, 2009.

[17]Lav R.Varshney, "Private Engineering Education in India:Market Failures and Regulatory Solutions." *Journal of Science, Technology, and Public Policy*, Vol. 11, 2006.

[18]Loet Leydesdorff, "The Triple Helix Model and the Study of Knowledge–Based Innovation Systems." *Int. Journal of Contemporary Sociology*, 2005.

[19]Mendivil and Jorge Luis Ibarra, "The New Providers of Higher Education." *Journal of Higher Education Policy*, Vol. 4, No. 15, 2002.

[20]Mustar, P. and Lar é do, P, "Public Sector Research:A Growing Role in Innovation Systems." *Journal of Minerva*, Vol. 1, No. 42, 2004.

[21]N.R.Shetty, "Impact on the quality of engineering education due to the advent of foreign universities." *The Indian journal of technical education*, Vol. 1, No. 34, 2011.

[22]PhiliP.G.Altbach, "Universities:familystyle." *Journal of Intetnationalhigher education*, spring, 2005.

[23]Tabassum Naqvi, "NBA' s outcome based accreditation process." *The Indian journal of technical education*, Vol. 1, No. 34, 2011.

[24]Sanjay Goel, "Competency Focused Engineering Education with Reference to IT Related Disciplines:Is the Indian System Ready for Transformation? " *Journal of Information Technology Education*, Vol. 5, 2006.

附　　录

一　新理工学院调查问卷（以 IT-BHU 为样本校）

1. Source of funding（Amount）

	2007	2008	2009	2010	2011
Central government					
State government					
Fees collection					
Research projects from Industry					
Alumni					
Philanthropy					
Others					
Total					

2. Year wise and Programme wise Percentage Placement

Year		2006-07	2007-08	2008-09	2009-10	2010-11
M. Tech	Total Graduating					
	Percentage Placement					
B. Tech	Total Graduating					
	Percentage Placement					

3. Student Faculty ratio for IT–BHU

Year	Student	Faculty	S/F Ratio
2007			
2008			
2009			
2010			
2011			

4.The relationship between IT–BHU and the state government.

A. Who appoints the director and chairman of IT–BHU?

B. What is the process of selection of members of the board of governors IT–BHU?

C. What percent of the total expenditure of IT–BHU are paid by the state government?

D. Who decides the salary structure of the employees of IT–BHU?

5.To what extent the IT–BHU University autonomy and academic independence ensured?

A. Does the IT–BHU have the right to set up the new specialty?

B. Does the IT–BHU have the right to determine the number of student' s enrollment?

C. Do the teachers have the right to select the research direction and how to teaching?

D. Does the IT–BHU have the right to decide the curriculum?

6. Contribution to socio–economic development

A. What is the percentage of IT–BHU graduates joining other Indian engineering colleges ?

B. What is the percentage of IT–BHU graduates joining foreign universities for higher studies?

C. What is the percentage of IT–BHU graduates joining multinationals in engineering related sectors

D. What is the average salary of IT–BHU graduates at the stage of entering in the job market?

7. What kind of teacher employment and evaluation mechanism to ensure the recruitment and retention of better teachers?

A. What is the policy of the IT–BHU to employ the better faculty?

B. What are mechanisms to ensure improvement in teaching (like teacher' s training)?

C. In terms of policy which area of teaching research and consultancy is promoted by IT–BHU?

8. Are there any advanced and unique methods in enterprise–university–institute cooperation?

A. How IT–BHU and enterprise and the other research institute is connected?

B. How many students and teachers will go to enterprise to practice per year?

C. Are there any research programs between the IT–BHU and the enterprise, institute?

D. Do the teachers at IT–BHU have any Patent? If yes how many? (in which field?)

9. What are the Characteristics of curriculum in IT–BHU?

10. What are the problems of education in IT–BHU?

Documents for analysis

1. Annual report for the last 3 years

2. Minutes of the previous 5 meeting of the board of governors

3. Minutes of the previous meeting of academic

4. Budget of IT–BHU for last three years

二　传统理工学院调查问卷（以德里理工学院为样本校）

1.Introductory information on IIT

The number of disciplines	The number of departments

2.Number of students and Faculty in each Disciplines and Departments

Disciplines				Departments			
Name of Disciplines	No. of Students		No. of Faculty	Name of Departments	No. of Students		No. of Faculty
	UG	PG			UG	PG	

3.Source of funding (Amount)

	2007	2008	2009	2010	2011
Central government					
State government					
Fees collection					
Research projects from Industry					
Alumni					
Philanthropy					
Others					
Total					

4. Are there any methods to help the poor students?

A. Are poor students helped by offering a scholarship? If so what is the scheme and amount of scholarship

B. Is there a system of coaching for the academic benefit to the poorer students? Please elaborate.

C. What is done to enhance the confidence of poorer students in IIT?

D. Policy of reservation to socially backward classes is followed in IIT. Does it have an adverse effect on the quality of IIT's?

E. Is there any job opportunity within the campus to help the poorer students?

F. Is there any loan scheme for the poorer students?

G. Is the loan easily available to the poorer students?

5. The relationship between IIT and the central government.

A. Who appoints the director of IIT?

B. What is the process of selection of the Director of IIT?

C. Who are the members of the governing board of IIT?

D. What is the process of selection of members of the governing board of IIT?

E. Does the member of the governing board from the Central government affect the decision–making process?

F. How decision on financial allocation within IIT is taken

G. What percent of the total expenditure of IIT is paid by the Central government?

H. Who decides the salary structure of the employees of IIT?

6. The relationship between administrative power and academic power within the school.

A. Who decides the various admission policies of the IIT?

B. What is the admission making process at graduate and post graduate and research level?

C. How the faculty of IIT is involved in the process of decision-making?

D. What is the student faculty ratio in the IIT?

7. To what extent the IIT University autonomy and academic independence ensured?

A. Does the IIT have the right to set up the new specialty?

B. Does the IIT have the right to determine the number of student' s enrollment?

C. Do the teachers have the right to select the research direction and how to teaching?

D. Does the IIT have the right to grant the all degree?

8. Whether to accept the national assessment?

A. What is the mechanism of quality assurance in IIT?

B. Is there a process of peer review of the faculty?

C. What is the mechanism of evaluating teaching standards in IIT?

D. Do students evaluate the coursework at the end of the course?

E. What are mechanisms to ensure improvement in teaching (like teacher' s training) ?

F. Is faculty given a warning in the case of poor teaching?

G. What is the reward system to a good faculty for his teaching and research excellence?

9. Contribution to socio-economic development

A. What is the percentage of IIT graduates joining other Indian engineering colleges ?

B. What is the percentage of IIT graduates joining foreign universities for higher studies?

C. What is the percentage of IIT graduates joining multinationals in engineering related sectors

D. What is the percentage of IIT graduates joining multinationals in non-engineering related sectors?

E. What is the average salary of IIT graduates at the stage of entering in the job market?

F. Can IIT contribute to socio-economic development of the country in better ways and in what manner? Please give your reflections on the issue.

G. In what way IIT have contributed to the software revolution in India?

H. In what way IIT can contribute to the technological development in rural India?

10. What kind of teacher employment and evaluation mechanism to ensure the recruitment and retention of best teachers?

A. What is the policy of the Board of Governors of IIT to employ the best faculty in different departments?

B. What is the percentage of vacancy of academic faculty in IIT?

C. What is the percentage of vacancy of nonacademic personnel in IIT?

D. What is the reason for the vacancy of academic faculty in IIT?

E. What is the policy of IIT to retain the best faculty with IIT?

F. What is the proportion of time devoted by the average faculty to conduct teaching and research and consultancy?

G. In terms of policy which area of teaching research and consultancy is promoted by IIT?

11. Are there any advanced and unique methods in enterprise-university-

institute cooperation?

A. How IIT and enterprise and the other research institute is connected?

B. How many students and teachers will go to enterprise to practice per year?

C. Are there any research programs between the IIT and the enterprise, institute?

D. Are there any enterprise be established by IIT?

E. How the scientific researches of the IIT are transformed to the economic productivity?

F. Do the teachers at IIT have any Patent? If yes how many? (in which field?)

12. Characteristics of curriculum.

A. What is the process of updating curriculum in IIT?

B. Is the curriculum of IIT comparable to the best of the universities in the world?

C. Is the content of teaching uploaded on the website of the IIT?

D. Is there complete freedom to the faculty member to design its own curriculum?

E. What is the feature of the evaluation system of the students?

13. Are there any problems in the IIT?

14. JEE has faced many attacks from the community, whether to making any reform? If making the reform, how to ensure the quality of students?

Documents for analysis

1. Annual report for the last 3 years

2. Minutes of the previous 5 meeting of the board of governors

3. Minutes of the previous meeting of academic committees

4. Budget of IIT for last three years

5. A copy of the act of Parliament of IIT's

6. Any other document that is relevant

三　国立技术学院调查问卷
（以巴特那国立技术学院为样本校）

1. Introductory information on NITP

The number of disciplines	The number of departments

2.Number of students and Faculty in each Disciplines and Departments

Disciplines				Departments			
Name of Disciplines	No. of Students		No. of Faculty	Name of Departments	No. of Students		No. of Faculty
	UG	PG			UG	PG	

3. Source of funding (Amount)

	2007	2008	2009	2010	2011
Central government					
State government					
Fees collection					
Research projects from Industry					

Alumni					
Philanthropy					
Others					
Total					

4. Are there any methods to help the poor students?

A. Are poor students helped by offering a scholarship? If so what is the scheme and amount of scholarship

B. Is there a system of coaching for the academic benefit to the poorer students? Please elaborate.

C. What is done to enhance the confidence of poorer students in NITP?

D. Policy of reservation to socially backward classes is followed in NITP. Does it have an adverse effect on the quality of IIT's?

E. Is there any job opportunity within the campus to help the poorer students?

F. Is there any loan scheme for the poorer students?

G. Is the loan easily available to the poorer students?

5. The relationship between NITP and the central government and state government.

A. Who appoints the director of NITP?

B. What is the process of selection of the Director of NITP?

C. What is the process of selection of members of the governing board of IIT?

D. Does the member of the governing board from the Central government and state government affect the decision–making process?

E. How decision on financial allocation within NITP is taken?

F. What percent of the total expenditure of NITP are paid by the Central government and state government?

G. Who decides the salary structure of the employees of NITP?

6. The relationship between administrative power and academic power within the school.

A. Who decides the various admission policies of the NITP?

B. What is the admission making process at graduate and post graduate and research level?

C. How the faculty of NITP is involved in the process of decision–making?

D. What is the student faculty ratio in the NITP?

7. To what extent the NITP University autonomy and academic independence ensured?

A. Does the NITP have the right to set up the new specialty?

B. Does the NITP have the right to determine the number of student' s enrollment?

C. Do the teachers have the right to select the research direction and how to teaching?

D. Does the NITP have the right to grant the all degree?

8. Whether to accept the national assessment?

A. What is the mechanism of quality assurance in NITP?

B. Is there a process of peer review of the faculty?

C. What is the mechanism of evaluating teaching standards in NITP?

D. Do students evaluate the coursework at the end of the course?

E. What are mechanisms to ensure improvement in teaching (like teacher' s training) ?

9. Contribution to socio–economic development

A. What is the percentage of NITP graduates joining other Indian engineering colleges and foreign universities for higher studies?

B. What is the percentage of NITP graduates joining multinationals in engineering related sectors

C. What is the average salary of NITP graduates at the stage of entering in the job market?

D. Can NITP contribute to socio–economic development of the country in better ways and in what manner? Please give your reflections on the issue.

E. In what way NITP have contributed to the software revolution in India?

10. What kind of teacher employment and evaluation mechanism to ensure the recruitment and retention of best teachers?

A. What is the policy of the Board of Governors of NITP to employ the best faculty in different departments?

B. What is the percentage of vacancy of academic faculty in NITP?

C. What is the policy of NITP to retain the best faculty with NITP?

D. In terms of policy which area of teaching research and consultancy is promoted by NITP?

11. Are there any advanced and unique methods in enterprise–university–institute cooperation?

A. How NITP and enterprise and the other research institute is connected?

B. How many students and teachers will go to enterprise to practice per year?

C. Are there any research programs between the NITP and the enterprise, institute?

D. Are there any enterprise be established by NITP?

E. How the scientific researches of the NITP are transformed to the economic productivity?

F. Do the teachers at NITP have any Patent? If yes how many? (in which field?)

12. Characteristics of curriculum.

A.What is the process of updating curriculum in NITP?

B.Is the curriculum of NITP comparable to the best of the universities in the India?

C.Is the content of teaching uploaded on the website of the NITP?

D.Is there complete freedom to the faculty member to design its own curriculum?

E.What is the feature of the evaluation system of the students?

13.What assessment mechanism is used to ensure the quality of education?

A. How to check and evaluate the studying quality of the students?

B. How to check and evaluate the teaching quality of the teachers?

C. How to inspire the studying interest of the students?

D. How to form the excellence style of study?

E. What is the most prominent characteristic of the NITP education?

14. Are there any problems in the NITP?

Documents for analysis

1. Annual report for the last 3 years

2. Minutes of the previous 5 meeting of the board of governors

3. Minutes of the previous meeting of senate

4. Budget of IIT for last three years

5. A copy of the act of Parliament of IIT's

6. Any other document that is relevant

四　邦立工程技术学院调查问卷（以浦那工学院为样本校）

1. The relationship between COEP and the state government.

A. Who appoints the director and chairman of COEP?

B. What is the process of selection of the Director and chairman of COEP?

C. What is the process of selection of members of the board of governors COEP?

D. What percent of the total expenditure of COEP are paid by the state government?

E. Who decides the salary structure of the employees of COEP?

2. What kind of teacher employment and evaluation mechanism to ensure the recruitment and retention of best teachers?

A.What is the policy of the COEP to employ the better faculty in different departments?

B. What is the student faculty ratio in COEP?

C. Is there a process of peer review of the faculty?

D. What are mechanisms to ensure improvement in teaching（like teacher' s training）?

E. What is the policy of COEP to retain the best faculty?

F. In terms of policy which area of teaching research and consultancy is promoted by COEP?

3. Are there any advanced and unique methods in enterprise–university–institute cooperation?

A. How COEP and enterprise and the other research institute is connected?

B. How many students and teachers will go to enterprise to practice per year?

C. Are there any research programs between the COEP and the enterprise, institute?

D. How the scientific researches of the COEP are transformed to the economic productivity?

E. Do the teachers at COEP have any Patent? If yes how many? (in which field?)

4. What are the Characteristics of curriculum in COEP?

5. What are the problems of education in COEP?

Documents for analysis

1. Annual report for the last 3 years

2. Minutes of the previous 5 meeting of the board of governors

3. Minutes of the previous meeting of academic

4. Budget of COEP for last three years

五　私立工程技术学院调查问卷
（以Bharati Vidyapeeth’s College ofengeering为样本校）

1.Source of funding（Amount Approx.in Rupees）

	2007	2008	2009	2010	2011
Central government					
State government					
Fees collection					
Research projects from Industry					
Alumni					
Philanthropy					
Others					
Total					

2. What kind of teacher employment and evaluation mechanism to ensure the recruitment and retention of better teachers?

A. What is the policy of the Bharati Vidyapeeth’ s College ofengeering to employ the better faculty in different departments?

B. What is the student faculty ratio in the college?

C. What are mechanisms to ensure improvement in teaching（like teacher’ s training）?

3. Are there any advanced and unique methods in enterprise–university–institute cooperation?

A. How the college and enterprise and the other research institute is connected?

B. How many students and teachers will go to enterprise to practice per year?

C. Are there any research programs between the college and the enterprise, institute?

4. What are the Characteristics and methods of education internationalization in Bharati Vidyapeeth' s College ofengeering?

5. What are the Characteristics of curriculum?

6. What are the problems of education in Bharati Vidyapeeth' s College of engeering ?

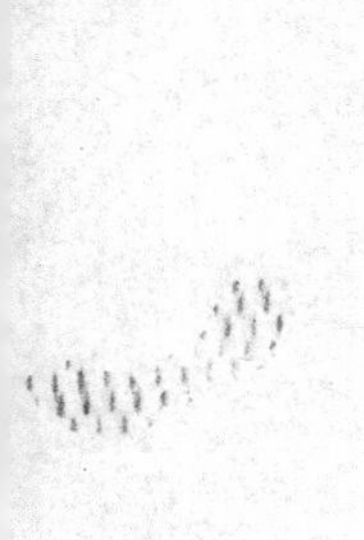